"十二五"普通高等教育本科国家级规划教材

数据库系统原理及应用教程

第5版

苗雪兰 刘瑞新 宋 歌 主编

机械工业出版社

本书为"十二五"普通高等教育本科国家级规划教材、普通高等教育"十一五"国家级规划教材。

本书系统全面地阐述了数据库系统的基本理论、应用技术和设计方法；以 SQL Server 2017 数据库管理系统为技术案例和实验平台，具有较好的可操作性。为便于组织教学和实验，本书的最后一章为数据库课程的教学标准、实验标准和实验方案，供读者参考。

本书概念清楚、重点突出、章节安排合理，每章附有丰富习题，重视上机实验环节。本书可作为高等院校学生学习数据库系统的教材，也可供计算机爱好者阅读。

本书配有教学课件、习题解答、上机指导和教学指导等教学资源，需要的教师可登录 www.cmpedu.com 免费注册，审核通过后下载，还可联系编辑索取（QQ：2966938356，电话：010-88379739）。

图书在版编目（CIP）数据

数据库系统原理及应用教程 / 苗雪兰，刘瑞新，宋歌主编. —5 版. —北京：机械工业出版社，2020.1（2024.1 重印）

"十二五"普通高等教育本科国家级规划教材

ISBN 978-7-111-64633-4

Ⅰ. ①数… Ⅱ. ①苗… ②刘… ③宋… Ⅲ. ①数据库系统-高等学校-教材
Ⅳ. ①TP311.13

中国版本图书馆 CIP 数据核字（2020）第 033345 号

机械工业出版社（北京市百万庄大街 22 号 邮政编码 100037）

策划编辑：胡 静 责任编辑：胡 静
责任校对：张艳霞 责任印制：邹 敏

三河市国英印务有限公司印刷

2024 年 1 月第 5 版·第 10 次印刷
184mm×260mm·18.75 印张·465 千字
标准书号：ISBN 978-7-111-64633-4
定价：59.00 元

电话服务 网络服务

客服电话：010-88361066 机 工 官 网：www.cmpbook.com
010-88379833 机 工 官 博：weibo.com/cmp1952
010-68326294 金 书 网：www.golden-book.com
封底无防伪标均为盗版 机工教育服务网：www.cmpedu.com

前　言

本书为"十二五"普通高等教育本科国家级规划教材、普通高等教育"十一五"国家级规划教材。

本教材以满足学生对实用技术和新技术的求知需要为目的，服从创新教育和素质教育的教学理念。本书有两条主线：一条是数据库的基础理论，包括第 1 章数据库系统概述、第 4 章关系数据库、第 7 章关系数据库理论和第 9 章新型数据库系统及数据库技术的发展等；另一条主线是数据库实用技术，包括第 2 章数据模型与概念模型、第 3 章数据库系统的设计方法、第 5 章 SQL Server 数据库管理系统、第 6 章数据库的建立与管理、第 8 章数据库保护技术等。这两条主线相互呼应，相互渗透，理论与技术密切结合。

本教材具有两大特色：一是把数据库系统设计和 SQL Server 2017 关系数据库系统的内容尽可能地安排在前面章节中，比较合理地使这些内容沿数据库的设计、定义、操作和控制的方向平滑伸展，符合理论—实践—提高这一认识和理解问题的自然规则，使学生容易掌握、教师容易讲解，并有利于尽早地安排上机实验；另一特色是以 SQL Server 2017 关系数据库系统为案例，介绍数据库使用技术和相关的理论概念，例如，通过它讲述有关数据库建立、查询和维护方法，讲述 T-SQL 语句特征及表示方法，介绍数据库安全保护及完整性保护等实用技术，使原本较抽象的内容变得生动和形象起来，对提高学生的动手能力非常有利。

为便于学生更好地理解有关概念，掌握相关技术和比较容易地切入数据库的深层次问题，书中例题具有典型性和代表性，例题后有解题说明及例题分析，指出了本例解题的方法、易错之处和易混概念，起到了对正文概念进行解释和补充的作用。其次，书中的例题具有整体性和示范性，在上机实验的操作中，例题可被直接引用、变形引用或参考引用。本书最后一章是教学标准、实验标准及实验方案，包括了 9 个实验，这些实验从第 3 章起就可以开始进行。本书中的实验部分包括了实验目的、实验内容、实验步骤和实验题目等，还提供了实验数据、T-SQL 语句和结果，供教学参考。

本书保持了前面版本的总体风格，主要做了三方面的改动：一是改用目前流行的 SQL Server 2017 为 RDBMS，介绍数据库管理新方法和应用新技术；二是将数据库操作语言 T-SQL 和 SSMS（SQL Server 2017 的集成管理平台）融为一体，介绍数据库的建立、维护、查询及管理方法，突出了各自功能特色和应用特色；三是重新修订了教学标准、实验标准及实验方案，突出了实验教学环节，更方便教学和自学。

本书可作为高等院校学生学习数据库的教材，也可作为从事计算机专业的科研人员、工程人员的技术参考书。书中带有*号的章节，为选修或自学内容。

本书由苗雪兰、刘瑞新、宋歌主编，参加编写的还有邓宇乔、宋会群和徐维维。本书作者虽拥有丰富的教学、科研经验，但由于数据库技术飞速发展，难免顾此失彼。对于书中存在的错误和不妥之处，敬请学界同仁批评指正。

编　者

目　录

第1章　数据库系统概述

数据库技术是计算机学科中的一个重要分支，它的应用非常广泛，几乎涉及所有的应用领域。要想掌握好数据库系统技术，必须弄清什么是数据、数据管理、数据库、数据模型和概念模型等专业术语，了解数据库的发展过程和数据库应用系统的特点，分清数据库、数据库管理系统和数据库应用系统三者之间的关系。

1.1　数据库系统基本概念

数据库是数据管理的新手段和技术。使用数据库管理数据，可以保证数据的共享性、安全性和完整性。本节介绍数据库中数据的特点，介绍有关信息、数据、数据管理、数据库、数据管理系统和数据库应用系统等术语的基本概念。

1.1.1　信息与数据

"信息"和"数据"是两种非常重要的东西。"信息"可以告诉人们有用的事实和知识，"数据"可以更有效地表示、存储和抽取信息。

1. 信息、信息特征及作用

在日常生活中，经常可以听到"信息（Information）"这个名词。什么是信息呢？简单地说，信息就是新的、有用的事实和知识。信息具有实效性、有用性和知识性的特性，它是客观世界的反映。信息具有以下4个基本特征。

（1）信息的内容是关于客观事物或思想方面的知识

信息的内容能反映已存在的客观事实、能预测未发生事物的状态和能用于指挥控制事物发展的决策。

（2）信息是有用的

信息是人们活动的必需知识，利用信息能够克服工作中的盲目性、增加主动性和科学性，可以把事情办得更好。

（3）信息能够在空间和时间上被传递

在空间上传递信息称为信息通信，在时间上传递信息称为信息存储。

（4）信息需要一定的形式表示

信息与其表现符号不可分离。信息对于人类社会的发展有重要意义。它可以提高人们对事物的认识，减少人们活动的盲目性；信息是社会机体进行活动的纽带，社会的各个组织通过信息网相互了解并协同工作，使整个社会协调发展；社会越发展，信息的作用就越突出；信息又是管理活动的核心，要想将事物管理好，需要掌握更多的信息，并利用信息进行工作。

2．数据、数据与信息的关系及数据的特征

数据（Data）是用于承载信息的物理符号。数据是信息的一种表现形式，数据通过能书写的信息编码表示信息。尽管信息有多种表现形式，即可以通过手势、眼神、声音或图形等方式表达，但数据是信息的最佳表现形式。由于数据能够书写，因而它能够被记录、存储和处理，从中挖掘出更深层的信息。

必须指出的是，在许多不严格的情况下，会把"数据"和"信息"两个概念混为一谈，称"数据"为"信息"。其实，数据不等于信息，数据只是信息表达方式中的一种；正确的数据可表达信息，而虚假、错误的数据所表达的是谬误，不是信息。

数据有以下 4 个特征。

（1）数据有"型"和"值"之分

数据的型是指数据的结构，而数据的值是指数据的具体取值。数据的结构指数据的内部构成和对外联系。例如，学生的数据由"学号""姓名""年龄""性别""所在系"等属性构成，其中"学生"为数据名，"学号""姓名"等为属性名（或称数据项名）；课程也是数据，它由"课程编号""课程名称""课时数"等数据项构成；"学生"和"课程"之间有"选课"的联系。"学生"和"课程"数据的内部构成及其相互联系就是学生课程数据的类型，而一个具体取值，如"08936，张三，23，男，计算机系"，就是一个学生数据值。

（2）数据受数据类型和取值范围的约束

数据类型是针对不同的应用场合设计的数据约束。根据数据类型不同，数据的表示形式、存储方式及能进行的操作运算各不相同。在使用计算机处理信息时，应当对数据类型特别重视，为数据选择合适的类型。常见的数据类型有数值型、字符串型、日期型和逻辑型等，它们具有不同的特点和用途。数值型数据就是通常所说的算术数据，它能够进行加、减、乘、除等算术运算；字符串型数据是最常用的数据，它可以表示姓名、地址、邮政编码及电话号码等类数据，能够进行查找子串、取子串和连接子串的运算操作；日期型数据适合表达日期和时间信息；逻辑型数据能够表达"真"和"假"、"是"和"否"等逻辑信息。

数据的取值范围亦称数据的值域。例如，学生性别的值域是｛"男"，"女"｝。为数据设置值域是保证数据的有效性、避免数据输入或修改时出现错误的重要措施。

（3）数据有定性表示和定量表示之分

在表示职工的年龄时，可以用"老""中""青"定性表示，也可以用具体岁数定量表示。数据的定性表示是带有模糊因素的粗略表示方式，而数据的定量表示是描述事物的精确表示方式。在计算机软件设计中，应尽可能地采用数据的定量表示方式。

（4）数据应具有载体和多种表现形式

数据是客体（即客观物体或概念）属性的记录，它必须有一定的物理载体。当数据记录在纸上时，纸张是数据的载体；当数据记录在计算机的外部存储器上时，保存数据的硬盘、软盘或磁带等就是数据的载体。数据具有多种表现形式，它可以用报表、图形、语音及不同的语言符号表示。

1.1.2 数据管理与数据库

数据管理是数据处理的基础工作，数据库是数据管理的技术和手段。数据库中的数据具有整体性和共享性。

1. 数据处理及分类

围绕着数据所做的工作均称为数据处理（Data Processing）。数据处理是指对数据的收集、组织、整理、加工、存储和传播等工作。数据处理工作分为 3 类。

（1）数据管理

数据管理的主要任务是收集信息，将信息用数据表示并按类别组织保存。数据管理的目的是为了在进行数据处理时能快速、正确地提供必要的数据。

（2）数据加工

数据加工的主要任务是对数据进行变换、抽取和运算。通过数据加工会得到更有用的数据，以指导或控制人的行为或事物的变化趋势。

（3）数据传播

通过数据传播，信息在空间或时间上以各种形式传递。数据传播过程中，数据的结构、性质和内容不改变。数据传播会使更多的人得到信息并且更加理解信息的意义，从而使信息的作用充分发挥出来。

2. 数据管理及内容

在数据处理中，最基本的工作是数据管理（Data Management）工作。数据管理是其他数据处理的核心和基础。数据管理工作包括以下 3 项内容。

（1）组织和保存数据

数据管理工作要将收集到的数据合理地分类组织，将其存储在物理载体上，使数据能够长期地被保存。

（2）进行数据维护

数据管理工作要根据需要随时进行插入新数据、修改原数据和删除失效数据的操作。

（3）提供数据查询和数据统计功能

数据管理工作要提供数据查询和数据统计功能，以便快速地得到需要的正确数据，满足各种使用要求。

数据管理在实际工作中的地位很重要。在各种行政管理工作中，其中管人、管财、管物或管事（人、财、物和事统称为事务）的工作实际上就是数据管理工作。在事务管理中，事务（人、财、物和事）以数据的形式被记录和保存。例如，在财务管理中，财务部门通过对各种账本的记账、对账或查账等实现对财务数据的管理。传统的数据管理方法是人工管理方式，即通过手工记账、算账和保管账的方法实现对各种事务的管理。计算机的发展为科学地进行数据管理提供了先进的技术和手段，目前许多数据管理工作采用计算机方法进行，而数据管理（即信息或事务管理）也成了计算机应用的一个重要分支。

3. 数据库及数据库中数据的性质

数据库（Database，DB）是一个按数据结构来存储和管理数据的计算机软件系统。数据库的概念实际上包括两层意思：数据库是一个实体，它是能够合理保管数据的"仓库"，用户在该"仓库"中存放要管理的事物数据，"数据"和"库"两个概念结合成为"数据库"；数据库是数据管理的新方法和技术，它能够更合理地组织数据、更方便地维护数据、更严密地控制数据和更有效地利用数据。

在数据库技术出现之前，人们采用"数据文件"的方法进行数据管理。数据库方法与文件方法相比，具有以下两个明显的特征。

（1）数据库中的数据具有数据整体性

数据库中的数据保持了自身完整的数据结构，该数据结构是从全局观点出发建立的；而文件中的数据一般是不完整的，其数据结构是根据某个局部要求或功能需要建立的。从设计系统的思想方法讲，数据库方法是面向对象的方法，而文件方法是面向过程的方法。数据库要保持数据（即事务）自身的结构完整，强调从全组织的角度设计数据结构，并以数据库为基础进行功能设计；文件系统（用文件方法建立的数据管理系统）则是从具体要实现的功能角度来考虑数据结构，按各个具体功能需要分别组织数据，数据完全依附于功能需要。下面通过一个简单例子来说明数据库的数据整体性特征的意义。

如果按数据库方法设计一个"职工"的数据，应深入到所有使用"职工"数据的部门进行了解，并将得到的信息综合后，才能得出"职工"的数据结构。例如，要到人事处、财务处、校医院、科研处等每个与"职工"数据相关的地方，了解包括职工的一般情况、工资情况、身体情况及科研情况的综合内容，这种综合内容为"职工"数据的内部组成，可以用下面的结构表示。

职工（职工编号，姓名，性别，出生日期，家庭住址，职务，职称，政治面貌，基本工资，附加工资，身体状况，病史情况，业务特长，主要科研成果）

如果是按文件方法设计一个"职工"的数据，则需要为人事处、财务处、校医院、科研处等建立不同的"职工"数据文件（职工 1、职工 2、职工 3 和职工 4)，以满足各部门对于"职工"数据的要求。设这些"职工"数据文件的记录结构如下：

职工 1（职工编号，姓名，性别，出生日期，家庭住址，职务，职称，政治面貌）
职工 2（职工编号，姓名，性别，基本工资，附加工资）
职工 3（职工编号，姓名，性别，出生日期，身体状况，病史情况）
职工 4（职工编号，姓名，性别，出生日期，职务，职称，业务特长，主要科研成果）

从以上例子可以看出，在数据库中使用的"职工"数据全面反映了职工的各个特征，消除了大量的数据冗余；而文件系统中的"职工"数据则是从不同的侧面反映职工的某些特征，尽管它使用了 4 个不同的数据文件表示"职工"，但无论哪个数据文件都不能完整地表示职工情况。

（2）数据库中的数据具有数据共享性

文件系统的数据文件是为满足某一个功能模块的使用要求而建立的，数据与功能程序是一一对应的关系。文件系统中的数据与功能程序之间存在着非常紧密的相互依赖关系，即数据离开相关的功能程序就失去了它存在的价值，功能程序如果没有数据支持就无法工作。数据库中的数据是为众多用户共享其信息而建立的，它已经摆脱了具体程序的限制和制约。数据库的数据共享性表现在以下两个方面。

1）不同的用户可以按各自的用法使用数据库中的数据。数据库能为用户提供不同的数据视图，以满足个别用户对数据结构、数据命名或约束条件的特殊要求。

2）多个用户可以同时共享数据库中的数据资源，即不同的用户可以同时存取数据库中的同一个数据。

数据共享性不仅满足了各用户对信息内容的要求，同时也满足了各用户之间的信息通信要求。在上述例子中，数据库中的"职工"数据是供人事处、财务处、校医院和科研处等部门共同使用的，其中人事处可以按"职工 1"、财务处可以按"职工 2"、校医院可以按"职工 3"、科研处可以按"职工 4"的结构形式使用数据，它们使用共同的"职工"数据源。"职工"数据不仅能为现有的各个应用功能提供数据，而且由于其自身结构是完整的，它还可以为今后需要实现的功能或别的应用系统提供相应的信息。

1.1.3 数据库管理系统与数据库应用系统

数据库管理系统是提供数据库管理的计算机系统软件，数据库应用系统是实现某种具体信息管理功能的计算机应用软件。数据库管理系统为数据库应用系统提供了数据库的定义、存储和查询方法，数据库应用系统通过数据库管理系统管理其数据库。一般来说，数据库应用系统安装在客户端，由专门的开发系统或语言设计；数据库管理系统及其数据库安装在服务器端；它们之间通过数据访问技术进行数据通信。

1. 数据库管理系统

数据库管理系统（Database Management System，DBMS）是专门用于管理数据库的计算机系统软件。数据库管理系统能够为数据库提供数据的定义、建立、维护、查询和统计等操作功能，并完成对数据完整性、安全性进行控制的功能。

在数据库管理系统的操作功能中，数据定义功能是指为说明库中的数据情况而进行的建立数据库结构的操作，通过数据定义可以建立起数据库的框架；数据库建立功能是指将大批数据录入到数据库的操作，它使得库中含有需要保存的数据记录；数据库维护功能是指对数据的插入、删除和修改操作，其操作能满足库中信息变化或更新的需求；数据查询和统计功能是指通过对数据库的访问，为实际应用提供需要的数据。

数据库管理系统不仅要为数据管理提供数据操作功能，还要为数据库提供必要的数据控制功能。数据库管理系统的数据控制主要指对数据安全性和完整性的控制。数据安全性控制是为了保证数据库的数据安全可靠，防止不合法的使用造成数据泄漏和破坏，即避免数据被人偷看、篡改或破坏；数据完整性控制是为了保证数据库中数据的正确、有效和相容，以防止不合语义的错误数据被输入或输出。

数据库管理系统的目标是让用户能够更方便、更有效、更可靠地建立数据库和使用数据库中的信息资源。数据库管理系统不是应用软件，它不能直接用于诸如工资管理、人事管理或资料管理等事务管理工作，但数据库管理系统能够为事务管理提供技术和方法、应用系统的设计平台和设计工具，使相关的事物管理软件很容易设计。也就是说，数据库管理系统是为设计数据管理应用项目提供的计算机软件，利用数据库管理系统设计事物管理系统可以达到事半功倍的效果。目前有关数据库管理系统的计算机软件有很多，其中比较著名的系统有Oracle、Informix、Sybase 等，本书后面介绍的 SQL Server 2017 也是其中一种著名的数据库管理系统。

2. 数据库应用系统

凡使用数据库技术管理数据（信息）的系统都称为数据库应用系统（Database Application System）。一个数据库应用系统应携带有较大的数据量，否则它就不需要数据库管理。数据库应用系统按其实现的功能可以被划分为 3 类系统，即数据传递系统、数据处理系统和管理信息系统。数据传递系统只具有信息交换功能，系统工作中不改变信息的结构和状态，例如，电话、程控交换系统就是数据传递系统。数据处理系统通过对输入的数据进行转换、加工和提取等一系列操作，从而得出更有价值的新数据，其输出的数据在结构和内容方面与输入的源数据相比有较大的改变。管理信息系统是具有数据保存、维护和检索等功能的系统，其作用主要是数据管理，通常所说的事务管理系统就是典型的管理信息系统。

一个实际的数据库应用系统往往不受这 3 类系统的限制，它会同时具有数据传递、数据管理和数据处理的多种功能，这使得人们无法严格地区别它是数据处理系统，还是管理信息系统。对于一个数据库应用系统，由于它拥有巨大的数据量，就必须具有管理信息系统的功能，因而，管理信息系统应该是数据库应用系统的核心。

数据库应用系统的应用非常广泛，它可以用于事务管理、计算机辅助设计、计算机图形分析和处理及人工智能等系统中，即所有数据量大、数据成分复杂的地方，都可以使用数据库技术进行数据管理。

3．管理信息系统及特点

管理信息系统（Management Information System，MIS）是计算机应用领域的一个重要分支。管理信息系统帮助人们完成原来需要手工处理的复杂工作，它不仅能明显地提高工作效率，减小劳动强度，而且能提高信息管理的质量和管理水平。因而，管理信息系统不是简单地模拟手工劳动，而是要更合理地组织数据，更科学地管理数据，为事务发展提供控制信息，为事务变化提供发展趋势信息和变化规律信息。

管理信息系统有以下两个突出特点。

（1）管理信息系统是以数据库技术为基础的

管理信息系统的核心是数据库。管理信息系统的数据存储在数据库中，数据库技术为管理信息系统提供了数据管理的手段，数据库管理系统（DBMS）为管理信息系统提供了系统设计的方法、工具和环境。学习数据库及数据库管理系统基本理论和设计方法的目的就是要掌握设计数据库的技术，学会设计、开发管理信息系统的方法，以便能够胜任数据库应用系统的设计、管理和应用工作。

（2）管理信息系统一般采用功能选单方式控制程序

绝大多数管理信息系统是采用功能选单方式进行程序控制的。在这种程序控制方式中，系统功能按层次结构组织成系统功能选单，用户通过选择功能选项表达需要执行功能的意愿，系统根据用户的选择调用相应的功能模块。选单方式是一种典型的人-机对话程序控制方式，具体工作流程如图 1-1 所示。

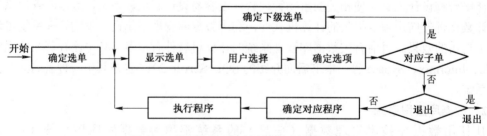

图 1-1　管理信息系统的系统控制方法示意图

4．管理信息系统的主要功能

尽管管理信息系统是多种多样的，它们所管理的事务对象和操作方法各不相同，但信息管理系统所具有的数据操作功能是非常相似的。一般的管理信息系统都有输入数据、修改数据、删除数据、数据查询、数据统计及数据报表打印等功能。管理信息系统的功能结构如图 1-2 所示。

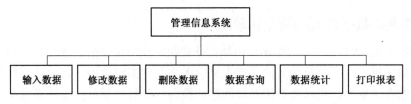

图 1-2　管理信息系统的功能结构

5．数据库系统

一个数据库系统应由计算机硬件、数据库、数据库管理系统、数据库应用系统和数据库管理员 5 部分构成。

1.2　数据库系统及发展

数据管理技术经历了手工管理、文件管理和数据库技术 3 个发展阶段。数据库技术是 20 世纪 60 年代末期发展起来的数据管理技术。数据库技术的出现改变了传统的信息管理模式，扩大了信息管理的规模，提高了信息的利用和多重利用能力，缩短了信息传播的过程，实现了世界信息一体化的管理目标。目前，数据库技术仍在日新月异的发展，数据库技术的应用在继续深入。

1.2.1　手工管理数据阶段

20 世纪 50 年代以前，计算机主要用于科学计算。从硬件看，外存只有纸带、卡片和磁带，没有直接存取的存储设备；从软件看，那时还没有操作系统，没有管理数据的软件；数据处理方式是批处理。

数据管理在手工管理阶段具有以下 4 个特点。

（1）手工管理阶段不保存大量的数据

在手工管理阶段，由于数据管理的应用刚刚起步，一切都是从头开始，其数据管理系统还是仿照科学计算的模式进行设计。由于数据管理规模小，加上当时的计算机软硬件条件比较差，数据管理中涉及的数据基本不需要、也不允许长期保存。当时的处理方法是在需要时将数据输入，用完就撤走。

（2）手工管理阶段没有软件系统对数据进行管理

在手工管理阶段，由于没有专门的软件管理数据，程序员不仅要规定数据的逻辑结构，而且还要在程序中设计物理结构，即要设计数据的存储结构、存取方法和输入/输出方法等。这就造成程序中存取数据的子程序随着数据存储机制的改变而改变的问题，使数据与程序之间不具有相对独立性，给程序的设计和维护都带来了一定的麻烦。

（3）手工管理阶段基本上没有"文件"概念

由于手工管理阶段还没有"文件"的概念，所以更谈不上使用"文件"功能。数据管理所涉及的数据组成和数据存储过程必须由程序员自行设计，它给程序设计带来了极大的困难。

7

（4）手工管理阶段是一组数据对应一个程序

手工管理阶段的数据是面向应用的，即使两个应用程序涉及某些相同的数据，也必须各自定义，无法互相利用、互相参照。所以程序与程序之间有大量重复数据。

1.2.2　文件系统数据管理的特点和缺陷

从 20 世纪 50 年代后期到 60 年代中期，计算机应用领域拓宽，不仅用于科学计算，还大量用于数据管理。这一阶段的数据管理水平进入到文件系统阶段。在文件系统阶段中，计算机外存储器有了磁盘、磁鼓等直接存取的存储设备；计算机软件的操作系统中已经有了专门的数据管理软件，即所谓的文件系统。文件系统的处理方式不仅有文件批处理，而且还能够联机实时处理。在这种背景下，数据管理的系统规模、管理技术和水平都有了较大幅度的发展。尽管文件管理阶段比手工管理阶段在数据管理手段和管理方法上有很大的改进，但文件管理方法仍然存在着许多缺点。

1．文件管理阶段数据管理的特点

数据管理在文件管理阶段具有以下 4 个特点。

（1）管理的数据以文件的形式长久地被保存在计算机的外存中

在文件管理阶段，由于计算机大量用于数据处理，仅采用临时性或一次性地输入数据根本无法满足使用要求，数据必须长期保留在外存上。在文件系统中，通过数据文件使管理的数据能够长久地保存，并通过对数据文件的存取实现对文件进行查询、修改、插入和删除等常见的数据操作。

（2）文件系统有专门的数据管理软件提供有关数据存取、查询及维护功能

在文件系统中，有专门的计算机软件提供数据存取、查询、修改和管理的功能，它能够为程序和数据之间提供存取方法，为数据文件的逻辑结构与存储结构提供转换的方法。这样，程序员在设计程序时可以把精力集中到算法上，而不必过多地考虑物理细节，同时数据在存储上的改变不一定反映在程序上，使程序的设计和维护工作量大大地减小。

（3）文件系统中的数据文件已经具有多样化

由于在文件系统阶段已有了直接存取存储设备，使得许多先进的数据结构能够在文件系统中实现。文件系统中的数据文件不仅有索引文件、链接文件和直接存储文件等多种形式，而且还可以使用倒排文件进行多码检索。

（4）文件系统的数据存取是以记录为单位的

文件系统是以文件、记录和数据项的结构组织数据的。文件系统的基本数据存取单位是记录，即文件系统按记录进行读写操作。在文件系统中，只有通过对整条记录的读取操作，才能获得其中数据项的信息，不能直接对记录中的数据项进行数据存取操作。

2．文件系统在数据管理上的主要缺点

文件系统在数据管理上的缺点主要表现在以下两个方面。

（1）文件系统的数据冗余度大

由于文件系统采用面向应用的设计思想，系统中的数据文件都是与应用程序相对应的。这样，当不同的应用程序所需要的数据有部分相同时，也必须建立各自的文件，而不能共享相同的数据，因此就造成了数据冗余度（Redundancy）大、浪费存储空间的问题。由于文件系统中相同数据需要重复存储和各自管理，就给数据的修改和维护带来了麻烦和困难，还特

别容易造成数据不一致的恶果。

（2）文件系统中缺乏数据与程序之间的独立性

在文件系统中，由于数据文件之间是孤立的，不能反映现实世界中事物之间的相互联系，使数据间的对外联系无法表达。同时，由于数据文件与应用程序之间缺乏独立性，使得应用系统不容易扩充。

文件系统的这种缺点反映在以下 3 个方面。

1）文件系统中的数据文件是为某一特定应用服务的，数据文件的可重复利用率非常低。因而，要对现有的数据文件增加新的应用，是件非常困难的事情。系统要增加应用就必须增加相应的数据。

2）当数据的逻辑结构改变时，必须修改它的应用程序，同时也要修改文件结构的定义。

3）应用程序的改变，如应用程序所使用的高级语言的变化等，也将影响到文件数据结构的改变。

1.2.3　数据库技术的发展历程和研究方向

数据库系统阶段是从 20 世纪 60 年代开始的。这一阶段的背景是：计算机用于管理的规模更为庞大，应用越来越广泛，数据量也急剧增加，数据共享的要求也越来越强；出现了内存大、运行速度快的主机和大容量的硬盘；计算机软件价格在上升，硬件价格在下降，为编制和维护计算机软件所需的成本相对增加。对研制数据库系统来说，这种背景既反映了迫切的市场需求，又提供了有利的开发环境。

1．数据库技术的发展历程

数据库技术从 20 世纪 60 年代中期开始萌芽，至 20 世纪 60 年代末和 70 年代初，出现了此领域的 3 件大事。这 3 件大事标志着数据库技术已发展到成熟阶段，并有了坚实的理论基础。

第一件大事是 1969 年 IBM 公司研制、开发了数据库管理系统的商品化软件 Information Management System（IMS）。IMS 的数据模型是层次结构的，它是一个层次数据库管理系统，是首例成功的数据库管理系统的商品化软件。

第二件大事是美国数据系统语言协会（Conference On Data System Language，CODASYL）下属的数据库任务组（Data Base Task Group，DBTG）对数据库方法进行系统的研究和讨论后，于 20 世纪 60 年代末到 70 年代初提出了若干报告。DBTG 的报告中确定并建立了数据库系统的许多概念、方法和技术。DBTG 所提议的方法是基于网状结构的，它是数据库网状模型的基础和典型代表。

第三件大事是 1970 年 IBM 公司 San Jose 研究实验室的研究员 E. F. Codd 发表了题为《大型共享数据库数据的关系模型》的论文。文中提出了数据库的关系模型，从而开创了数据库关系方法和关系数据理论的研究领域，为关系数据库技术奠定了理论基础。

进入 20 世纪 70 年代后，数据库技术又有了很大的发展。其发展表现在以下 3 个方面。

（1）出现了许多商品化的数据库管理系统

这些计算机软件大都是基于网状模型和层次模型的数据库方法，DBTG 提出的方法及思想对各种数据库系统影响很大。

（2）数据库技术成为实现和优化信息系统的基本技术

商品化的数据库管理系统的推出和运行使数据库技术日益广泛地应用到企业管理、交通运输、情报检索、军事指挥、政府管理和辅助决策等各个方面，深入到人类生产和生活的各个领域。

（3）关系方法的理论研究和软件系统的研制取得了很大成果

1974—1979 年，IBM 公司 San Jose 研究实验室在 IBM370 系列机上研究关系数据库实验系统 System R 获得了成功，1981 年 IBM 公司又宣布了具有 System R 特征的新型数据库软件产品 SQL/DS 问世。与此同时，美国加州大学伯克利分校也研制了 INGRES 关系数据库实验系统，并紧跟着推出了商用 INGRES 系统。这些成果，使关系方法从实验室走向了社会。

在计算机领域中，有人把 20 世纪 70—80 年代称为数据库时代。20 世纪 80 年代，几乎所有新开发的系统均是关系系统。同时，微型机的关系数据库管理系统也越来越丰富，性能越来越好，功能越来越强，它的应用遍及各个领域。

2. 当代数据库研究的范围和方向

数据库学科的研究范围十分广泛，概括起来，其研究内容大致可以分为下列 3 个方面。

（1）数据库管理系统软件的研制

数据库管理系统是数据库应用系统的基础。研制数据库管理系统的基本目标是扩大数据库的功能、提高其性能和可用性，从而提高用户开发数据库应用系统的生产率。研制以 DBMS 为核心的一组相互联系的软件系统已成为当前数据库软件产品的方向，这些软件系统有数据通信软件、电子表格软件、数据字典和图形系统等。

由于数据库应用领域的不断扩大，数据库技术不仅广泛地应用于事务管理系统，而且已开始应用到工程项目设计、多媒体数据处理、工业自动控制和计算机辅助设计等新的应用领域中。这些新应用领域所处理的数据和管理领域中的数据相比，在数据格式上有极大的区别，在处理方法上也有许多不同之处。因而，研究这些新应用领域中的数据库方法是一个新课题，它涉及应用系统的设计方法，还涉及数据库系统的模型实现技术等问题。面向对象数据库系统、扩展数据库系统和多媒体数据库等研究方向，就是基于这些新应用要求而兴起的。

（2）数据库设计技术的开发

数据库设计的主要目的是：在数据库管理系统的支持下，按照应用要求为某一部门或组织设计一个良好的、使用方便的、效率较高的数据库及其应用系统。在数据库设计领域中，主要开展的课题是研究数据库系统的设计方法和设计工具，其中包括对数据库设计方法、设计工具和理论的研究；对数据模型和数据建模方法的研究；对计算机辅助设计数据库设计方法及其软件系统的研究；对数据库设计规范的研究等。

（3）数据库理论的研究

数据库理论的研究主要涉及关系的设计、优化、查询及系统的安全性和完整性等关系数据理论。近年来，随着计算机网络和人工智能技术的发展，分布式数据库、并行数据库、数据仓库、演绎数据库和知识数据库系统的研制都已成为新的研究方向。

1.2.4 数据库系统管理数据的特点

事实上，数据是对现实世界中的各种事物量化、抽象和概括的结果，各种事物之间存在的内在联系决定了其被抽象的数据也存在着联系。当数据库系统具有对数据及其联系的统一管理能力后，数据资源就应当为多种应用需要服务，并为多个用户所共享。数据库系统不仅实现了多用户共享同一数据的功能，并解决了由于数据共享而带来的数据完整性、安全性及并发控制等一系列问题。数据库系统要克服文件系统中存在的数据冗余大和数据独立性差等缺陷，使数据冗余度最小，并实现数据与程序之间的独立。

数据库技术是在文件系统的基础上发展起来的新技术，它克服了文件系统的弱点，为用户提供了一种使用方便、功能强大的数据管理手段。数据库技术不仅可以实现对数据集中统一的管理，而且可以使数据的存储和维护不受任何用户的影响。数据库技术的发明与发展，使其成为计算机科学领域内的一个独立的学科分支。

数据库系统和文件系统相比具有以下主要特点。

1. 数据库系统以数据模型为基础

数据库设计的基础是数据模型。在进行数据库设计时，要站在全局需要的角度抽象和组织数据；要完整地、准确地描述数据自身和数据之间联系的情况；要建立适合整体需要的数据模型。数据库系统以数据库为基础，各种应用程序应建立在数据库之上。数据库系统的这种特点决定了它的设计方法，即系统设计时应先设计数据库，再设计功能程序，而不能像文件系统那样，先设计程序，再考虑程序需要的数据。

2. 数据库系统的数据冗余度小、数据共享度高

数据冗余度小是指重复的数据少。减少冗余数据可以带来以下优点。

1）数据量小可以节约存储空间，使数据的存储、管理和查询都容易实现。

2）数据冗余小可以使数据统一，避免产生数据的不一致问题。

3）数据冗余小便于数据维护，避免数据统计错误。

由于数据库系统是从整体上看待和描述数据的，数据不再是面向某个应用，而是面向整个系统，所以数据库中同样的数据不会多次重复出现。这就使得数据库中的数据冗余度小，从而避免了由于数据冗余大带来的数据冲突问题，也避免了由此产生的数据维护麻烦和数据统计错误问题。

数据库系统通过数据模型和数据控制机制提高数据的共享性。数据共享度高会提高数据的利用率，使得数据更有价值和更容易、方便地被使用。数据共享度高使得数据库系统具有以下 3 个优点。

1）系统现有用户或程序可以共同享用数据库中的数据。

2）当系统需要扩充时，再开发的新用户或新程序还可以共享原有的数据资源。

3）多用户或多程序可以在同一时刻共同使用同一数据。

3. 数据库系统的数据和程序之间具有较高的独立性

由于数据库中的数据定义功能（即描述数据结构和存储方式的功能）和数据管理功能（即实现数据查询、统计和增删改的功能）是由 DBMS 提供的，所以数据对应用程序的依赖程度大大降低，数据和程序之间具有较高的独立性。数据和程序相互之间的依赖程度低、独立程度大的特性称为数据独立性高。数据独立性高使得程序中不需要有关数据结构和存储方式的描述，从而减轻了程序设计的负担。当数据及结构变化时，如果数据独立性高，程序的维护也会比较容易。

数据库中的数据独立性可以分为两级。

（1）数据的物理独立性

数据的物理独立性（Physical Data Independence）是指应用程序对数据存储结构（也称

物理结构）的依赖程度。数据的物理独立性高是指当数据的物理结构发生变化时（如当数据文件的组织方式被改变或数据存储位置发生变化时），应用程序不需要修改也可以正常工作。

数据库系统之所以具有数据物理独立性高的特点，是因为数据库管理系统能够提供数据的物理结构与逻辑结构之间的映像（Mapping）或转换功能。正因为数据库系统具有这种数据映像功能，才使得应用程序可以根据数据的逻辑结构进行设计，并且一旦数据的存储结构发生变化，系统可以通过修改其映像来适应其变化。所以数据物理结构的变化不会影响到应用程序的正确执行。

（2）数据的逻辑独立性

数据库中的数据逻辑结构分全局逻辑结构和局部逻辑结构两种。数据全局逻辑结构指全系统总体的数据逻辑结构，它是按全系统使用的数据、数据的属性及数据联系来组织的。数据局部逻辑结构是指具体一个用户或程序使用的数据逻辑结构，它是根据用户自己对数据的需求进行组织的。局部逻辑结构中仅涉及与该用户（或程序）相关的数据结构。数据局部逻辑结构与全局逻辑结构之间是不完全统一的，两者间可能会有较大的差异。

数据的逻辑独立性（Logical Data Independence）是指应用程序对数据全局逻辑结构的依赖程度。数据逻辑独立性高是指当数据库系统的数据全局逻辑结构改变时，它们对应的应用程序不需要改变仍可以正常运行。例如，当新增加一些数据和联系时，不影响某些局部逻辑结构的性质。

数据库系统之所以具有较高的数据逻辑独立性，是由于它能够提供数据的全局逻辑结构和局部逻辑结构之间的映像和转换功能。正因为数据库系统具有这种数据映像功能，使得数据库可以按数据全局逻辑结构设计，而应用程序可以按数据局部逻辑结构进行设计。这样，既保证了数据库中的数据优化性质，又可使用户按自己的意愿或要求组织数据，数据具有整体性、共享性和方便性。同时，当全局逻辑结构中的部分数据结构改变时，即使那些与变化相关的数据局部逻辑结构受到了影响，也可以通过修改与全局逻辑结构的映像来减小其受影响的程度，使数据局部逻辑结构基本上保持不变。由于数据库系统中的程序是按局部数据逻辑结构进行设计的，并且当全局数据逻辑结构变换时可以使局部数据逻辑结构基本保持不变，所以数据库系统的数据逻辑独立性高。

4．数据库系统通过 DBMS 进行数据安全性和完整性的控制

数据的安全性控制（Security Control）是指保护数据库，以防止不合法的使用造成的数据泄漏、破坏和更改。数据安全性受到威胁是指出现用户看到了不该看到的数据、修改了无权修改的数据、删除了不能删除的数据等现象。数据安全性被破坏有以下两种情况。

1）用户有超越自身拥有的数据操作权的行为。例如，非法截取信息或蓄意传播计算机病毒使数据库瘫痪。显然，这种破坏数据的行为是有意的。

2）出现了违背用户操作意愿的结果。例如，由于不懂操作规则或出现计算机硬件故障使数据库不能使用。这种破坏数据的行为是用户无意引起的。

数据库系统通过它的数据保护措施能够防止数据库中的数据被破坏。例如，使用用户身份鉴别和数据存取控制等方法，即使万一数据被破坏，系统也可以进行数据恢复，以确保数据的安全性。

数据的完整性控制（Integrity Control）是指为保证数据的正确性、有效性和相容性，防止不符合语义的数据输入或输出所采用的控制机制。对于具体的一个数据，总会受到一定的条件约束限制，如果数据不满足其条件，它就是不合语义的数据或是不合理的数据。这些约束条件可以是数据值自身的约束，也可以是数据结构的约束。

数据库系统的完整性控制包括两项内容：一是提供进行数据完整性定义的方法，用户要利用其方法定义数据应满足的完整性条件；二是提供进行检验数据完整性的功能，特别是在数据输入和输出时，系统应自动检查其是否符合已定义的完整性条件，以避免错误的数据进入到数据库或从数据库中流出，造成不良的后果。数据完整性的高低是决定数据库中数据的可靠程度和可信程度的重要因素。

数据库的数据控制机制还包括数据的并发控制和数据恢复两项内容。数据的并发控制是指排除由于数据共享，即用户并行使用数据库中的数据时，所造成的数据不完整和系统运行错误问题。数据恢复是通过记录数据库运行的日志文件和定期做数据备份工作，保证数据在受到破坏时，能够及时使数据库恢复到正确状态。

5. 数据库中数据的最小存取单位是数据项

在文件系统中，由于数据的最小存取单位是记录，结果给使用及数据操作带来许多不便。数据库系统改善了其不足之处，它的最小数据存取单位是数据项，即使用时可以按数据项或数据项组存取数据，也可以按记录或记录组存取数据。由于数据库中数据的最小存取单位是数据项，使系统在进行查询、统计、修改及数据再组合等操作时，能以数据项为单位进行条件表达和数据存取处理，给系统带来了高效性、灵活性和方便性。

1.3 数据库系统的结构

数据库系统是指带有数据库并利用数据库技术进行数据管理的计算机系统。一个数据库系统应包括计算机硬件、数据库、数据库管理系统、数据库应用系统及数据库管理员。本节介绍数据库系统的组成结构、数据库管理系统的功能及数据库的数据模型结构。

1.3.1 数据库系统的体系结构

数据库系统的体系中由支持系统的计算机硬件设备、数据库及相关的计算机软件系统、开发管理数据库系统的人员 3 部分组成。简单地说，数据库系统中包括硬件、软件和干件。

1. 数据库系统需要的硬件资源及对硬件的要求

由于数据库系统建立在计算机硬件基础之上，它在必需的硬件资源支持下才能工作。因而系统的计算机设备配制情况是影响数据库运行的重要因素。支持数据库系统的计算机硬件资源包括计算机（服务器及客户机）、数据通信设备（计算机网络和多用户数据传输设备）及其他外围设备（特殊的数据输入/输出设备，如图形扫描仪、大屏幕的显示器及激光打印机）。

数据库系统数据量大、数据结构复杂、软件内容多，因而要求其硬件设备能够处理和快速处理它的数据。这就需要硬件的数据存储容量大、数据处理速度和数据输入/输出速度快。在进行数据库系统的硬件配置时，应注意以下 3 个方面的问题。

（1）计算机内存要尽量大

由于数据库系统的软件构成复杂，它包括操作系统、数据库管理系统、应用系统及数据库，工作时它们都需要一定的内存作为程序工作区或数据缓冲区。所以，数据库系统与其他计算机系统相比需要更多的内存支持。计算机内存的大小对数据库系统性能的影响是非常明显的，内存大就可以建立较多较大的程序工作区或数据缓冲区，以管理更多的数据文件和控制更多的程序，进行比较复杂的数据管理和更快的数据操作。每种数据库系统对计算机内存都有最低要求，如果计算机内存达不到其最小要求，系统将不能正常工作。

（2）计算机外存也要尽量大

由于数据库中的数据量大和软件种类多，它必然需要较大的外存空间来存储其数据文件和程序文件。计算机外存主要有软磁盘、磁带和硬盘等，其中硬盘是最主要的外存设备。数据库系统要求硬盘的数据容量尽量大些，硬盘大会带来以下 3 个优点：可以为数据文件和数据库软件提供足够的空间，满足数据和程序的存储需要；可以为系统的临时文件提供存储空间，保证系统能正常运行；使数据搜索时间变短，从而加快数据存取速度。

（3）计算机的数据传输速度要快

由于数据库的数据量大而操作复杂程度不高，数据库工作时需要经常进行内、外存的交换操作，这就要求计算机不仅有较强的通道能力，而且数据存取和数据交换的速度要快。虽然计算机的运行速度由 CPU 计算速度和数据 I/O 的传输速度两者决定，但是对于数据库系统来说，加快数据 I/O 的传输速度是提高运行速度的关键问题，提高数据传输速度是提高数据库系统效率的重要指标。

2．数据库系统的软件组成

数据库系统体系结构中的硬件及软件关系如图 1-3 所示。

图 1-3　数据库系统的系统结构

数据库系统的软件中包括操作系统（OS）、数据库管理系统（DBMS）、主语言系统、数据库应用开发工具、数据库应用系统和数据库，它们的作用如下所述。

（1）操作系统

操作系统是所有计算机软件的基础，在数据库系统中起着支持 DBMS 及主语言系统工作的作用。如果管理的信息中有汉字，则需要中文操作系统的支持，以提供汉字的输入、输出方法和汉字信息的处理方法。

（2）数据库管理系统和主语言系统

数据库管理系统（DBMS）是为定义、建立、维护、使用及控制数据库而提供的有关数据管理的系统软件。主语言系统是为应用程序提供的诸如程序控制、数据输入/输出、功能函数、图形处理、计算方法等数据处理功能的系统软件。由于数据库的应用很广泛，它涉及的领域很多，其功能 DBMS 不可能全部提供。因而，应用系统的设计与实现，需要 DBMS 和主语言系统配合才能完成。

这样做有 3 个好处。首先，DBMS 只需要考虑如何把有关数据管理和控制的功能做好而不需考虑其他功能，可使其操作便利、功能更好；其次，可使应用系统根据使用要求自由地选择主语言（常用的主语言有 C、COBOL、PL/1、Fortran 等），给用户带来了极大的灵活性；最后，由于 DBMS 可以与多种语言配合使用，等于使这些主语言都具有了数据库管理功能，或使 DBMS 具有其主语言的功能，这显然拓宽了数据库及主语言的应用领域，使它们能够发挥更大的作用。

（3）数据库应用开发工具

数据库应用开发工具是 DBMS 系统为应用开发人员和最终用户提供的高效率、多功能的应用生成器、第 4 代计算机语言等各种软件工具，如报表生成器、表单生成器、查询和视图设计器等，它们为数据库系统的开发和使用提供了良好的环境和帮助。以后介绍的 Visual C#是一个较流行的客户端数据库应用开发软件。

（4）数据库应用系统及数据库

数据库应用系统包括为特定应用环境建立的数据库、开发的各类应用程序及编写的文档资料，它们是一个有机整体。数据库应用系统涉及各个方面，例如，信息管理系统、人工智能、计算机控制和计算机图形处理等。通过运行数据库应用系统，可以实现对数据库中数据的维护、查询、管理和处理等操作。

3．数据库系统的人员组成及数据库管理员的职责

数据库系统的人员由软件开发人员、软件使用人员及软件管理人员组成。软件开发人员包括系统分析员、系统设计员及程序设计员，他们主要负责数据库系统的开发设计工作；软件使用人员即数据库最终用户，他们利用功能选单、表格及图形用户界面等实现数据查询及数据管理工作；软件管理人员称为数据库管理员（Data Base Administrator，DBA），他们负责全面地管理和控制数据库系统。数据库管理员（DBA）的职责如下。

（1）数据库管理员应参与数据库和应用系统的设计

数据库管理员只有参与数据库及应用程序的设计，才能使自己对数据库结构及程序设计方法了解得更清楚，为以后的管理工作打下基础。同时，由于数据库管理员是用户，他们对系统应用的现实世界非常了解，能够提出更合理的要求和建议，所以有数据库管理员参与系统及数据库的设计可以使其设计更合理。

（2）数据库管理员应参与决定数据库的存储结构和存取策略的工作

数据库管理员要综合各用户的应用要求，与数据库设计员共同决定数据的存储结构和存取策略，使数据的存储空间利用得更合理，存取效率更高。

（3）数据库管理员要负责定义数据的安全性要求和完整性条件

数据库管理员的重要职责是保证数据库的安全性和数据完整性。数据库管理员要负责定义各用户的数据使用权限、数据保密级别和数据完整性的约束条件。

（4）数据库管理员负责监视和控制数据库系统的运行，负责系统的维护和数据恢复工作

数据库管理员要负责监视系统的运行，及时处理系统运行过程中出现的问题，排除系统故障，保证系统能够正常工作。在日常工作中，数据库管理员要负责记录数据库使用的"日志文件"，通过日志文件了解数据库的使用和更改情况。数据库管理员还要定期对数据做"备份"，为以后的数据使用（即处理历史数据）和数据恢复做准备。当系统由于故障而造成数据库被破坏时，数据库管理员要根据日志文件和数据备份进行数据恢复工作，使数据库能在最短的时间恢复到正确状态。

（5）数据库管理员负责数据库的改进和重组

数据库管理员负责监视和分析系统的性能，使系统的空间利用率和处理效率总是处于较高的水平。当发现系统出现问题或由于长期的数据插入、删除操作造成系统性能降低时，数据库管理员要按一定策略对数据库进行改造或重组工作。当数据库的数据模型发生变化时，系统的改造工作也由数据库管理员负责进行。

1.3.2 数据库管理系统的功能结构

数据库管理系统是提供建立、管理、维护和控制数据库功能的一组计算机软件。数据库管理系统的目标是使用户能够科学地组织和存储数据，能够从数据库中高效地获得需要的数据，能够方便地处理数据。数据库管理系统能够提供以下 4 个方面的主要功能。

1．数据定义功能

数据库管理系统能够提供数据定义语言（Data Description Language，DDL），并提供相应的建库机制。用户利用 DDL 可以方便地建立数据库。当需要时，用户将系统的数据及结构情况用 DDL 描述，数据库管理系统能够根据其描述执行建库操作。

2．数据操纵功能

实现数据的插入、修改、删除、查询和统计等数据存取操作的功能称为数据操纵功能。数据操纵功能是数据库的基本操作功能，数据库管理系统通过提供数据操纵语言（Data Manipulation language，DML）实现数据操纵功能。DML 有以下两种形式。

（1）宿主型 DML

宿主型 DML 只能嵌入到其他高级语言中使用，不能单独使用。被 DML 嵌入的计算机语言称为主语言，常用的主语言有 C、Fortran 或 COBOL。在由宿主型 DML 和主语言混合设计的程序中，DML 语句只完成有关数据库的数据存取操作功能，而其他功能由主语言的语句完成。

（2）自主型 DML

既可以嵌入到主语言中使用，也可以单独使用的 DML 称为自主型 DML。自主型 DML 可以作为交互式命令与用户对话，执行其独立的单条语句功能。自主型 DML 还为语言的学习提供了方便，使读者能更了解语句的含义及正确的表达方法。

3．数据库的建立和维护功能

数据库的建立功能是指数据的载入、转储、重组织功能及数据库的恢复功能。数据库的维护功能指数据库结构的修改、变更及扩充功能。

4．数据库的运行管理功能

数据库的运行管理功能是数据库管理系统的核心功能，包括并发控制、数据的存取控制、数据完整性条件的检查和执行、数据库内部的维护等。所有数据库的操作都要在这些控制程序的统一管理下进行，以保证计算机事务的正确运行，保证数据库的正确有效。

1.3.3 数据库系统的三级数据模式结构

数据模型用数据描述语言给出的精确描述称为数据模式。数据模式是数据库的框架。数据库的数据模式由外模式、逻辑模式和内模式三级模式构成，其结构如图 1-4 所示。

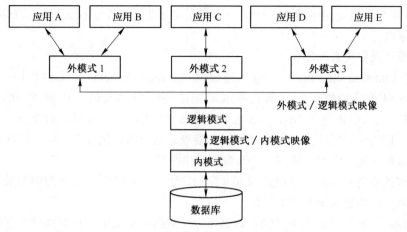

图 1-4　数据库系统的三级模式结构

1．数据库的三级模式结构

数据库的三级模式是指逻辑模式、外模式、内模式。

（1）逻辑模式及概念数据库

逻辑模式（Logical Schema）也称模式（Schema），它是对数据库中数据的整体逻辑结构和特征的描述。逻辑模式使用模式 DDL 进行定义，其定义的内容不仅包括对数据库的记录型、数据项的型、记录间的联系等的描述，同时也包括对数据的安全性定义（保密方式、保密级别和数据使用权）、数据应满足的完整性条件和数据寻址方式的说明。

逻辑模式是系统为了减小数据冗余、实现数据共享的目标，对所有用户的数据进行综合抽象而得到的统一的全局数据视图。一个数据库系统只能有一个逻辑模式，以逻辑模式为框架的数据库为概念数据库。

（2）外模式及用户数据库

外模式（External Schema）也称子模式（Subschema），它是对各个用户或程序所涉及的数据的逻辑结构和数据特征的描述。外模式使用子模式 DDL（Subschema DDL）进行定义，该定义主要涉及对子模式的数据结构、数据域、数据构造规则及数据的安全性和完整性等属性的描述。子模式可以在数据组成（数据项的个数及内容）、数据间的联系、数据项的型（数据类型和数据宽度）、数据名称方面与逻辑模式不同，也可以在数据的安全性和完整性方面与逻辑模式不同。

子模式是完全按用户自己对数据的需要，站在局部的角度进行设计的。由于一个数据库系统有多个用户，所以就可能有多个数据子模式。由于子模式是面向用户或程序设计的，所以它被称为用户数据视图。从逻辑关系上看，子模式是模式的一个逻辑子集，从一个模式可以推导出多个不同的子模式。以子模式为框架的数据库为用户数据库。显然，某个用户数据库是概念数据库的部分抽取。

使用子模式有以下优点。

1）由于使用子模式，用户不必考虑那些与自己无关的数据，也无须了解数据的存储结构，用户使用数据的工作和程序设计的工作都得到了简化。

2）由于用户使用的是子模式，使得用户只能对自己需要的数据进行操作，数据库的其他数据与用户是隔离的，这样有利于数据的安全和保密。

3）由于用户可以使用子模式，而同一模式又可派生出多个子模式，所以有利于数据的独立性和共享性。

（3）内模式及物理数据库

内模式（Internal Schema）也叫存储模式（Access Schema）或物理模式（Physical Schema）。内模式是对数据的内部表示或底层描述。内模式使用内模式 DDL（Internal Schema DDL）定义。内模式 DDL 不仅能够定义数据的数据项、记录、数据集、索引和存取路径在内的一切物理组织方式等属性，同时还要规定数据的优化性能、响应时间和存储空间需求，规定数据的记录位置、块的大小与数据溢出区等。

物理模式的设计目标是将系统的模式（全局逻辑模式）组织成最优的物理模式，以提高数据的存取效率，改善系统的性能指标。

以物理模式为框架的数据库为物理数据库。在数据库系统中，只有物理数据库才是真正存在的，它是存储在外存的实际数据文件；而概念数据库和用户数据库在计算机外存上是不存在的。用户数据库、概念数据库和物理数据库三者的关系是：概念数据库是物理数据库的逻辑抽象形式；物理数据库是概念数据库的具体实现；用户数据库是概念数据库的子集，也是物理数据库子集的逻辑描述。

2. 数据库系统的二级映像技术及作用

数据库系统的二级映像技术是指外模式与逻辑模式之间的映像、逻辑模式与内模式之间的映像技术，二级映像技术不仅在三级数据模式之间建立了联系，同时也保证了数据的独立性。

（1）外模式/逻辑模式的映像及作用

外模式/逻辑模式之间的映像，定义并保证了数据的外模式与逻辑模式之间的对应关系。外模式/逻辑模式的映像定义通常保存在外模式中。当逻辑模式变化时，DBA 可以通过修改映像的方法使外模式不变；由于应用程序是根据外模式进行设计的，只要外模式不改变，应用程序就不需要修改。显然，数据库系统中的外模式与逻辑模式之间的映像技术不仅建立了用户数据库与逻辑数据库之间的对应关系，使得用户能够按子模式进行程序设计，同时也保证了数据的逻辑独立性。

（2）逻辑模式/内模式的映像及作用

逻辑模式/内模式之间的映像，定义并保证了数据的逻辑模式与内模式之间的对应关系。它说明数据的记录、数据项在计算机内部是如何组织和表示的。当数据库的存储结构改变时，DBA 可以通过修改逻辑模式/内模式之间的映像使数据模式不变化。由于用户或程序是按数据的逻辑模式使用数据的，所以只要数据模式不变，用户仍可以按原来的方式使用数据，程序也不需要修改。逻辑模式/内模式的映像技术不仅使用户或程序能够按数据的逻辑结构使用数据，还提供了内模式变化而程序不变的方法，从而保证了数据的物理独立性。

习题 1

一、简答题

1. 什么是数据？数据有什么特征？数据和信息有什么关系？
2. 什么是数据处理？数据处理的目的是什么？
3. 数据管理的功能和目标是什么？

4．什么是数据库？数据库中的数据有什么特点？

5．什么是数据库管理系统？它的主要功能是什么？

6．数据冗余会产生什么问题？

7．什么是数据的整体性？什么是数据的共享性？为什么要使数据有整体性和共享性？

8．信息管理系统与数据库管理系统有什么关系？

9．用文件系统管理数据有什么缺陷？

10．数据库系统阶段的数据管理有什么特点？

11．数据库系统对计算机硬件有什么要求？

12．数据冗余可能导致什么问题？

13．使用数据库系统有什么好处？

14．数据库系统的软件由几部分组成？它们的作用及关系是什么？

15．试述数据库管理员的职责。

16．试述数据库系统的三级模式结构及每级模式的作用。

17．什么是数据的独立性？数据库系统中为什么能具有数据独立性？

18．试述数据库系统中的二级映像技术及作用。

二、选择题

1．在下面所列出的条目中，_____是数据库管理系统的基本功能。

   A．数据库定义 　　　　　　　　　B．数据库的建立和维护

   C．数据库存取 　　　　　　　　　D．数据库和网络中其他软件系统的通信

2．在数据库的三级模式结构中，内模式有_____。

   A．1个　　　　　　B．2个　　　　　　C．3个　　　　　　D．任意多个

3．下面列出的条目中，_____是数据库技术的主要特点。

   A．数据的结构化 　　　　　　　　B．数据的冗余度小

   C．较高的数据独立性 　　　　　　D．程序的标准化

4．在数据库管理系统中，_____不是数据库存取的功能模块。

   A．事务管理程序模块 　　　　　　B．数据更新程序模块

   C．交互式程序查询模块 　　　　　D．查询处理程序模块

5．_____是按照一定的数据模型组织的，长期存储在计算机内，可为多个用户共享数据的聚集。

   A．数据库系统 　　　　　　　　　B．数据库

   C．关系数据库 　　　　　　　　　D．数据库管理系统

6．_____不是数据库系统必须提供的数据控制功能。

   A．安全性　　　　B．可移植性　　　　C．完整性　　　　D．并发控制

7．数据库系统的核心是_____。

   A．数据库　　　B．数据库管理系统　　　C．数据模型　　　D．软件工具

8．数据库系统与文件系统的主要区别是_____。

   A．数据库系统复杂，而文件系统简单

   B．文件系统不能解决数据冗余和数据独立性问题，而数据库系统可以解决

   C．文件系统只能管理程序文件，而数据库系统能够管理各种类型的文件

D．文件系统管理的数据量较少，而数据库系统可以管理庞大的数据量

9．数据库的_____是指数据的正确性和相容性。

 A．安全性   B．完整性   C．并发控制 D．恢复

10．数据库的_____是为保证由授权用户对数据库的修改不会影响数据一致性的损失。

 A．安全性   B．完整性   C．并发控制 D．恢复

11．数据库系统中，物理数据独立性是指_____。

 A．数据库与数据库管理系统的相互独立

 B．应用程序与DBMS的相互独立

 C．应用程序与存储在磁盘上数据库的物理模式是相互独立的

 D．应用程序与数据库中数据的逻辑结构相互独立

12．数据库系统的特点是_____、数据独立、减少数据冗余、避免数据不一致和加强了数据保护。

 A．数据共享 B．数据存储 C．数据应用   D．数据保密

13．数据库管理系统能实现数据查询、插入和更新等操作的数据库语言称为_____。

 A．数据定义语言   B．数据管理语言

 C．数据操纵语言   D．数据控制语言

14．在数据库的三级模式结构中，描述数据库中全局逻辑结构和特征的是_____。

 A．外模式 B．内模式 C．存储模式 D．逻辑模式

15．数据库三级模式体系结构的划分，有利于保持数据库的_____。

 A．数据独立性 B．数据安全性 C．结构规范化 D．操作可行性

16．数据库的特点之一是数据的共享，严格地讲，这里的数据共享是指_____。

 A．同一个应用中的多个程序共享一个数据集合

 B．多个用户、同一种语言共享数据

 C．多个用户共享一个数据文件

 D．多种应用、多种语言、多个用户相互覆盖地使用数据集合

17．数据库（DB）、数据库系统（DBS）和数据库管理系统（DBMS）三者之间的关系是_____。

 A．DBS包括DB和DBMS   B．DBMS包括DB和DBS

 C．DB包括DBS和DBMS   D．DBS就是DB，也就是DBMS

18．数据库管理系统能实现对数据库中数据的查询、插入、修改和删除等操作．这种功能称为_____。

 A．数据定义功能   B．数据管理功能

 C．数据操纵功能   D．数据控制功能

19．描述事物的符号记录称为_____。

 A．信息   B．数据   C．记录   D．记录集合

20．_____是长期存储在计算机内的有组织、可共享的数据集合。

 A．数据库管理系统   B．数据库系统

 C．数据库   D．文件组织

21．数据库的完整性是指数据的_____。

A．正确性和相容性　　　　　　　　　B．合法性和不被恶意破坏

C．正确性和不被非法存取　　　　　　D．合法性和相容性

22. _____是位于用户与操作系统之间的一层数据管理软件。

A．数据库管理系统　　　　　　　　　B．数据库系统

C．数据库　　　　　　　　　　　　　D．数据库应用系统

23. 在数据库系统阶段，数据是_____。

A．有结构的　　　　　　　　　　　　B．无结构的

C．整体无结构，记录内有结构　　　　D．整体结构化的

24. 要保证数据库的数据独立性，需要修改的是_____。

A．三层模式之间的两种映射　　　　　B．逻辑模式与内模式

C．逻辑模式与外模式　　　　　　　　D．三层模式

25. 下列四项中说法不正确的是_____。

A．数据库减少了数据冗余　　　　　　B．数据库中的数据可以共享

C．数据库避免了一切数据的重复　　　D．数据库具有较高的数据独立性

26. 要保证数据库物理数据独立性，需要修改的是_____。

A．逻辑模式　　　　　　　　　　　　B．逻辑模式与内模式的映射

C．逻辑模式与外模式的映射　　　　　D．内模式

27. 下列4项中，不属于数据库特点的是_____。

A．数据共享　　　　　　　　　　　　B．数据完整性

C．数据冗余很高　　　　　　　　　　D．数据独立性高

28. 单个用户使用的数据视图的描述称为_____。

A．外模式　　　B．概念模式　　　C．内模式　　　　D．存储模式

29. 子模式DDL用来描述_____。

A．数据库的总体逻辑结构　　　　　　B．数据库的局部逻辑结构

C．数据库的物理存储结构　　　　　　D．数据库的概念结构

第2章　数据模型与概念模型

数据库系统的核心是数据模型。要为一个数据库建立数据模型，首先要深入到信息的现实世界中进行系统需求分析，用概念模型真实地、全面地描述现实世界中的管理对象及联系，再通过一定的方法将概念模型转换为数据模型。

2.1　概念模型及表示

概念模型是对信息世界的管理对象、属性及联系等信息的描述形式。概念模型不依赖计算机及数据库管理系统，它是现实世界的真实全面反映。本节介绍有关概念模型的基本概念和表示方法。

2.1.1　信息的3种世界及描述

信息的 3 种世界是指现实世界、信息世界和计算机世界（也称数据世界）。数据库是模拟现实世界中某些事务活动的信息集合，数据库中所存储的数据，来源于现实世界的信息流。信息流用来描述现实世界中一些事物的某些方面的特征及事物间的相互联系。在处理信息流前，必须先对其进行分析并用一定的方法加以描述，然后将描述转换成计算机所能接受的数据形式。

1. 信息的现实世界

现实世界泛指存在于人脑之外的客观世界。信息的现实世界是指要管理的客观存在的各种事物、事物之间的相互联系及事物的发生、变化过程。通过对现实世界的了解和认识，使得人们对要管理的对象、管理的过程和方法有个概念模型。认识信息的现实世界并用概念模型加以描述的过程称为系统分析。信息的现实世界通过实体、特征、实体集及联系进行划分和认识。

（1）实体

现实世界中存在的可以相互区分的事物或概念称为实体（Entity）。实体可以分为事物实体和概念实体，例如，一个学生、一个工人、一台机器、一辆汽车等是事物实体，一门课、一个班级等称为概念实体。

（2）实体的特征

每个实体都有自己的特征（Characteristic），利用实体的特征可以区别不同的实体。例如，学生通过姓名、性别、年龄、身高和体重等许多特征来描述自己。尽管实体具有许多特征，但是在研究时，只选择其中对管理及处理有用的或有意义的特征。例如，对于人事管理，职工的特征可选择姓名、性别、年龄、工资和职务等；而在描述一个人健康情况时，可以用职工的身高、体重和血压等特征表示。

（3）实体集及实体集之间的联系

具有相同特征或能用同样特征描述的实体的集合称为实体集（Entity Set）。例如，学生、工人、汽车等都是实体集。实体集不是孤立存在的，实体集之间有着各种各样的联系，例如，学生和课程之间有"选课"联系，教师和教学系之间有"工作"联系。

2．信息世界

现实世界中的事物反映到人们的头脑里，经过认识、选择、命名和分类等综合分析而形成了印象和概念，从而得到了信息。当事物用信息来描述时，即进入信息世界。在信息世界中，实体的特征在头脑中形成的知识称为属性；实体通过其属性表示称为实例；同类实例的集合称为对象，对象即实体集中的实体用属性表示得出的信息集合。实体与实例是不同的，例如，张三是一个实体，而"张三，男，25 岁，计算机系学生"是实例，现实世界中的张三除了姓名、性别、年龄和所在系外还有其他的特征，而实例仅对需要的特征通过属性进行了描述。在信息世界中，实体集之间的联系用对象联系表示。

信息世界通过概念模型（也称信息模型）、过程模型和状态模型反映现实世界，它要求对现实世界中的事物、事物间的联系和事物的变化情况准确、如实、全面地表示。概念模型通过 E-R 图中的对象、属性和联系对现实世界的事物及关系给出静态描述。过程模型通过信息流程图和数据字典描述事物的处理方法和信息加工过程。状态模型通过事物状态转换图对事物给出动态描述。数据库主要是根据概念模型设计的，而数据处理方法主要是根据过程模型设计的，状态模型对数据库的系统功能设计有重要的参考价值。

3．信息的计算机世界

信息世界中的信息，经过数字化处理形成计算机能够处理的数据，就进入了计算机世界。计算机世界也叫机器世界或数据世界。在信息转换为数据的过程中，对计算机硬件和软件（软件主要指数据库管理系统）都有限定，所以信息的表示方法和信息处理能力要受到计算机硬件和软件限制。也就是说，数据模型应符合具体的计算机系统和 DBMS 的要求。

在计算机世界中用到下列术语。

（1）数据项

数据项（Item）是对象属性的数据表示。数据项有型和值之分，数据项的型是对数据特性的表示，它通过数据项的名称、数据类型、数据宽度和值域等来描述；数据项的值是其具体取值。数据项的型和值都要符合计算机数据的编码要求，即都要符合数据的编码要求。

（2）记录

记录（Record）是实例的数据表示。记录有型和值之分，记录的型是结构，由数据项的型构成；记录的值表示对象中的一个实例，它的分量是数据项值。例如，"姓名，性别，年龄，所在系"是学生数据的记录型，而"张三，男，23，计算机系"是一个学生的记录值，它表示学生对象的一个实例，"张三""男""23""计算机系"都是数据项值。

（3）文件

文件（File）是对象的数据表示，是同类记录的集合。即同一个文件中的记录类型应是一样的。例如，将所有学生的登记表组成一个学生数据文件，文件中的每条记录都要按"姓名，性别，年龄，所在系"的结构组织数据项值。

（4）数据模型

现实世界中的事物反映到计算机世界中就形成了文件的记录结构和记录，事物之间的相互联系就形成了不同文件间的记录的联系。记录结构及其记录联系的数据化的结果就是数据模型（Data Model）。

4．现实世界、信息世界和计算机世界的关系

现实世界、信息世界和计算机世界这3个领域是由客观到认识、由认识到使用管理的3个不同层次，后一领域是前一领域的抽象描述。关于3个领域之间的术语对应关系，如表 2-1 所示。

表 2-1　信息的 3 种世界术语的对应关系表

现 实 世 界	信 息 世 界	计 算 机 世 界
实体	实例	记录
特征	属性	数据项
实体集	对象	数据或文件
实体间的联系	对象间的联系	数据间的联系
	概念模型	数据模型

现实世界、信息世界和计算机世界的转换关系可以用图 2-1 表示。

图 2-1　信息的 3 个世界的联系和转换过程

从图 2-1 中可以看出，现实世界的事物及联系，通过系统分析成为信息世界的信息模型，而信息模型经过数据化处理转换为数据模型。

2.1.2　概念模型的基本概念

数据库的概念模型也称信息模型。在介绍概念模型基本概念之前，有必要说明本书根据最新的研究所界定的概念模型中的对象、实例等概念，在许多教科书中仍被称作实体集（或实体型）、实体。其实对象和实体集、实例和实体的概念是不同的。但为了统一起见，本书在解释它们之间对应关系的前提下，有些地方也用实体集、实体表示对象、实例。

1．概念模型涉及的基本概念

（1）对象和实例

对象是实体集遵循其实体型抽象的结果。现实世界中，具有相同性质、服从相同规则的一类事物（或概念，即实体）的抽象称为对象（Object），对象是实体集信息化（数据化）的结果。对象中的每一个具体的实体的抽象为该对象的实例（Instance）。

（2）属性

属性（Attribute）是实体的某一方面特征的抽象表示。例如，学生可以通过"姓名""学号""性别""年龄"及"政治面貌"等特征来描述。此时，"姓名""学号""性别""年龄"及"政治面貌"等就是学生的属性。属性值是属性的具体取值。例如，某一学生的姓名为"李利"，学号为"79201"，性别为"男"，年龄为"21"，政治面貌为"党员"，这些具体描述就称为属性值。

（3）码、主码和次码

码（Key）也称关键字，它能够唯一标识一个实体。码可以是属性或属性组，如果码是属性组，则其中不能含有多余的属性。例如，在学生的属性集中，学号确定后，学生的其他属性值也都确定了，学生记录也就确定了。由于学号可以唯一地标识一个学生，所以学号为码。在有些实体集中，可以有多个码。如学生实体集，假设学生姓名没有重名，那么属性"姓名"也可以作为码。当一个实体集中包括有多个码时，通常要选定其中的一个码为主码（Primary Key），其他的码就是候选码。

实体集中不能唯一标识实体属性的叫次码（Secondary Key）。例如，"年龄""政治面貌"，这些属性都是次码。一个主码值对应一个实例，而一个次码值会对应多个实例。

（4）域

属性的取值范围称为属性的域（Domain）。例如，学生的年龄为 16～35 范围内的正整数，其数据域为（16～35）。

2. 实体联系的类型

（1）两个实体集之间的联系

两个实体集之间的联系可概括为 3 种。

1）一对一联系（1∶1）。

设有两个实体集 A 和 B，如果实体集 A 与实体集 B 之间具有一对一联系，则对于实体集 A 中的每一个实体，在实体集 B 中至多有一个（也可以没有）实体与之联系；反之，对于实体集 B 中的每一个实体，实体集 A 也至多有一个实体与之联系。两实体集间的一对一联系记作 1∶1。例如，在一个工厂里面只有一个厂长，而一个厂长只能在一个工厂里任职，则工厂与厂长之间具有一对一联系。

2）一对多联系（1∶n）。

设有两个实体集 A 和 B，如果实体集 A 与实体集 B 之间具有一对多联系，则对于实体集 A 的每一个实体，实体集 B 中有一个或多个实体与之联系；而对于实体集 B 的每一个实体，实体集 A 中至多有一个实体与之联系。实体集 A 与实体集 B 之间的一对多联系记作 1∶n。例如，一个学校里有多名教师，而每个教师只能在一个学校里教学，则学校与教师之间具有一对多联系。

3）多对多联系（m∶n）。

设有两个实体集 A 和 B，如果实体集 A 与实体集 B 之间具有多对多联系，则对于实体集 A 的每一个实体，实体集 B 中有一个或多个实体与之联系；反之，对于实体集 B 中的每一个实体，实体集 A 中也有一个或多个实体与之联系。实体集 A 与实体集 B 之间的多对多联系记作 m∶n。例如，工厂里的一个职工可以参加多个体育团体，而一个体育团体也可以有多名职工，体育团体与职工之间具有多对多联系。

实际上，一对一联系是一对多联系的特例，而一对多联系又是多对多联系的特例。图 2-2 是用 E-R 图表示两个实体集之间的 1∶1、1∶n 或 m∶n 联系的实际例子。

（2）多实体集之间的联系

两个以上的实体集之间也会有联系，其联系类型一般为一对多和多对多。

1）多实体集之间的一对多联系。

设实体集 E1，E2，…，En，如果 Ej（j=1，2，…，n）与其他实体集 E1，E2，…，

Ej-1，Ej+1，…，En 之间存在有一对多的联系，则对于 Ej 中的一个给定实体，可以与其他实体集 Ei（i≠j）中的一个或多个实体联系，而实体集 Ei（i≠j）中的一个实体最多只能与 Ej 中的一个实体联系，则称 Ej 与 E1，E2，…，Ej-1，Ej+1，…，En 之间的联系是一对多的。

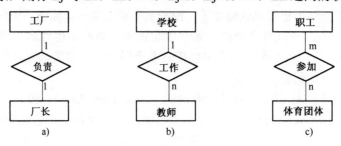

图 2-2　两个实体集联系的例子

例如，在图 2-3a 中，一门课程可以有若干教师讲授，一个教师只讲授一门课程；一门课程使用若干本参考书，每一本参考书只供一门课程使用。所以课程与教师、参考书之间的联系是一对多的。

2）多实体集之间的多对多联系。

在两个以上的多个实体集之间，当一个实体集与其他实体集之间均存在多对多联系，而其他实体集之间没有联系时，这种联系称为多实体集间的多对多联系。

例如，有 3 个实体集：供应商、项目和零件，一个供应商可以供给多个项目多种零件；每个项目可以使用多个供应商供应的零件；每种零件可由不同供应商供给。因此，供应商、项目、零件 3 个实体型之间是多对多的联系，如图 2-3b 所示。

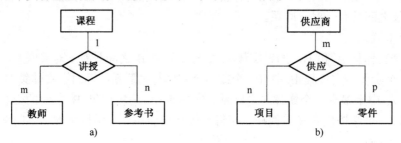

图 2-3　3 个实体集联系的实例

（3）实体集内部的联系

实际上，在一个实体集的实体之间也可以存在一对多或多对多的联系。例如，职工是一个实体集，职工中有领导，而领导自身也是职工。职工实体集内部具有领导与被领导的联系，即某一个职工领导若干名职工，而一个职工仅被一个领导所管，这种联系是一对多的联系，如图 2-4 所示。

图 2-4　同一实体集内的一对多联系实例

2.1.3　概念模型的表示方法

概念模型是对信息世界的建模，概念模型应当能够全面、准确地描述出信息世界中的基本概念。概念模型的表示方法很多，其中最为著名和使用最为广泛的是 P. P. Chen 于 1976 年提出的实体–联系方法（Entity-Relationship Approach），简称 E-R 图法。该方法用 E-R 图来描述现实世界的概念模型，并提供了表示实体集、属性和联系的方法。E-R 图也称为 E-R 模型。在 E-R 图中，实体集及其联系、属性等的表示如下。

1）用长方形表示实体集，长方形内写实体集名。

2）用椭圆形表示实体集的属性，并用线段将其与相应的实体集连接起来。例如，学生具有学号、姓名、性别、年龄和所在系，共 5 个属性，用 E-R 图表示如图 2-5 所示。

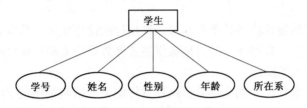

图 2-5　学生及其属性的 E-R 图

由于实体集的属性比较多，有些实体可具有多达上百个属性，所以在 E-R 图中，实体集的属性可不直接画出，而通过数据字典的方式表示（即文字说明方式）。无论使用哪种方法表示实体集的属性，都不能出现遗漏属性的情况。

3）用菱形表示实体集间的联系，菱形内写上联系名，并用线段分别与有关实体集连接起来，同时在线段旁标出联系的类型。如果联系具有属性，则该属性仍用椭圆形表示，仍需要用线段将属性与其联系连接起来。联系的属性必须在 E-R 图上标出，不能通过数据字典说明。例如，供应商、项目和零件之间存在有供应联系，该联系有供应量属性，如图 2-6 所示。

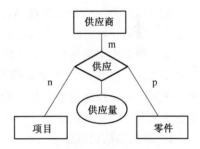

图 2-6　实体集间联系的属性及其表示

2.2　常见的数据模型

数据库系统中最常使用的数据模型是层次模型、网状模型和关系模型，新兴的数据模型是面向对象数据模型和对象关系数据模型。本节较详细地介绍经常使用的 3 种数据模型的结构特点和完整性约束条件，分析对照它们的性能，指出其优缺点和使用场合。本节也介绍新兴数据模型的概念和方法。

2.2.1　数据模型概述

数据模型具有数据结构、数据操作和数据约束条件三要素。认识或描述一种数据模型也要从它的三要素开始。

1. 数据模型的三要素

数据模型是一组严格定义的概念集合。这些概念精确地描述了系统的数据结构、数据操作和数据完整性约束条件。下面就介绍这些概念。

（1）数据结构

数据结构是所研究的对象类型（Object Type）的集合。这些对象是数据库的组成成分，它们包括两类：一类是与数据类型、内容和性质有关的对象，例如，层次模型或网状模型中的数据项和记录，关系模型中的关系和属性等；另一类是与数据之间联系有关的对象，例如，在网状模型中由于记录型之间的复杂联系，为了区分记录型之间不同的联系，对联系进行命名，命名的联系称之为系型（Set Type）。

在数据库系统中，通常按照数据结构的类型来命名数据模型，例如，层次结构、网状结构和关系结构的数据模型分别被命名为层次模型、网状模型和关系模型。

（2）数据操作

数据操作是指对数据库中各种数据对象允许执行的操作集合。数据操作包括操作对象和有关的操作规则两部分。数据库中的数据操作主要有数据检索和数据更新（即插入、删除或修改数据的操作）两大类操作。

数据模型必须对数据库中的全部数据操作进行定义，指明每项数据操作的确切含义、操作对象、操作符号、操作规则及对操作的语言约束等。数据操作是对系统动态特性的描述。

（3）数据约束条件

数据约束条件是一组数据完整性规则的集合。数据完整性规则是指数据模型中的数据及其联系所具有的制约和依存规则。数据约束条件用以限定符合数据模型的数据库状态及状态的变化，以保证数据库中数据的正确、有效和相容。

每种数据模型都规定有基本的完整性约束条件，这些完整性约束条件要求所属的数据模型都应满足。同理，每个数据模型还规定了特殊的完整性约束条件，以满足具体应用的要求。例如，在关系模型中，基本的完整性约束条件是实体完整性和参照完整性，特殊的完整性条件是用户定义的完整性。

2．常见的数据模型

当前，数据库领域最常用的数据模型主要有 3 种，它们是层次模型（Hierarchical Model）、网状模型（Network Model）和关系模型（Relational Model）。

层次模型和网状模型统称非关系模型。非关系模型的数据库系统在 20 世纪 70 年代至 80 年代初非常流行，在当时的数据库产品中占据了主导地位。关系模型的数据库系统在 70 年代开始出现，之后发展迅速，并逐步取代了非关系模型数据库系统的统治地位。现在流行的数据库系统大都是基于关系模型的。

在非关系模型中，实体集用记录表示，实体的属性对应记录的数据项（或字段）。实体集之间的联系转换成记录之间的两两联系。非关系模型中数据结构的单位是
基本层次联系。所谓基本层次是指两个记录及它们之间的一对多（包括一对一）的联系，其结构和表示方法如图 2-7 所示。

在图 2-7 中，R_i 位于联系 L_{ij} 的始结点，称为双亲结点（Parent）；R_j 位于联系 L_{ij} 的终结点，称为子女结点（Child）。

图 2-7　基本层次联系

2.2.2　层次模型

层次模型是数据库系统中最早出现的数据模型，层次数据库系统采用层次模型作为数据的组织方式。层次数据库系统的典型代表是 IBM 公司的 IMS（Information Management System）。层次模型用树形结构来表示各类实体及实体间的联系。

1．层次模型的数据结构

（1）层次模型的定义

在数据结构中，定义满足下面两个条件的基本层次联系的集合为层次模型。

1）有且仅有一个结点没有双亲结点，这个结点称为根结点。

2）除根结点之外的其他结点有且只有一个双亲结点。

（2）层次模型的数据表示方法

层次模型中的数据用下列方法表示。

在层次模型中，实体集使用记录表示；记录型包含若干个字段，字段用于描述实体的属性；记录值表示实体；记录之间的联系使用基本层次联系表示。层次模型中的每个记录可以定义一个排序字段，排序字段也称为码字段，其主要作用是确定记录的顺序。如果排序字段的值是唯一的，则它能唯一地标识一个记录值。

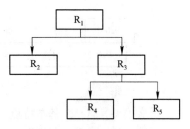

图 2-8　层次模型的一个示例

在层次模型中，使用结点表示记录。记录之间的联系用结点之间的连线表示，这种联系是父子之间的一对多的实体联系。层次模型中的同一双亲的子女结点称为兄弟结点（Twin 或 Sibling），没有子女结点的结点称为叶结点。图 2-8 给出了一个层次模型的例子，其中，R_1 为根结点，R_2 和 R_3 都是 R_1 的子女结点，R_2 和 R_3 为兄弟结点；R_4 和 R_5 是 R_3 的子女结点，R_4 和 R_5 也为兄弟结点；R_2、R_4 和 R_5 为叶结点。

（3）层次模型的特点

层次模型像一棵倒立的树，只有一个根结点，有若干个叶结点，结点的双亲是唯一的。图 2-9 是一个教学院系的数据模型，该层次数据结构中有 4 个记录。

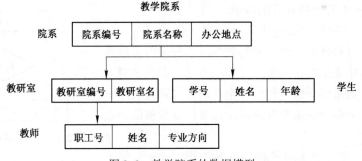

图 2-9　教学院系的数据模型

在图 2-9 所示的模型中，院系记录是根结点，它有院系编号、院系名称和办公地点 3 个数据项，其两个子女结点是教研室和学生记录；教研室记录是院系的子女结点，它还是教师的双亲结点，教研室记录由教研室编号、教研室名两个数据项组成；学生记录由学号、姓名和年龄 3 个数据项组成；教师记录由职工号、姓名和专业方向 3 个数据项组成。学生与教师是叶结点，它们没有子女结点。在该层次数据结构中，院系与教研室、教研室与教师、院系与学生的联系均是一对多的联系。图 2-10 是教学院系数据模型对应的一个实例。

在图 2-10 中，根记录值为"D10，计算机系，9 号楼"，它与教研室的"C01，硬件教研室"和"C02，软件教研室"有联系，同时，也与学生的"00001，王平，20"和"00002，李丽，20"有联系；这 4 个位于子女结点的记录值是它对应的上层结点记录值的属记录值，而它们对应的上层记录值是首记录值。硬件教研室有属记录值"92001，王海，电器"和"92002，张铮，自动化"，软件教研室有"92003，许明，数据库"和"92004，陈真，人工智能"。层次结构数据的一个实例由一个根记录值和它的全部属记录值组成，全部属记录值包括属记录、属记录的属记录……直到位于叶结点的属记录为止。

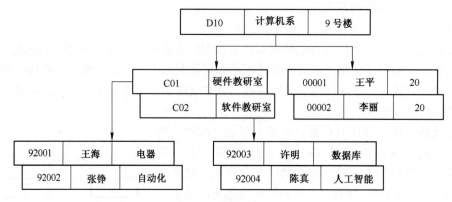

图 2-10　教学院系数据模型对应的一个实例

层次模型具有一个基本特点：对于任何一个给定的记录值，只有按其路径查看，才能显示出它的全部意义，没有一个子女记录值能够脱离双亲记录值而独立存在。例如，对于图 2-10 中的学生记录值（00001，王平，20），如果不指出它的双亲结点，就不知道它是哪个院系的学生。

虽然理论上认为一个层次模型可以包含任意多的记录和字段数据，但任何实际的数据库系统都会因为存储容量或者实现复杂度的原因，对层次模型中包含的记录个数和字段个数进行限制。

2. 层次模型中多对多联系的表示

前面提到，层次模型只能表示一对多（包括一对一）的联系，而不能直接地表示多对多的联系。当有多对多联系需要在层次模型中表示时，应采用分解的方法，即将多对多的联系分解成一对多的联系，使用多个一对多联系来表示一个多对多联系。分解方法主要有两种：冗余结点分解法和虚拟结点分解法。

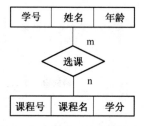

图 2-11　一个多对多联系的例子

图 2-11 是一个含有多对多联系的 E-R 图。图中有学生和课程两个实体集，它们之间的联系为多对多类型，即一个学生可以选修多门课程，一门课程可由多个学生选修。下面用这个例子说明多对多联系的分解方法。

（1）冗余结点分解法

冗余结点分解法是通过增加冗余结点的方法将多对多的联系转换成一对多的联系。对于图 2-11 所示的多对多联系的实例，要设计两组学生和课程记录：一组表示一个学生选择多门课程的学生与课程之间的 1：n 联系；另一组表示一门课程有多个学生选择的课程与学生之间的 1：n 联系，其基本层次联系如图 2-12 所示。显然，使用冗余结点分解法会使数据库中有冗余的学生和课程记录。

图 2-12　用冗余结点分解法表示多对多联系

（2）虚拟结点分解法

所谓虚拟结点就是一个指引元，该指引元指向所代替的结点。虚拟结点分解法通过使用虚拟结点，将实体集间的多对多联系分解为多个层次模型，然后用多个层次模型表示一对多联系。将图 2-12 中的冗余结点转换为虚拟结点，可得到具有虚拟结点的基本层次联系，如图 2-13 所示。

图 2-13　用虚拟结点分解法表示多对多联系

上面两种方法各有所长。冗余结点分解法的优点是结构清晰，允许结点改变存储位置；缺点是占用存储空间大，有潜在的不一致性。虚拟结点分解法的优点是占用存储空间小，能够避免潜在的不一致性问题；缺点是结点改变存储位置时可能引起虚拟结点指针的改变。

3．层次模型的数据操作和完整性约束条件

层次模型的数据操作主要是数据的查询、插入、删除和修改。层次模型必须满足的完整性约束条件如下。

1）在进行插入记录值操作时，如果没有指明相应的双亲记录值（首记录值），则不能插入子女记录值（属记录值）。

例如，在图 2-9 的层次数据库中，若转学来一个学生，但还没有为该学生指明院系，则不能将该学生记录插入到数据库中。

2）进行删除记录操作时，如果删除双亲记录值（首记录值），则相应的子女结点值（属记录值）也同时被删除。

例如，在图 2-9 的层次数据库中，若删除软件教研室，则该教研室的教师数据将全部丢失；若删除计算机系，则计算机系所有的学生和教研室将全部被删除，相应的所有教师也将被全部删除。

3）进行修改记录操作时，应修改所有相应记录，以保证数据的一致性。

例如，在图 2-12 的层次模型中，若修改一个学生的年龄，则两处学生记录值的年龄字段都要执行修改操作。同样，要增加一个学生记录值时，也要同时对两处的学生记录执行插入操作，结果不仅造成操作麻烦，还特别容易引起数据不一致的问题。

4．层次模型的存储结构

在层次数据库中，不但要存储数据，而且还要存储数据之间的层次联系。层次模型数据的存储一般使用邻接存储法和链接存储法实现。

（1）邻接存储法

邻接存储法是按照层次树前序遍历的顺序，把所有记录值依次邻接存放，即通过物理空间的位置相邻来安排（或隐含）层次顺序，实现存储。

例如，对于图 2-14a 所示的数据模型，它的一个实例如图 2-14b 所示。

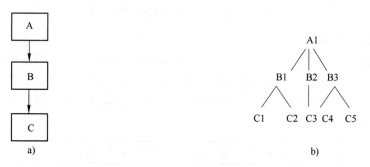

图 2-14　层次数据库及其实例

图 2-15 为图 2-14 所示实例按邻接存储法存放的实例。

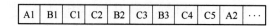

图 2-15　邻接存储法存放的实例

（2）链接存储法

链接存储法是用指引元来反映数据之间的层次联系，它主要有子女-兄弟链接法和层次序列链接法两种方法。

1）子女-兄弟链接法。子女-兄弟链接法要求每个记录设两个指引元，一个指引元指向它的最左边的子女记录值（属记录值），另一个指引元指向它的最近兄弟记录。图 2-14b 所示的实例，如果用子女-兄弟链接法表示，其结构如图 2-16 所示。

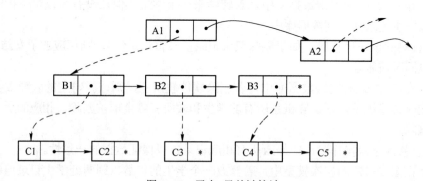

图 2-16　子女-兄弟链接法

2）层次序列链接法。层次序列链接法按树的前序穿越顺序，链接各记录值。图 2-14b 所示的实例，如果用层次序列链接法表示，其结构如图 2-17 所示。

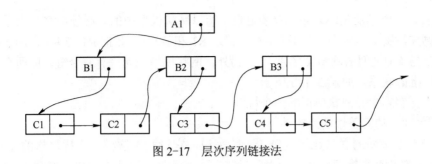

图 2-17　层次序列链接法

2.2.3　网状模型

在现实世界中，许多事物之间的联系是非层次结构的，它们需要使用网状模型表示。网状数据库系统是采用网状模型作为数据组织方式的数据库系统。网状数据库系统的典型代表是 DBTG 系统，也称 CODASYL 系统。它是 20 世纪 70 年代数据系统语言研究会 CODASYL（Conference On Data System Language）下属的数据库任务组（Data Base Task Group，DBTG）提出的一个系统方案。DBTG 系统虽然不是实际的数据库软件系统，但是它提出的基本概念、方法和技术，对网状数据库系统的研制和发展产生了重大的影响，后来不少的数据库系统都采用了 DBTG 模型。例如，HP 公司的 IMAGE、Univac 公司的 DMS1100、Honeywell 公司的 IDS/2 和 Cullinet Software 公司的 IDMS 等。

1．网状模型的数据结构

（1）网状模型结构的基本特征

满足以下两个条件的基本层次联系的集合称为网状模型。

1）有一个以上的结点没有双亲。

2）结点可以有多于一个的双亲。

图 2-18 分别为网状模型的 3 个例子。

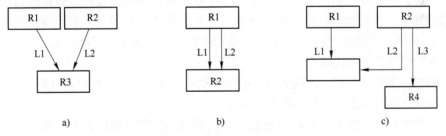

图 2-18　网状模型的例子

网状模型的结构比层次模型的结构更具有普遍性，它允许多个结点没有双亲，也允许结点有多于一个的双亲。此外，网状模型还允许两个结点之间有多种联系。因而，网状模型可以更直接地去描述现实世界。

（2）网状模型的数据表示方法

1）同层次模型一样，网状模型也使用记录和记录值表示实体集和实体；每个结点也表示一个记录，每个记录可包含若干个字段。

2）网状模型中的联系用结点间的有向线段表示。每个有向线段表示一个记录间的一对多的联系。网状模型中的联系简称为系。由于网状模型中的系比较复杂，两个记录之间可以存在多种系。一个记录允许有多个双亲记录，所以网状模型中的系必须命名。用系名标识不同的系。例如，图 2-18a 中 R3 有两个双亲记录 R1 和 R2，因此把 R1 与 R3 之间的联系命名为 L1，R2 与 R3 之间的联系命名为 L2。另外，网状模型中允许有复合链，即两个记录间可以有两种以上的联系，如图 2-18b 所示。

层次模型实际上是网状模型的一个特例。

2．网状模型的完整性约束条件

网状模型记录间的联系比较复杂。一般来说，它没有层次模型那样严格的完整性约束条件，但具体的网状数据库系统对数据操纵都加了一些限制，提供了一定的完整性约束。例如，DBTG 在模式 DDL 中，提供了定义 DBTG 数据库完整性的若干个概念和语句，分别如下。

1）支持记录码的概念。码即唯一标识记录的数据项的集合。

2）保证一个联系中双亲记录和子女记录之间是一对多的联系。

3）可以支持双亲记录和子女记录之间某些约束条件。例如，有些子女记录要求双亲记录存在时才能插入，双亲记录删除时也连同删除。

3．网状模型的存储结构

由于网状模型记录之间的联系比较复杂，因而如何实现记录之间联系的问题是网状模型存储结构中的关键。网状模型常用的存储方法是链接法，它包括单向链接、双向链接、环状链接和向首链接等。此外，网状数据模型还用其他的存储方法，如指引元阵列法、二进制阵列法和索引法等。

4．网状模型和层次模型比较

网状模型和层次模型比较，双方各有其自身的优缺点。

（1）层次模型的主要优缺点

层次模型的主要优点有：数据模型本身比较简单；系统性能优于关系模型和网状模型；能够提供良好的完整性支持。

层次模型的主要缺点有：在表示非层次性的联系时，只能通过冗余数据（易产生不一致性）或创建非自然的数据组织（引入虚拟结点）来解决；对插入和删除操作的限制比较多；查询子女结点必须通过双亲结点；由于结构严密，层次命令趋于程序化。

（2）网状模型的主要优缺点

网状模型的主要优点有：能够更直接地描述现实世界，一个结点可以有多个双亲，允许复合链，具有良好的性能，存取效率比较高。

网状模型的缺点主要有：结构比较复杂，而且随着应用环境的扩大，数据库的结构就变得越来越复杂，不利于用户掌握；DDL 和 DML 语言复杂，用户不容易使用；由于记录之间的联系是通过存取路径实现的，应用程序在访问数据时必须选择适当的存取路径，因此，用户必须了解系统结构的细节后才能实现其数据存取，程序员要为访问数据设置存取路径，加重了编写应用程序的负担。

2.2.4　关系模型

关系模型是 3 种模型中最重要的一种。关系数据库系统采用关系模型作为数据的组织方式，现在流行的数据库系统大都是关系数据库系统。关系模型是由美国 IBM 公司 San Jose 研究室的研究员 E. F. Codd 于 1970 年首次提出的。自 20 世纪 80 年代以来，计算机厂商新推出的数据库管理系统几乎都是支持关系模型的，非关系模型的产品也大都加上了关系接口。

1．关系模型的数据结构

关系模型建立在严格的数学概念的基础上。在关系模型中，数据的逻辑结构是一张二维表，它由行和列组成。

（1）关系模型中的主要术语

1）关系：一个关系（Relation）对应通常所说的一张二维表。表 2-2 就是一个关系。

表 2-2　学生学籍表

学　　号	姓　　名	性　　别	年　　龄	所 在 系
00001	王平	男	20	计算机系
00002	李丽	女	20	计算机系
00010	张晓刚	男	19	数学系
…	…	…	…	…

2）元组：表中的一行称为一个元组（Tuple），许多系统中把元组称为记录。

3）属性：表中的一列称为一个属性（Attribute）。一个表中往往会有多个属性，为了区分属性，要给每一个列起一个属性名。同一个表中的属性应具有不同的属性名。

4）码：表中的某个属性或属性组，它们的值可以唯一地确定一个元组，且属性组中不含多余的属性，这样的属性或属性组称为关系的码（Key）。

例如，在表 2-2 中，学号可以唯一地确定一个学生，因而学号是学生学籍表的码。

5）域：属性的取值范围称为域（Domain）。例如，大学生年龄属性的域是（16~35），性别的域是（男，女）。

6）分量：元组中的一个属性值称为分量（Element）。

7）关系模式：关系的型称为关系模式（Relation Schema），关系模式是对关系的描述。关系模式一般的表示是：关系名（属性1，属性2，…，属性n）。

例如，学生学籍表关系可描述为：学生学籍（学号，姓名，性别，年龄，所在系）。

（2）关系模型中的数据全部用关系表示

在关系模型中，实体集及实体间的联系都是用关系来表示的。

例如，关系模型中，学生、课程、学生与课程之间的联系可表示为：

学生（学号，姓名，性别，年龄，所在系）

课程（课程号，课程名，先行课）

选修（学号，课程号，成绩）

关系模型要求关系必须是规范化的。所谓关系规范化是指关系模式要满足一定的规范条件。关系的规范条件很多，但首要条件是关系的每一个分量必须是不可分的数据项。

2．关系操作和关系的完整性约束条件

关系操作主要包括数据查询、插入、删除和修改。关系中的数据操作是集合操作，无论操作的原始数据、中间数据或结果数据都是若干元组的集合，而不是单记录的操作方式。此外，关系操作语言都是高度非过程的语言，用户在操作时，只要指出"干什么"或"找什么"，而不必详细说明"怎么干"或"怎么找"。由于关系模型把存取路径向用户隐蔽起来，使得数据的独立性大大地提高了；由于关系语言的高度非过程化，使得用户对关系的操作变得容易，提高了系统的效率。

关系的完整性约束条件包括实体完整性、参照完整性和用户定义的完整性。

3．关系模型的存储结构

在关系数据库的物理组织中，关系以文件形式存储。一些小型的关系数据库管理系统（RDBMS）采用直接利用操作系统文件的方式实现关系存储，一个关系对应一个数据文件。为了提高系统性能，许多关系数据库管理系统采用自己设计的文件结构、文件格式和数据存取机制进行关系存储，以保证数据的物理独立性和逻辑独立性，更有效地保证数据的安全性和完整性。

4．关系模型与非关系模型比较

与非关系模型相比，关系模型具有下列特点。

（1）关系模型建立在严格的数学基础之上

关系及其系统的设计和优化有数学理论指导，因而容易实现且性能好。

（2）关系模型的概念单一，容易理解

关系数据库中，无论实体还是联系，无论是操作的原始数据、中间数据还是结果数据，都用关系表示。这种概念单一的数据结构，使数据操作方法统一，也使用户易懂易用。

（3）关系模型的存取路径对用户隐蔽

用户根据数据的逻辑模式和子模式进行数据操作，而不必关心数据的物理模式情况，无论计算机专业人员还是非计算机专业人员使用起来都很方便，数据的独立性和安全保密性都较好。

（4）关系模型中的数据联系是靠数据冗余实现的

关系数据库中不可能完全消除数据冗余。由于数据冗余，使得关系的空间效率和时间效率都较低。

基于关系模型的优点，关系数据模型自诞生以后发展迅速，深受用户的喜爱；而计算机硬件的飞速发展，更大容量、更高速度的计算机会对关系模型的缺点给予一定的补偿。因而，关系数据库始终保持其主流数据库的地位。

2.2.5 面向对象数据模型

面向对象数据库系统支持面向对象数据模型（简称 OO 模型）。一个面向对象的数据库系统是一个持久的、可共享的对象库的存储和管理者；而一个对象库是由一个面向对象数据模型所定义的对象集合体。

1．面向对象数据模型的基本概念

一个面向对象数据模型是用面向对象观点来描述现实世界实体（对象）的逻辑组织、对象间限制、联系的模型。一系列面向对象核心概念构成了面向对象数据模型的基础。面向对象数据模型的核心概念如下。

（1）对象与对象标识

现实世界的任一实体都被统一地模型化为一个对象（Object），每一个对象有一个唯一的标识，称为对象标识 OID（Object Identifier）。对象是现实世界中实体的模型化，它与记录、元组相似，但远比它们复杂。

（2）封装

每一个对象是其状态与行为的封装（Encapsulation），其中状态是该对象一系列属性值的集合，而行为是在对象状态上操作方法的集合。

（3）类

共享同一属性结合和方法集合的所有对象组合在一起构成了一个对象类（Class，简称类），一个对象是某一类的一个实例（instance）。例如，学生是一个类，具体某一个学生，如王英是学生类中的一个对象。在数据库系统中有"型"和"值"的概念，而在OODB中，"型"就是类，对象是某一类的"值"。类属性的定义域可以为基本类，如字符串、整数和布尔型，也可以为一般类，即包含属性和方法的类。一个类的属性也可以定义为这个类自身。

（4）类层次

一个系统中所有类组成的一个有根的有向无环图称为类层次（Class hierarchy）。如同面向对象程序设计一样，在面向对象数据模型中，可以定义一个类（如C1）的子类（C2），类C1称为类C2的父类（或超类）。子类还可以再定义子类，例如，C2可以再定义子类C3。这样面向对象数据模式的一组类就形成一个有限的层次结构，这就是类层次。一个类可以有多个超类，有的是直接的，有的是间接的。例如，C2是C3的直接超类，C1是C3的间接超类。一个类可以继承它的所有超类（包括直接超类和间接超类）的属性和方法。

（5）消息

在面向对象数据库中，对象是封装的。对象之间的通信是通过消息（Message）传递来实现的。即消息从外部传递给对象，存取和调用对象中的属性和方法，在内部执行要求的操作，操作的结果仍以消息的形式返回。

2. 对象结构与对象标识

（1）对象结构

对象是由一组数据结构和在这组数据结构上的操作程序代码封装起来的基本单位。对象之间的界面由一组消息构成。一个对象通常包括以下几个部分。

1）属性集合。

所有属性构成了对象数据的数据结构。属性描述对象的状态、组成和特性。对象的某一属性可以是单值或多值的，也可以是一个对象。如果对象的某一属性还是对象，对象就形成了嵌套，这种嵌套可以继续，从而组成各种复杂对象。

2）方法集合。

方法用于描述对象的行为特性。方法的定义包括方法的接口和方法的实现两部分：方法的接口用以说明方法的名称、参数和结果返回值的类型，也称之为调用说明；方法的实现是一段程序代码，用以实现方法的功能，即对象操作的算法。

3）消息集合。

消息是对象向外提供的界面，消息由对象接收并响应。消息是指对象之间操作请求的传递，它并不管对象内部是如何处理的。

（2）对象标识

面向对象数据库中的每个对象都有一个唯一的、不变的标识，即对象标识（OID）。对象通常与实际领域的实体对应，在现实世界中，实体中的属性值可能随着时间的推移会发生改变，但是每个实体的标识始终保持不变。相应的，对象的部分（或全部）属性、对象的方法会随着时间的推移发生变化，但对象标识不会改变。两个对象即使属性值和方法都完全相同，但如果它们的对象标识不同，则认为两个对象不同，只是它们的值相同而已。对象标识的概念比程序设计语言或传统数据模型中所用到的标识概念更强。

下面是常用的几种对象标识。

1）值标识。

值标识是用值来表示的。关系数据库中使用的就是值标识，在关系数据库中，码值是一个关系的元组唯一标识。例如，学号"980001"唯一标识了计算机系的学生张三。

2）名标识。

名标识是用一个名字来表示标识。例如，程序变量使用的就是名标识，程序中的每个变量被赋予一个名字，变量名唯一地标识每个变量。

3）内标识。

上面两种标识是由用户建立的，内标识是建立在数据模型或程序设计语言中，不要求用户给出标识。面向对象数据库系统使用的就是内标识。

不同标识其持久性程度是不同的。若标识只能在程序或查询的执行期间保持不变，则称该标识具有程序内持久性。例如，程序设计语言中的变量名和 SQL 语句的元组标识符，就是具有程序内持久性的标识。若标识在从一个程序的执行到另一个程序的执行期间能保持不变，则称该标识具有程序间持久性。例如，在 SQL 语言中的关系名是具有程序间持久性的标识。若表示不仅在程序执行过程中而且在数据的重组重构过程中一直保持不变，则称该标识具有永久持久性。例如，面向对象数据库系统中对象标识具有永久持久性，而 SQL 语言中的关系名不具有永久持久性，因为数据的重构可能修改关系名。

对象表示具有永久持久性的含义是，一个对象一经产生，系统就给它赋予一个在全系统中唯一的对象标识符，直到它被删除。对象标识是由系统统一分配的，用户不能对对象标识符进行修改。对象标识是稳定的，它不会因为对象中某个值的修改而改变。

面向对象的数据库系统在逻辑上和物理上从面向记录（或元组）上升为面向对象、面向可具有复杂结构的一个逻辑整体。它允许用自然的方法并结合数据抽象机制在结构和行为上对复杂对象建立模型，从而大幅度提高管理效率，降低用户使用复杂度，并为版本管理、动态模式修改等功能的实现创造了条件。

3．封装

封装是面向对象数据模型的一个非常关键的概念。每一个对象是其状态与行为的封装。对象的通信只能通过消息，这是 OO 模型的主要特征之一。

（1）封装可以提高数据的独立性

由于对象的实现与对象应用相互隔离，这样当对操作的实现算法和数据结构进行修改时就不会影响接口，因而也就不必修改使用它们的应用。由于封装，对用户而言对象的实现是不可见的，这就隐蔽了在实现中使用的数据结构与程序代码等细节。

（2）封装可以提高应用程序的可靠性

由于对象封装后成为一个自含的单元，对象只接受已定义好的操作，其他程序不能直接访问对象中的属性，从而提高了程序的可靠性。

（3）封装会影响到数据查询功能

对象封装后也带来了另一个问题，即如果用户要查询某个对象的属性值，就必须通过调用方法，而不能像关系数据库系统那样进行即席的（随机的）、按内容的查询，这就不够方便灵活，失去了关系数据库的重要优点，因此在面向对象数据库中必须在对象封装方面做必要的修改或妥协。

4. 类的概念

在面向对象数据库中，相似对象的集合称为类。类的一个实例称为一个对象。一个类所有对象的定义是相同的，不同对象的区别在于属性的取值不同。类和关系模式非常相似，类的属性类似关系模式的属性，对象类似元组。实际上，类本身也可以看作是一个对象，称为类对象（Class Object）。面向对象数据模式是类的集合。

面向对象数据模式中存在着多种相似但有所不同的类。例如，构造一个有关学校应用的面向对象数据库，教工和学生是其中的两个类。这两个类有一些属性是相同的，如两者都有身份证号、姓名、年龄、性别和住址等属性，也有一些相同的方法。当然，两者也有自己特殊的属性，如学生有学号、专业和年级等属性，而教工有工龄、工资、单位和电话号码等属性，有自己独特的方法。用户希望统一定义教员和学生的公共属性、方法和消息部分，分别定义各自的特殊属性、方法和消息部分。面向对象的数据模型提供的类层次结构可以实现上述要求。

5. 类的层次结构

在面向对象数据模式中，一组类可形成一个类层次。一个面向对象数据模式可能有多个层次。在一个类层次中，一个类继承它的所有超类的全部属性、方法和消息。

例如，教工和学生可以分别定义成教工类和学生类，而教工类和学生类又都属于人这个类；教工又可定义教师、行政人员两个子类，学生类又可以定义本科生和研究生两个子类。图 2-19 表示了学校数据库的类层次关系。

需要指出的是，一个类可以从一个或多个已有的类中导出。

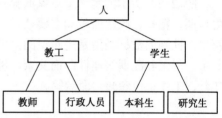

图 2-19　学校数据库的类层次结构图

6. 类的继承性

继承（Inherit）是面向对象数据库的重要特征。如果一个子类只能继承一个超类的特性（包括属性、方法和消息），这种继承称为单继承；如果一个子类能继承多个超类的特性，这种继承称为多重继承。单继承是因为子类是从一个类导出的，它只能继承这个类的特性；而多重继承是因为一个子类是从多个类导出的，它可以继承这多个类的所有特性。例如，本科生是从学生这个类导出的，因而它只继承了学生的所有特性，是单继承。在学校中还有在职研究生，他们既是教工又是学生，所以在职研究生既继承了教工的特性又继承了学生的特性，它具有多重继承性。

继承性有以下两个优点。

1）继承性是建模的有力工具，提供了对现实世界简明而精确的描述。

2）继承性提供了信息重用机制。

由于子类可以继承超类的特性，因此可以避免许多重复定义。当然子类还可以定义自己的属性、方法和消息。子类对父类既有继承又有发展，继承的部分就是重用的部分。

7. 滞后联编

子类可以定义自己特殊的属性、方法和消息，但是当子类定义的方法与父类中的方法相同时，即发生同名冲突时，应用程序中的同名操作该执行哪种操作呢？究竟是执行父类中的操作还是子类中的操作呢？面向对象的数据库管理系统采用滞后联编（Late Binding）技术来解决这种冲突。具体方法为：系统不是在编译时就把操作名联编到程序上，而是在运行时根据实际请求中的对象类型和操作来选择相应的程序，把操作名与它联编上（即把操作名转换成该程序的地址）。

假设在前面的学校数据库系统中，在学生类中定义了一个操作"打印"，主要功能是打印学生的基本信息。而在研究生子类中，也定义了一个操作"打印"，这个操作不但打印学生的基本信息，还需要打印研究成果等研究生特有的信息。这样，在父类（学生）和子类（研究生）中都有一个"打印"操作，但是实际上这两个操作是不同的。在面向对象的数据库管理系统中，采用滞后联编的方法来解决操作名相同而内容不同的问题，即在编译时并不把"打印"操作联编到应用程序上，而是在应用程序执行时根据实际的对象类型和操作选择相应的程序。如果对象是学生就选择学生类的打印方法类执行，如果对象是研究生就选择研究生类的打印方法来执行。

8．对象的嵌套

在面向对象数据模式中，对象的属性不但可以是单值的或值的集合，还可以是一个对象。由于对象的属性也是一个对象，这样就形成了一种嵌套的层次结构。

图 2-20 所示的是一个对象嵌套实例。图中，工作单位的个人档案包括姓名、性别、出生日期、籍贯、政治面貌和主要社会关系等属性。这些属性中，姓名和籍贯的数据类型是字符串；性别的数据类型是逻辑型的；出生日期是日期型的；而社会关系则是一个对象，包括父亲、母亲和配偶等属性；而父亲、母亲和配偶等属性又是对象，它们的属性又包括姓名、年龄、工作单位和政治面貌等。

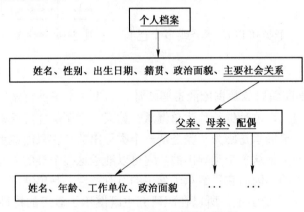

图 2-20　个人档案的嵌套层次图

对象嵌套形成的层次结构和类层次结构形成了横向和纵向的复杂结构。不仅各种类之间具有层次结构，而且一个类内部也具有嵌套层次结构，这种结构不同于关系模式的平面结构，而是更能准确地反映现实世界的各种事物。

2.2.6　对象关系数据模型

对象关系数据模型是关系模型的扩展，是面向对象数据模型与关系模型结合的产物。对象关系数据模型是一种新型的数据模型，目前许多数据库管理系统都支持它。

1．对象关系数据模型的概念

对象关系数据模型使用二维表表示数据，它包括关系表和对象表两种。关系表属于关系模型，关系的属性对应于表的列，关系的元组对应于表的行，关系模型不支持方法。对象表属于面向对象数据模型，支持面向对象的基本功能，对象的类抽象对应二维表，类的实例（对象）对应于表中的行，类的属性对应于表的列，通过对象可调用方法。

对象表不再强调表结构一定要满足关系范式，取消了许多应用限制，扩展了关系模型的数据类型，增加了用户自定义的数据类型，更加灵活方便。

2．对象表的数据类型和表结构特点

对象表通过用户自定义数据类型，支持数据使用记录类型（对象类型）、数组类型和嵌入表类型，其表结构和设计方法与关系表有较大的变化。

（1）对象表的属性支持复合数据类型

关系表强调属性数据只能是不可分割的简单数据项，复合数据是不允许出现的。对象表的数据可以是基本项，也可以是组合数据项。

例如，要表示学生信息，属性有"姓名""学号""年龄""班级"和"家庭住址"，还有"隶属关系、姓名、单位、联系电话"等家庭情况信息。用关系表示学生信息时，需要将家庭信息拆成一个个单一的基本项，与其他属性并列表示；如果改用对象表存储学生信息，可以将家庭信息定义成一个记录类型（对象类型），保持了原有属性的内在关系。

表 2-3 中，分别列出了使用对象表和关系表表示学生信息时的表结构，很容易看出含记录类型的对象表的结构特点。

表 2-3　使用对象表和关系表表示学生信息时的表结构

学生信息的关系表结构

学号	姓名	年龄	班级	家庭联系人姓名	与学生关系	联系人电话	家庭联系人单位

学生信息的对象表结构

学号	姓名	年龄	班级	家庭联系人			
				姓名	与学生关系	电话	单位

（2）对象表的属性支持可变长数组类型

关系表的属性不支持数组类型，更不支持可变长的数组类型。在数据库设计时，对于一些数据个数不确定的信息，关系表只能使用独立新建表的方法来解决，这不仅破坏了数据的整体性，还增加了数据查询和处理的难度。由于对象表增加了数组类型，用户可以使用可变长的数组类型保存记录中数据个数不一样的属性数据，用更自然、更符合客观情况的方式存储数据，易于理解、处理和应用。

例如，要存储学生-选课信息，包括"学号""姓名""班级""年龄""选课名"及"成绩"项，由于每个学生实际选课的门数不一样，不能用固定的空间表示。使用关系表存储学

生-选课信息时，数据库中需要学生表和选课表两个二维表，它们之间需要通过外码连接。如果改用对象表存储学生-选课信息，可以使用二维变长数组类型表示"选课名"及"成绩"，一个二维表就能满足使用要求。

表 2-4 中，列出了学生-选课信息使用变长数组类型的对象表结构，同时也列出了关系表的结构，供大家对照分析。

表 2-4 学生-选课的对象表与关系表结构

学生-选课的关系表

学号	姓名	年龄	班级		学号	课程名	成绩
040011	王刚	20	04（2）		040011	数据库	72
040012	李力	21	04（2）		040011	C 语言	87
040013	田红	20	04（3）		040011	软件工程	76
					040012	数据库	67
					040013	数据库	86
					040013	软件工程	75

学生-选课的对象表

学号	姓名	年龄	班级	课程名	成绩
040011	王刚	20	04（2）	数据库	72
				C 语言	87
				软件工程	76
040012	李力	21	04（2）	数据库	67
040013	田红	20	04（3）	数据库	86
				软件工程	75

（3）对象表的属性支持嵌入表数据类型

对象表中的属性，不仅可以是复合数据、数组数据等带结构的数据，还可以是嵌套表，信息结构更复杂、更丰富。嵌套表有行和列，表的长短与具体元组有关。例如，学生-选课表中的选课数据也可以采用嵌套表数据类型表示，如图 2-21 所示。

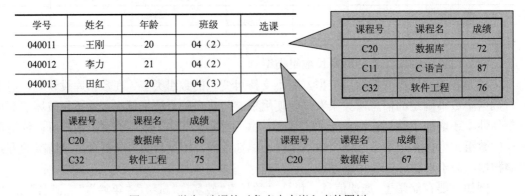

图 2-21 学生-选课的对象表中有嵌入表的图例

习题 2

一、简答题

1. 定义并解释术语：
   实体、实体型、实体集、属性、码、实体联系图（E-R 图）、数据模型。
2. 试述数据模型的概念、数据模型的作用和数据模型的 3 个要素。
3. 试述概念模型的作用。
4. 试给出 3 个实际部门的 E-R 图，要求实体型之间具有一对一、一对多、多对多各种不同的联系。
5. 学校中有若干系，每个系有若干班级和教研室，每个教研室有若干教师，其中一些教授和副教授每人各带若干研究生。每个班有若干学生，每个学生选修若干课程，每门课可由若干学生选修。用 E-R 图画出此学校的概念模型。
6. 试述层次模型的概念，举出 3 个层次模型的实例。
7. 试述网状模型的概念，举出 3 个网状模型的实例。
8. 为什么目前所使用的数据库管理系统大都是关系数据库管理系统？
9. 试叙述概念模型与逻辑模型（即结构模型）的主要区别。
10. 4 种主要的数据模型是什么？完整地描述一个数据模型需要哪 3 个方面的内容？
11. 定义并解释 OO 模型中以下核心概念：对象与对象标识、封装、类、类层次。
12. OO 模型中对象标识与关系模型中的"码"有什么区别？
13. 举例说明超类和子类的概念。
14. 什么是单继承？什么是多重继承？继承性有什么优点？
15. 什么是操作的重载？在 OODB 中为什么要滞后联编？

二、选择题

1. _____不属于概念模型应具备的性质。
   A. 有丰富的语义表达能力　　　　　B. 易于交流和理解
   C. 易于变动　　　　　　　　　　　D. 在计算机中实现的效率高
2. 用二维表结构表示实体及实体间联系的数据模型称为_____。
   A. 网状模型　　B. 层次模型　　C. 关系模型　　D. 面向对象模型
3. 一台机器可以加工多种零件，每一种零件可以在多台机器上加工，机器和零件之间为_____的联系。
   A. 1 对 1　　　B. 1 对多　　　C. 多对多　　　D. 多对 1
4. 层次模型不能直接表示_____。
   A. 1:1 关系　　B. 1:m 关系　　C. m:n 关系　　D. 1:1 和 1:m 关系
5. 通过指针链接来表示和实现实体之间联系的模型是_____。
   A. 关系模型　　B. 层次模型　　C. 网状模型　　D. 层次和网状模型
6. 非关系模型中数据结构的基本单位是_____。
   A. 两个记录型间的联系　　　　　　B. 记录
   C. 基本层次联系　　　　　　　　　D. 实体间多对

7. _____属于信息世界的模型，实际上是现实世界到机器世界的一个中间层次。

A．数据模型　　　　B．概念模型　　　C．E-R 图　　　　D．关系模型

8．对关系模型叙述错误的是_____。

A．建立在严格的数学理论、集合论和谓词演算公式的基础之上

B．微机 DBMS 绝大部分采取关系数据模型

C．用二维表表示关系模型是其一大特点

D．不具有连接操作的 DBMS 也可以是关系数据库系统

9．关系模型中，候选码_____。

A．可由多个任意属性组成

B．至多由一个属性组成

C．可由一个或多个其值能唯一标识该关系模式中任何元组的属性组成

D．以上都不是

10．非关系模型中数据结构的基本单位是_____。

A．两个记录型间的联系　　　　　　B．记录

C．基本层次联系　　　　　　　　　D．实体间多对多的联系

11．在对层次数据库进行操作时，如果删除双亲结点，则相应的子女结点值也被同时删除。这是由层次模型的_____决定的。

A．数据结构　　　B．完整性约束　　C．数据操作　　　D．缺陷

第3章　数据库系统的设计方法

数据库系统的设计包括数据库设计和数据库应用系统设计两方面的内容。数据库设计是设计数据库结构特性，即为特定应用环境构造出最优的数据模型；数据库应用系统设计是设计数据库的行为结构特性，并建立能满足各种用户对数据库应用需求的功能模型。数据库及应用系统的设计是开发数据库系统的首要环节和基础问题。

3.1　数据库系统设计概述

本节介绍了数据库系统设计的基本内容、数据库系统设计的基本方法和步骤，以及数据库系统设计的特点和应注意的问题。

3.1.1　数据库系统设计的内容

数据库系统设计的目标是：对于给定的应用环境，建立一个性能良好的、能满足不同用户使用要求的、又能被选定的 DBMS 所接受的数据库系统模式。按照该数据库系统模式建立的数据库系统，应当能够完整地反映现实世界中信息及信息之间的联系；能够有效地进行数据存储；能够方便地执行各种数据检索和处理操作；并且有利于进行数据维护和数据控制管理的工作。

数据库系统设计的内容主要有数据库的结构特性设计、行为特性设计和物理模式设计。在数据库系统设计过程中，数据库结构特性的设计起着关键作用，行为特性设计起着辅助作用。将数据库的结构特性设计和行为特性设计结合起来，相互参照，同步进行，才能较好地达到设计目标。

1．数据库的结构特性设计

数据库的结构特性是指数据库的逻辑结构特征。由于数据库的结构特性是静态的，一般情况下不会轻易变动，因此数据库的结构特性设计又称为数据库的静态结构设计。

数据库结构特性的设计过程是：先将现实世界中的事物、事物间的联系用 E-R 图表示，再将各个分 E-R 图汇总，得出数据库的概念结构模型，最后将概念结构模型转化为数据库的逻辑结构模型表示。

2．数据库的行为特性设计

数据库的行为特性设计是指确定数据库用户的行为和动作，并设计出数据库应用系统的系统层次结构、功能结构和系统数据流程图，确定数据库的子模式。数据库用户的行为和动作是指数据查询和统计、事物处理及报表处理等操作，这些都要通过应用程序表达和执行。由于用户行为总是更新数据库内容的存取数据操作，用户行为特性是动态的，所以数据库的行为特性设计也称为数据库的动态特性设计。

数据库行为特性的设计步骤是：将现实世界中的数据及应用情况用数据流程图和数据字

典表示，并详细描述其中的数据操作要求（即操作对象、方法、频度和实时性要求）；确定系统层次结构；确定系统的功能模块结构；确定数据库的子模式；确定系统数据流程图。

3．数据库的物理模式设计

数据库的物理模式设计要求：根据库结构的动态特性（即数据库应用处理要求），在选定的 DBMS 环境下，把数据库的逻辑结构模型加以物理实现，从而得出数据库的存储模式和存取方法。

3.1.2　数据库系统设计应注意的问题

人们总是希望自己设计的数据库系统简单易用，具有安全性、可靠性、易维护性、易扩充性和最小冗余性等特点，并希望数据库对不同用户数据的存取都有较高的响应速度。为了能够达到这样的设计目标，设计者应当严格遵循数据库设计的方法和规则。数据库系统的设计是一项涉及多学科的综合性技术，也是一项庞大的工程。进行数据库系统设计时，应当注意以下两个问题。

1．进行数据库系统设计时应考虑计算机硬件、软件和干件的实际情况

在进行数据库设计时，应当考虑 3 个方面的内容。

（1）数据库系统的硬件条件是基础

数据库系统必须适应所在的计算机硬件环境，根据其数据存储设备、网络和通信设备、计算机性能等硬件条件设计数据库的规模、数据存储方式、分布结构及数据通信方式。

（2）数据库管理系统和数据库应用系统开发软件是软件环境

在数据库系统设计前，应当选择合适的数据库管理系统（DBMS）和数据库应用系统开发软件，使之适合数据库系统的要求。应当了解选定的数据库管理系统和数据库应用系统开发软件的特点，利用其数据操作和数据控制的优势，适应其特殊要求和限制，并使两者能较好地配合。

（3）数据库用户的技术水平和管理水平是关键

为了提高数据库用户及数据库管理员应用和管理数据库系统的水平，应当让他们充分参与设计数据库的工作，使之对数据库设计过程的每个细节都了解得比较清楚。这样，不但能够提高设计效率，而且有助于数据库用户及数据库管理员对数据库进行管理、扩充和维护等。

2．数据库系统设计时应使结构特性设计和行为特性设计紧密结合

数据库系统设计过程是一种自上而下的、逐步逼近设计目标的过程。数据库系统设计过程是结构设计、行为设计、分离设计、相互参照和反复探寻的过程。

图 3-1 是数据库系统设计的过程图，其中，数据库的逻辑模式设计要与事务设计结合起来，以支持全部事务处理的要求；为了更有效地支持事务处理，还需要进行数据库的物理结构设计，以实现数据存取功能；数据库的子模式则是根据应用程序的需要而设计的。

在数据库系统设计中，结构特性设计和行为特性设计必须相结合才能达到其设计目标。数据库系统设计者应当具有战略眼光，考虑到当前、近期和远期 3 个时间段的用户需求。设计的系统应当能完全满足用户当前和近期对系统的数据需求，并对远期的数据需求有相应的处理方案。数据库系统设计者应充分考虑到系统可能的扩充与改变，使设计出的系统有较长的生命力。

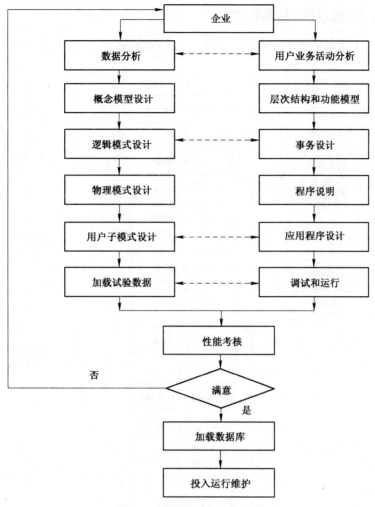

图 3-1　数据库系统设计过程

3.1.3　数据库系统设计的基本方法

　　现实世界的信息结构复杂且应用环境多种多样，在很长一段时间内，数据库系统设计是采用手工试凑法进行的。用手工试凑法设计数据库与设计人员的经验和水平有直接关系，它更像是一种技艺而不是工程技术。这种方法缺乏科学的理论和工程方法支持，数据库的质量很难得到保证，数据库常常是在投入使用以后才发现问题，不得不进行修改，这样就增加了系统维护的代价。十余年来，人们努力探索，提出了各种各样的数据库系统设计方法，并提出了多种数据库系统设计的准则和规程，这些设计方法被称为规范设计法。

　　新奥尔良（New Orleans）方法是规范设计法中的一种，它将数据库设计分为 4 个阶段：需求分析、概念设计、逻辑设计和物理设计。其后，许多科学家对其进行了改进，认为数据库系统设计应分 6 个阶段进行：需求分析、概念结构设计、逻辑结构设计、物理结构设计、数据库实施及数据库运行和维护。在数据库系统设计的不同阶段上，实现的具体方法有基于 E-R 模型的数据库系统设计方法、基于 3NF（第 3 范式）的设计方法和基于抽象语法规范的设计方法等。

3.1.4 数据库系统设计的基本步骤

图 3-2 中列出了数据库系统设计的步骤和各个阶段应完成的基本任务,下面就具体内容进行介绍。

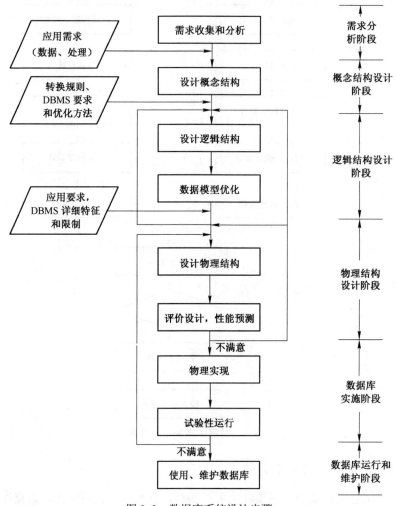

图 3-2 数据库系统设计步骤

1.需求分析阶段

需求分析是数据库系统设计的第一步,也是最困难、最耗时间的一步。需求分析的任务是准确了解并分析用户对系统的需要和要求,弄清系统要达到的目标和实现的功能。需求分析是否做得充分与准确,决定着在其上构建数据库大厦的速度与质量。如果需求分析做得不好,会影响整个系统的性能,甚至会导致整个数据库设计返工重做。

2.概念结构设计阶段

概念结构设计是整个数据库系统设计的关键。在概念结构的设计过程中,设计者要对用户需求进行综合、归纳和抽象,形成一个独立于具体计算机和 DBMS 的概念模型。

3.逻辑结构设计阶段

逻辑结构设计的主要任务是将概念结构转换为某个 DBMS 所支持的数据模型,并将其性能进行优化。

4．物理结构设计阶段

物理结构设计的主要任务是为逻辑数据模型选取一个最适合应用环境的物理结构，包括数据存储位置、数据存储结构和存取方法。

5．数据库实施阶段

在数据库实施阶段中，系统设计人员要运用 DBMS 提供的数据操作语言和宿主语言，根据数据库逻辑设计和物理设计的结果，建立数据库、编制与调试应用程序、组织数据入库并进行系统试运行。

6．数据库运行和维护阶段

数据库应用系统经过试运行后即可投入正式运行。在数据库系统运行过程中，必须不断地对其结构性能进行评价、调整和修改。

设计一个完善的数据库应用系统是不可能一蹴而就的，它往往是上述 6 个阶段的不断反复。需要指出的是，这 6 个设计步骤既是数据库设计的过程，也包括了数据库应用系统的设计过程。在设计过程中，应把数据库的结构设计和数据处理的操作设计紧密结合起来，这两个方面的需求分析、数据抽象、系统设计及实现等各个阶段应同时进行，相互参照和相互补充。事实上，如果不了解应用环境对数据的处理要求或没有考虑如何去实现这些处理要求，是不可能设计出一个良好的数据库结构的。

上述数据库设计的原则和设计过程概括起来，可用表 3-1 进行描述。

表 3-1　数据库系统设计阶段

设计阶段	设 计 描 述	
	数　据	处　理
需求分析	数据字典、全系统中数据项、数据流、数据存储的描述	数据流程图和判定表（判定树）、数据字典中处理过程的描述
概念结构设计	概念模型（E-R）图、数据字典	系统说明书包括：1）新系统要求、方案和概念图；2）反映新系统信息流的数据流程图
逻辑结构设计	某种数据模型：关系或非关系模型	系统结构图（模块结构）
物理结构设计	存储安排、方法选择和存取路径建立	模块设计、IPO 表
实施阶段	编写模式、装入数据和数据库试运行	程序编码、编译连接、测试
运行和维护	性能监测、转储/恢复、数据库重组和重构	新旧系统转换、运行和维护（修正性、适应性和改善性维护）

表 3-1 中有关处理特性的设计描述、设计原理、设计方法和工具等具体内容，在软件工程和信息系统设计等其他相关课程中有详细介绍。这里主要讨论有关数据特性的问题，包括数据特性的描述、如何参照处理特性和完善数据模型设计等问题。

在图 3-3 中，描述了数据库结构设计不同阶段要完成的不同级别的数据模式。

数据库系统设计过程中：需求分析阶段，设计者的中心工作是弄清并综合各个用户的应用需求；概念结构设计阶段，设计者要将应用需求转换为与计算机硬件无关的、与各个数据库管理系统产品无关的概念模型（即 E-R 图）；逻辑结构设计阶段，要完成数据库的逻辑模式和外模式的设计工作，即系统设计者要先将 E-R 图转换成具体的数据库产品支持的数据模型，形成数据库逻辑模式，然后根据用户处理的要求、安全性的考虑建立必要的数据视图，形成数据的外模式；在物理结构设计阶段，要根据具体使用的数据库管理系统的特点和处理的需要进行物理存储安排，并确定系统要建立的索引，得出数据库的内模式。

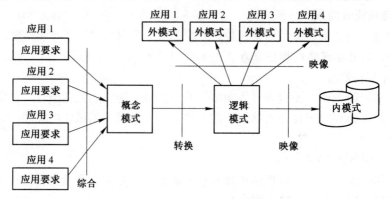

图 3-3 数据库的各级模式

3.2 系统需求分析

简单地说，需求分析就是分析用户的要求。在需求分析阶段，系统分析员将分析结果用数据流程图和数据字典表示。需求分析的结果是否能够准确地反映用户的实际要求，将直接影响到后面各个阶段的设计，并影响到系统的设计是否合理和实用。

3.2.1 需求分析的任务和方法

需求分析的主要任务是：详细调查现实世界要处理的对象（组织、部门和企业等）；充分了解原系统（手工系统或计算机系统）的概况和发展前景；明确用户的各种需求；收集支持系统目标的基础数据及其处理方法；确定新系统的功能和边界。

1．系统需求调查的内容

调查是系统需求分析的重要手段，只有通过对用户的调查研究，才能得出需要的信息。调查的目的是获得数据库所需数据情况和数据处理要求。调查的具体内容有以下 3 个方面。

1）数据库中的信息内容。数据库中需存储的数据，包括用户将从数据库中直接获得或者间接导出的信息的内容和性质。需求分析时，不仅要考虑过去、现在的数据，还要考虑将来应用所涉及的数据，充分考虑到可能的扩充和改变。

2）数据处理内容。包括用户要完成的数据处理功能；用户对数据处理响应时间的要求；数据处理的工作方式（是批处理还是联机处理）。

3）数据安全性和完整性要求。包括数据的保密措施和存取控制要求；数据自身的或数据间的约束限制。

2．系统需求的调查步骤

实际上，确定用户的最终需求是一件非常困难的事情。一方面用户缺少计算机专业知识，不知道计算机能做什么，不能做什么，因而不能准确地表达自己的要求；另一方面，设计人员缺少用户的专业知识，不易理解用户的真正需求，甚至可能误解用户的需求。只有两者加强交流，互相沟通，才能够较好地完成需求分析。要进行需求分析，应当先对用户进行充分的调查，弄清楚他们的实际要求，然后再分析和表达这些需求。

数据分析阶段，任何调查研究没有用户的积极参与是寸步难行的，设计人员应该和用户取得共同的语言，帮助不熟悉计算机的用户建立数据库环境下的共同概念，并对设计工作的最后结果承担共同的责任。因此，用户的参与是设计数据库不可缺少的环节。调查用户需求的具体步骤如下。

1）了解管理对象的组织机构情况。在系统分析时，要对管理对象所涉及的行政组织机构进行了解，弄清所设计的数据库系统与哪些部门相关，这些部门及下属各个单位的联系和职责是什么。

2）了解相关部门的业务活动情况。包括各部门需要输入和使用什么数据；在部门中是如何加工处理这些数据的；各部门需要输出什么信息；输出到什么部门；输出数据的格式是什么。

3）确定新系统的边界。包括哪些功能现在就由计算机完成；哪些功能将来准备让计算机完成；哪些功能或活动由人工完成。由计算机完成的功能就是新系统应该实现的功能。

3．系统需求调查的方法

计算机工作人员应当在熟悉了相关部门的业务后，协助用户提出对新系统的各种要求。这些要求包括信息要求、处理要求、安全性与完整性要求等。在系统需求调查中，用户的积极参与配合是做好调查的关键。做需求调查时，往往需要同时采用上述多种方法。

1）跟班作业。数据库设计人员亲身参加业务工作，深入了解业务活动情况，比较准确地理解用户的需求。

2）开调查会。通过与用户座谈的方式了解业务活动情况及用户需求。座谈会或调查会的参加者可以互相讨论、启发和补充。

3）请专人介绍。对于某些业务活动的重要环节，可以请业务熟练的专家或用户介绍业务专业知识和业务活动情况，设计人员从中了解并询问相关问题。

4）询问。对某些调查中的问题，可以找专人询问。

5）请用户填写设计调查表。数据库设计人员可以提前设计一个合理的、详细的业务活动及数据要求调查表，并将此表发给相关的用户。用户根据表中的要求，经过认真思考、充分准备后填写表中的内容。如果调查表设计合理，则这种方法很有效，也易于被用户接受。

6）查阅数据记录。调查中还需要查阅与原系统有关的数据记录，包括账本、档案或文献等。

4．系统需求分析方法

调查、了解了用户的需求以后，需要进一步分析和表达用户的需求。分析和表达用户需求的方法很多，常用的有结构化分析方法（Structure Analysis，SA），它是一种简单实用的方法。

SA方法是从最上层的系统组织机构入手，采用自顶向下、逐层分解的方式分析系统。SA方法可以把任何一个系统都抽象为如图3-4所示的形式。

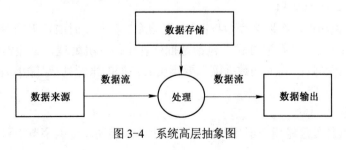

图3-4　系统高层抽象图

图 3-4 给出的只是最高层次的抽象系统概貌。要反映更详细的内容，可将一个处理功能分解为若干子功能，每个子功能还可以继续分解，直到把系统工作过程表示清楚为止。在处理功能逐步分解的同时，它们所用的数据也逐级分解，形成若干层次的数据流程图。

数据流程图表达了数据和处理过程之间的关系。在结构化分析方法中，处理过程的处理逻辑常常用判定表或判定树来描述。数据字典（Data Dictionary，DD）则是对系统中数据的详尽描述。对用户需求进行分析与表达后，必须把分析结果提交给用户，征得用户的认可。

3.2.2　数据字典及其表示

数据字典是各类数据描述的集合，它是进行详细的数据收集和数据分析后所获得的主要成果。数据字典在数据库设计中占有很重要的地位。数据字典通常包括以下 5 个部分。

1．数据项

数据项是不可再分的数据单位，它的描述为

数据项 = {数据项名，数据项含义说明，别名，类型，长度，取值范围，与其他数据项的逻辑关系}

其中，"取值范围"和"与其他数据项的逻辑关系"两项定义了数据的完整性约束条件，它们是设计数据完整性检验功能的依据。

2．数据结构

数据结构的描述为

数据结构 = {数据结构名，含义说明，组成，{数据项或数据结构}}

数据结构反映了数据之间的组合关系。一个数据结构可以由若干个数据项组成，也可以由若干个数据结构组成，或由若干数据项和数据结构混合组成。

3．数据流

数据流是数据结构在系统内传输的路径。数据流的描述通常为

数据流 = {数据流名，说明，流出过程，流入过程，组成：{数据结构}，平均流量，高峰期流量}

其中，"流出过程"说明该数据流来自哪个过程；"流入过程"说明该数据流将到哪个过程去；"平均流量"是指在单位时间（每天、每周、每月等）里传输的次数；"高峰期流量"则是指在高峰时期的数据流量。

4．数据存储

数据存储是数据及其结构停留或保存的地方，也是数据流的来源和去向之一。数据存储可以是手工文档、手工凭单或计算机文档。数据存储的描述通常为

数据存储 = {数据存储名，说明，编号，输入的数据流，输出的数据流，组成：{数据结构}，数据量，存取频度，存取方式}

其中，"数据量"说明每次存取多少数据；"存取频度"指每小时或每天或每周存取几次、每次存取多少数据等信息；"存取方式"包括是批处理还是联机处理，是检索还是更新，是顺序检索还是随机检索等；"输入的数据流"要指出其数据的来源处；"输出的数据流"要指出其数据的去向处。

5．处理过程

处理过程的具体处理逻辑一般用判定表或判定树来描述。数据字典中只需要描述处理过

程的说明性信息，通常包括以下内容。

> 处理过程 = {处理过程名，说明，输入：{数据流}，输出：{数据流}，处理：{简要说明}}

其中，"简要说明"中主要说明该处理过程用来做什么（不是怎么做）及处理频度要求，如单位时间里处理多少事务、多少数据量和响应时间要求等。

数据字典是关于数据库中数据的描述，即对元数据的描述。数据字典是在需求分析阶段建立，在数据库设计过程中不断修改、充实和完善的。

需求和分析阶段收集到的基础数据用数据字典和一组数据流程图（Data Flow Diagram，DFD）表达，它们是下一步进行概念设计的基础。数据字典能够精确和详尽地描述系统数据的各个层次和各个方面，并且把数据和处理有机地结合起来，可以使概念结构的设计变得相对容易。

图 3-5 是一个数据流程图的实例。图中包括外部项、存储框、处理框和数据流，它们需要数据字典对其内容进行详细说明。

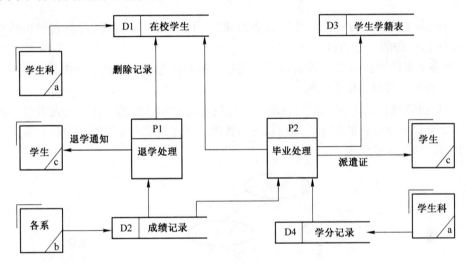

图 3-5 一个数据流程图的实例

3.3 数据库概念结构的设计

概念结构设计是将系统需求分析得到的用户需求抽象为信息结构的过程。概念结构设计的结果是数据库的概念模型。数据库设计中应十分重视概念结构设计，它是整个数据库设计的关键。

3.3.1 概念结构的特点及设计方法

只有将系统应用需求抽象为信息世界的结构（概念结构），才能转化为机器世界中的数据模型，并用 DBMS 实现这些需求。概念结构即概念模型，它用 E-R 图进行描述。

1. 概念结构的特点

概念结构独立于数据库逻辑结构，同时还支持数据库的 DBMS，其主要特点如下。

1）概念模型是现实世界的一个真实模型：概念模型应能真实、充分地反映现实世界，能满足用户对数据的处理要求。

2）概念模型应当易于理解：概念模型只有被用户理解后，才可以与设计者交换意见，参与数据库的设计。

3）概念模型应当易于更改：由于现实世界（应用环境和应用要求）会发生变化，这就需要改变概念模型，易于更改的概念模型有利于修改和扩充。

4）概念模型应易于向数据模型转换：概念模型最终要转换为数据模型。设计概念模型时应当注意，使其有利于向特定的数据模型转换。

2．概念结构设计的方法

概念模型是数据模型的前身，它比数据模型更独立于机器、更抽象，也更加稳定。概念结构设计的方法有 4 种。

1）自顶向下的设计方法：首先定义全局概念结构的框架，然后逐步细化为完整的全局概念结构。

2）自底向上的设计方法：首先定义各局部应用的概念结构，然后将它们集成起来，得到全局概念结构的设计方法。

3）逐步扩张的设计方法：首先定义最重要的核心概念结构，然后向外扩充，生成其他概念结构，直至完成总体概念结构。

4）混合策略设计的方法：采用自顶向下与自底向上相结合的方法，首先用自顶向下策略设计一个全局概念结构的框架，然后以它为骨架，通过自底向上策略中设计的各局部概念结构，其方法如图 3-6 所示。

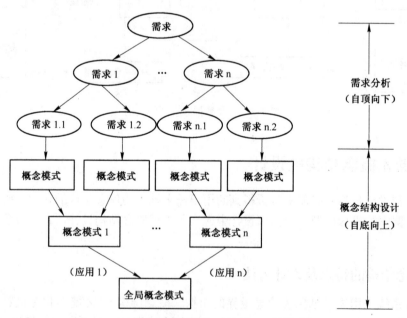

图 3-6　自顶向下分析需求与自底向上设计概念结构

3．概念结构的设计步骤

按照图 3-6 所示的设计概念结构方法，概念结构的设计可分为两步：第一步是抽象数据并设计局部视图；第二步是集成局部视图，得到全局的概念结构，设计步骤如图 3-7 所示。

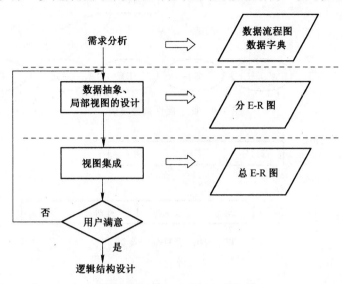

图 3-7　概念结构设计步骤

3.3.2　数据抽象与局部视图设计

概念结构是对现实世界的一种抽象。所谓抽象就是抽取现实世界的共同特性，忽略非本质的细节，并把这些共同特性用各种概念精确地加以描述，形成某种模型。

1．3 种数据抽象方法

数据抽象的 3 种基本方法是分类、聚集和概括。利用数据抽象方法可以在对现实世界抽象的基础上，得出概念模型的实体集及属性。

（1）分类

分类（Classification）就是定义某一类概念作为现实世界中一组对象的类型，这些对象具有某些共同的特性和行为。分类抽象了对象值和型之间的"成员"的语义。在 E-R 模型中，实体集就是这种抽象。

例如，在企业环境中，张小英是职工中的一员，她具有职工们共有的特性和行为：在某个部门工作，参与某个工程的设计或施工。与张小英属同一对象的还有王丽平等其他职工。图 3-8 是职工的分类示意图。

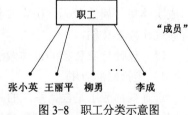

图 3-8　职工分类示意图

（2）聚集

聚集（Aggregation）是定义某一类型的组成部分，它抽象了对象内部类型和对象内部"组成部分"的语义。若干属性的聚集组成了实体型。例如，把实体集"职工"的"职工号""姓名"等属性聚集为实体型"职工"，如图 3-9 所示。

事实上，现实世界的事物是非常复杂的，某些类型的组成部分可能仍然是一个聚集，这是一种更复杂的聚集，如图 3-10 所示。

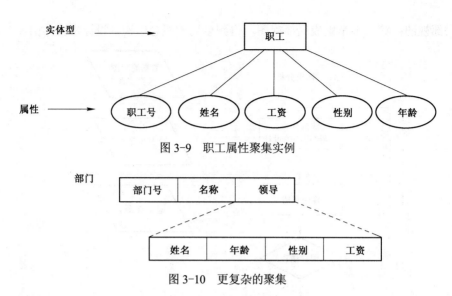

图 3-9 职工属性聚集实例

图 3-10 更复杂的聚集

（3）概括

概括（Generalization）定义了类型之间的一种子集联系，它抽象了类型之间"所属"的语义。例如，职工是个实体集，技术人员、干部也是实体集，但技术人员、干部均是职工的子集。可把职工称为超类（Superclass），技术人员、干部称为职工的子类（Subclass）。在 E-R 模型中用双竖边的矩形框表示子类，用直线加小圆圈表示超类——子类的联系，如图 3-11 所示。

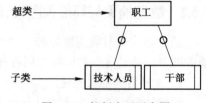

图 3-11 概括表示示意图

概括的一个重要性质是继承性。继承性指子类继承超类中定义的所有抽象。例如，技术人员、干部可以有自己的特殊属性，但都继承了它们的超类属性，即技术人员和干部都具有职工类型的属性。

2. 设计分 E-R 图

概念结构设计是利用抽象机制对需求分析阶段收集到的数据进行分类、组织（聚集），形成实体集、属性和码，确定实体集之间的联系类型（一对一、一对多或多对多的联系），进而设计分 E-R 图。

（1）设计分 E-R 图的具体做法

1）选择局部应用。

选择局部应用是根据系统的具体情况，在多层的数据流程图中选择一个适当层次的数据流程图，作为设计分 E-R 图的出发点，并让数据流程图中的每一部分都对应一个局部应用。选择好局部应用之后，就可以对每个局部应用逐一设计分 E-R 图了。

2）设计分 E-R 图。

在设计分 E-R 图前，局部应用的数据流程图应已经设计好，局部应用所涉及的数据应当也已经收集在相应的数据字典中了。在设计分 E-R 图时，要根据局部应用的数据流程图中标定的实体集、属性和码，并结合数据字典中的相关描述内容，确定 E-R 图中的实体、实体之间的联系。

（2）实体和属性的区别

实际上，实体和属性之间并不存在形式上可以截然划分的界限。但是，在现实世界中具体的应用环境常常对实体和属性做了大体的自然划分。例如，在数据字典中，"数据结构""数据流""数据存储"都是若干属性的聚合，它体现了自然划分意义。设计 E-R 图时，可以先从自然划分的内容出发定义雏形的 E-R 图，再进行必要的调整。

为了简化 E-R 图，在调整中应当遵循的一条原则：现实世界的事物能作为属性对待的尽量作为属性对待。在解决这个问题时应当遵循两条基本准则。

1）"属性"不能再具有需要描述的性质。"属性"必须是不可分割的数据项，不能包含其他属性。也就是说，属性不能是另外一些属性的聚集。

2）"属性"不能与其他实体具有联系。在 E-R 图中所有的联系必须是实体间的联系，而不能有属性与实体之间的联系。

图 3-12 所示的是一个由属性上升为用实体集表示的实例。

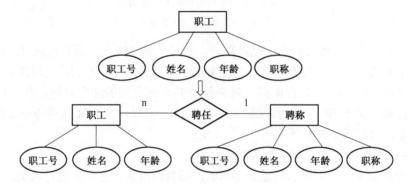

图 3-12 "职称"由属性上升为实体的示意图

图 3-12 中，职工是一个实体，职工号、姓名、年龄和职称是属性。如果职称没有与工资、福利挂钩，就没有必要进一步描述，可以作为职工实体集的一个属性对待；如果不同的职称有着不同的工资、住房标准和不同的附加福利，则职称作为一个实体来考虑就比较合适。

例如，在医院一个病人只能住在一个病房，病房号可以作为病人实体的一个属性。但如果病房还要与医生实体发生联系，即一个医生负责几个病房的病人，根据第二条准则，病房应作为一个实体，如图 3-13 所示。

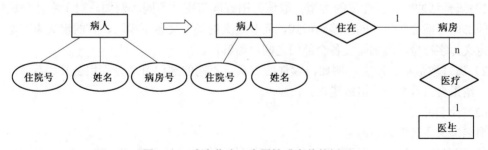

图 3-13 病房作为一个属性或实体的例子

3.3.3 视图集成

视图集成就是把设计好的各子系统的分 E-R 图综合成一个系统的总 E-R 图。

视图集成有两种方法：一种方法是多个分 E-R 图一次集成，如图 3-14a 所示；另一种方法是逐步集成，用累加的方法一次集成两个分 E-R 图，如图 3-14b 所示。

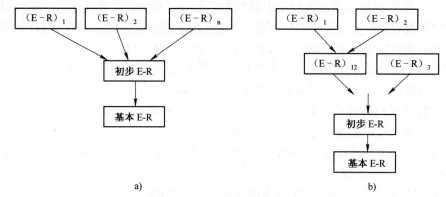

图 3-14　视图集成的两种方法

a) 一次集成　b) 逐步集成

多个分 E-R 图一次集成的方法比较复杂，做起来难度较大；逐步集成方法由于每次只集成两个分 E-R 图，因而可以有效地降低复杂度。无论采用哪种方法，在每次集成局部 E-R 图时，都要分两步进行：合并 E-R 图，解决各分 E-R 图之间的冲突问题，并将各分 E-R 图合并起来生成初步 E-R 图；修改和重构初步 E-R 图，消除初步 E-R 图中不必要的实体集冗余和联系冗余，得到基本 E-R 图。

1．合并分 E-R 图，生成初步 E-R 图

由于各个局部应用所面向的问题是不同的，而且通常是由不同的设计人员进行不同局部的视图设计，这样就会导致各个分 E-R 图之间必定会存在许多不一致的地方，即产生冲突问题。由于各个分 E-R 图存在冲突，所以不能简单地把它们画到一起，必须先消除各个分 E-R 图之间的不一致，形成一个能被全系统所有用户共同理解和接受的统一的概念模型，再进行合并。合理消除各个分 E-R 图的冲突是进行合并的主要工作和关键所在。

分 E-R 图之间的冲突主要有 3 类：属性冲突、命名冲突和结构冲突。

（1）属性冲突

属性冲突主要有以下两种情况。

1）属性域冲突。属性值的类型、取值范围或取值集合不同。例如，对于零件号属性，不同的部门可能会采用不同的编码形式，而且定义的类型又各不相同，有的定义为整型，有的则定义为字符型，这都需要各个部门之间协商解决。

2）属性取值单位冲突。例如，零件的重量，不同的部门可能分别用公斤、斤或千克来表示，结果会给数据统计造成错误。

（2）命名冲突

命名冲突主要有以下两种。

1）同名异义冲突：不同意义的对象在不同的局部应用中具有相同的名字。

2）异名同义冲突：意义相同的对象在不同的局部应用中有不同的名字。

（3）结构冲突

结构冲突有以下 3 种情况。

1）同一对象在不同的应用中具有不同的抽象。例如，职工在某一局部应用中被当作实体对待，而在另一局部应用中被当作属性对待，这就会产生抽象冲突问题。

2）同一实体在不同分 E-R 图中的属性组成不一致。此类冲突即所包含的属性个数和属性排列次序不完全相同。这类冲突是由于不同的局部应用所关心的实体的不同侧面而造成的。解决这类冲突的方法是使该实体的属性取各个分 E-R 图中属性的并集，再适当调整属性的次序，使之兼顾到各种应用。

3）实体之间的联系在不同的分 E-R 图中呈现不同的类型。此类冲突的解决方法是根据应用的语义对实体联系的类型进行综合或调整。

设有实体集 E1、E2 和 E3，在一个分 E-R 图中 E1 和 E2 是多对多联系，而在另一个分 E-R 图中 E1、E2 是一对多联系，这是联系类型不同的情况；在某一 E-R 图中 E1 与 E2 发生联系，而在另一个 E-R 图中 E1、E2 和 E3 三者之间发生联系，这是联系涉及的对象不同的情况。

图 3-15 所示的是一个综合 E-R 图的实例。在一个分 E-R 图中零件与产品之间的联系构成是多对多的；另一个分 E-R 图中产品、零件与供应商三者之间存在着多对多的联系"供应"；在合并的综合 E-R 图中把它们综合起来表示。

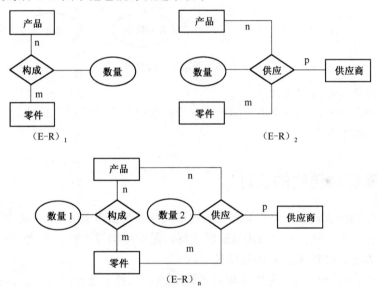

图 3-15　合并两个分 E-R 图时的综合

2．消除不必要的冗余，设计基本 E-R 图

在初步 E-R 图中可能存在冗余的数据和实体间冗余的联系。冗余数据是指可由基本数据导出的数据，冗余的联系是可由其他联系导出的联系。冗余的存在容易破坏数据库的完整性，给数据库维护增加困难，应当消除。消除了冗余的初步 E-R 图就称为基本 E-R 图。

（1）用分析方法消除冗余

分析方法是消除冗余的主要方法。分析方法消除冗余是以数据字典和数据流程图为依据，根据数据字典中关于数据项之间逻辑关系的说明来消除冗余的。

在实际应用中，并不是要将所有的冗余数据与冗余联系都消除。有时为了提高数据查询效率，减少数据存取次数，在数据库中就设计了一些数据冗余或联系冗余。因而，在设计数据库结构时，冗余数据的消除或存在要根据用户的整体需要来确定。如果希望存在某些冗余，则应在数据字典的数据关联中进行说明，并把保持冗余数据的一致作为完整性约束条件。

例如，在图 3-16 中，如果 $Q_3 = Q_1 \times Q_2$ 并且 $Q_4 = \Sigma Q_5$，则 Q_3 和 Q_4 是冗余数据，Q_3 和 Q_4 就可以被消去。而消去了 Q_3，产品与材料间 m：n 的冗余联系也应当被消去。但是，若物资部门经常要查询各种材料的库存总量，就应当保留 Q_4，并把"$Q_4 = \Sigma Q_5$"定义为 Q_4 的完整性约束条件。每当 Q_5 被更新，就会触发完整性检查的例程，以便对 Q_4 做相应的修改。

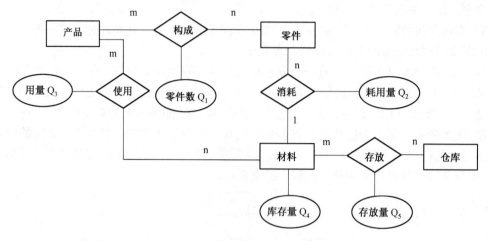

图 3-16　消除冗余的实例

（2）用规范化理论消除冗余

在关系数据库的规范化理论中，函数依赖的概念提供了消除冗余的形式化工具，有关内容将在规范化理论中介绍。

3.4　数据库逻辑结构的设计

E-R 图表示的概念模型是用户数据要求的形式化。正如前面所述，E-R 图独立于任何一种数据模型，它也不被任何一个 DBMS 所支持。逻辑结构设计的任务就是把概念模型结构转换成某个具体的 DBMS 所支持的数据模型。

从理论上讲，设计数据库逻辑结构的步骤应该是：首先选择最适合的数据模型，并按转换规则将概念模型转换为选定的数据模型；然后要从支持这种数据模型的各个 DBMS 中选出最佳的 DBMS，根据选定的 DBMS 的特点和限制，对数据模型做适当修正。但实际情况常常是先给定了计算机和 DBMS，再进行数据库逻辑模型设计。由于设计人员并无选择 DBMS 的余地，所以在概念模型向逻辑模型转换时就要考虑到适合给定的 DBMS 的问题。

现行的 DBMS 一般主要支持关系、网状或层次模型中的某一种，即使是同一种数据模型，不同的 DBMS 也有其不同的限制，提供不同的环境和工具。

通常把概念模型向逻辑模型的转换过程分为 3 步进行。

1）把概念模型转换成一般的数据模型。

2）将一般的数据模型转换成特定的 DBMS 所支持的数据模型。

3）通过优化方法将其转化为优化的数据模型。

概念模型向逻辑模型的转换步骤，如图 3-17 所示。

图 3-17 逻辑结构设计的 3 个步骤

3.4.1 概念模型向网状模型的转换

1. 不同型实体集及其联系的转换规则

概念模型中的实体集和不同型实体集间的联系可按下列规则转换为网状模型中的记录和系。

1）每个实体集转换成一个记录。

2）每个 1：n 的二元联系转换成一个系，系的方向由 1 方实体记录指向 n 方实体记录。图 3-18a 所示的是一个 1：n 二元联系转换的实例。

3）每个 m：n 的二元联系，在转换时要引入一个联结记录，并形成两个系，系的方向由实体记录方指向联结记录方。图 3-18b 所示的是一个 m：n 二元联系转换的实例。

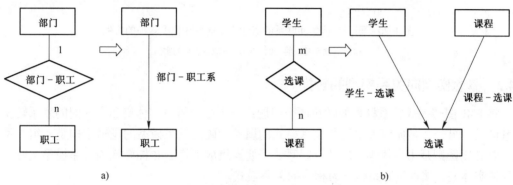

图3-18 二元联系的概念模型向网状模型转换的实例

a）1：n 联系转换的实例 b）m：n 联系转换的实例

4）K（≥3）个实体型之间的多元联系，在转换时也引入一个联结记录，并将联系转换成 K 个实体记录型和联结记录型之间的 K 个系，系的方向均为实体型指向联结记录。具体实例如图 3-19 所示。

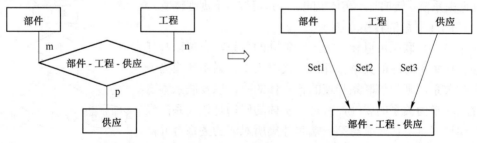

图 3-19 多元联系的概念模型向网状模型转换的实例

2. 同型实体之间联系的模型转换规则

在现实世界中，不仅不同型实体之间有联系，而且在同型实体（即同一实体集合）中也存在联系。例如，部门负责人与这一部门的职工都属于职工这个实体集合，他们都是职工这个实体集的一个子集，但他们之间又存在着领导与被领导的联系。再如，部件与其构成成分之间的联系，因为每个部件又是另一些部件的构成成分，因此这是同型实体之间的多对多的联系。在向网状模型转换时，同型实体之间联系的转换规则如下。

1）对于同一实体集的一对多联系，在向网状模型转换时要引入一个联结记录，并转换为两个系，系的方向不同。图 3-20a 为职工中领导联系转换的实例。

2）对于同一实体集之间的 m：n 联系，转换时也要引入一个联结记录，所转换的两个系均由实体记录方指向联结记录方。图 3-20b 为部件中构成联系的转换实例。

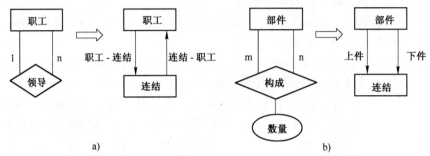

图 3-20　同一实体集间联系的概念模型向网状模型转换的实例

a）1：n 联系转换的实例　b）m：n 联系转换的实例

3.4.2　概念模型向关系模型的转换

将 E-R 图转换成关系模型要解决两个问题：一个是如何将实体集和实体间的联系转换为关系模式；另一个是如何确定这些关系模式的属性和码。关系模型的逻辑结构是一组关系模式，而 E-R 图则是由实体集、属性及联系 3 个要素组成，将 E-R 图转换为关系模型实际上就是要将实体集、属性及联系转换为相应的关系模式。

概念模型转换为关系模型的基本方法如下。

1．实体集的转换规则

概念模型中的一个实体集转换为关系模型中的一个关系，实体的属性就是关系的属性，实体的码就是关系的码，关系的结构是关系模式。

2．实体集间联系的转换规则

在向关系模式转换时，实体集间的联系可按以下规则转换。

（1）1：1 联系的转换方法

一个 1：1 联系可以转换为一个独立的关系，也可以与任意一端实体集所对应的关系合并。如果将 1：1 联系转换为一个独立的关系，则与该联系相连的各实体的码，以及联系本身的属性均转换为关系的属性，且每个实体的码均是该关系的候选码。如果将 1：1 联系与某一端实体集所对应的关系合并，则需要在被合并关系中增加属性，其新增的属性为联系本身的属性和与联系相关的另一个实体集的码。

图 3-21　两元 1：1 联系转换为关系模式的实例

【例 3-1】 将图 3-21 中含有 1：1 联系的 E-R 图转换为关系模式。

该例有 3 种方案可供选择（注意：关系模式中标有下划线的属性为码）。

方案 1：联系形成的独立关系，关系模式如下：

職工（<u>职工号</u>，姓名，年龄）
产品（<u>产品号</u>，产品名，价格）
负责（<u>职工号</u>，<u>产品号</u>）

方案2："负责"与"职工"两关系合并，关系模式如下。

职工（<u>职工号</u>，姓名，年龄，产品号）
产品（<u>产品号</u>，产品名，价格）

方案3："负责"与"产品"关系合并，关系模式如下。

职工（<u>职工号</u>，姓名，年龄）
产品（<u>产品号</u>，产品名，价格，职工号）

将上面的 3 种方案进行比较，不难发现：方案 1 中，由于关系多，增加了系统的复杂性；方案 2 中，由于并不是每个职工都负责产品，就会造成产品号属性的 NULL 值过多；相比较起来，方案 3 比较合理。

（2）1:n 联系的转换方法

在向关系模式转换时，实体间的 1：n 联系可以有两种转换方法：一种方法是将联系转换为一个独立的关系，其关系的属性由与该联系相连的各实体集的码，以及联系本身的属性组成，而该关系的码为 n 端实体集的码；另一种方法是在 n 端实体集中增加新属性，新属性由联系对应的 1 端实体集的码和联系自身的属性构成，新增属性后原关系的码不变。

【例3-2】 将图 3-22 中含有 1：n 联系的 E-R 图转换为关系模式。

该转换有两种转换方案供选择（注意：关系模式中标有下划线的属性为码）。

方案1：1：n 联系形成的关系独立存在。

仓库（<u>仓库号</u>，地点，面积）
产品（<u>产品号</u>，产品名，价格）
仓储（仓库号，<u>产品号</u>，数量）

方案2：联系形成的关系与 n 端对象合并。

仓库（<u>仓库号</u>，地点，面积）
产品（<u>产品号</u>，产品名，价格，仓库号，数量）

图 3-22 两元 1：n 联系转换为
关系模式的实例

比较以上两种转换方案可以发现：尽管方案 1 使用的关系多，但是对仓储变化大的场合比较适用；相反，方案 2 中关系少，它适应仓储变化较小的应用场合。

【例3-3】 图 3-23 中含有同实体集的 1：n 联系，将它转换为关系模式。

该例题转换的方案如下（注意：关系模式中标有下划线的属性为码）。

方案1：转换为两个关系模式。

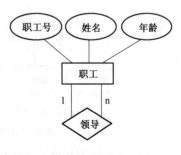

图 3-23 实体集内部 1：n 联系转换
为关系模式的实例

　　　　职工（<u>职工号</u>，姓名，年龄）
　　　　领导（领导工号，<u>职工号</u>）

　　方案2：转换为一个关系模式。

　　　　职工（<u>职工号</u>，姓名，年龄，领导工号）

　　其中，由于同一关系中不能有相同的属性名，故将领导的职工号改为领导工号。以上两种方案相比较，第2种方案的关系少，且能充分表达原有的数据联系，所以采用第2种方案会更好些。

　　（3）m∶n联系的转换方法

　　在向关系模式转换时，一个 m∶n 联系转换为一个关系。转换方法为：与该联系相连的各实体集的码，以及联系本身的属性均转换为关系的属性，新关系的码为两个相连实体码的组合（该码为多属性构成的组合码）。

　　【例3-4】 将图3-24中含有m∶n二元联系的E-R图，转换为关系模式。

　　该例题转换的关系模式如下（注意：关系模中标有下划线的属性为码）。

　　　　学生（<u>学号</u>，姓名，年龄，性别）
　　　　课程（<u>课程号</u>，课程名，学时数）
　　　　选修（<u>学号</u>，<u>课程号</u>，成绩）

　　【例3-5】 将图3-25中含有同实体集间m∶n联系的E-R图转换为关系模式。

　　转换的关系模式如下（注意：关系模式中标有下划线的属性为码）。

　　　　零件（<u>零件号</u>，名称，价格）
　　　　组装（<u>组装件号</u>，<u>零件号</u>，数量）

　　其中，组装件号为组装后的复杂零件号。由于同一个关系中不允许存在同属性名，因而改为组装件号。

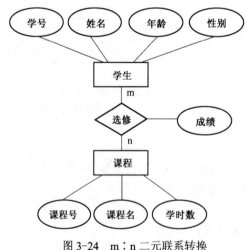

图3-24　m∶n二元联系转换
为关系模式的实例

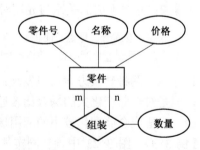

图3-25　同一实体集内m∶n联系转换
为关系模式的实例

　　（4）3个或3个以上实体集间的多元联系的转换方法

　　要将3个或3个以上实体集间的多元联系转换为关系模式，可根据以下两种情况采用不同的处理方法。

1）对于一对多的多元联系，转换为关系模式的方法是修改 n 端实体集对应的关系，即将与联系相关的 1 端实体集的码和联系自身的属性作为新属性加入到 n 端实体集中。

2）对于多对多的多元联系，转换为关系模式的方法是新建一个独立的关系，该关系的属性为多元联系相连的各实体的码及联系本身的属性，码为各实体码的组合。

【例 3-6】 将图 3-26 中含有多实体集间的多对多联系的 E-R 图转换为关系模式。

转换后的关系模式如下。

> 供应商（<u>供应商号</u>，供应商名，地址）
> 零件（<u>零件号</u>，零件名，单价）
> 产品（<u>产品号</u>，产品名，型号）
> 供应（<u>供应商号，零件号，产品号</u>，数量）

其中，关系模式中标有下划线的属性为码。

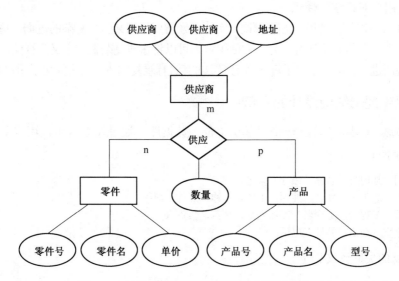

图 3-26　多实体集间联系转换为关系模式的实例

3. 关系合并规则

在关系模式中，具有相同码的关系，可根据情况合并为一个关系。

3.4.3　用户子模式的设计

用户子模式也称外模式。关系数据库管理系统中提供的视图是根据用户子模式设计的。设计用户子模式时只考虑用户对数据的使用要求、习惯及安全性要求，而不用考虑系统的时间效率、空间效率和维护等问题。用户子模式设计时应注意以下问题。

1. 使用更符合用户习惯的别名

前面提到，在合并各分 E-R 图时应消除命名的冲突，这在设计数据库整体结构时是非常有必要的。但命名统一后会使某些用户感到别扭，用定义子模式的方法可以有效地解决该问题。必要时，可以对子模式中的关系和属性名重新命名，使其与用户习惯一致，以方便用户的使用。

2. 对不同级别的用户可以定义不同的子模式

由于视图能够对表中的行和列进行限制，所以它还具有保证系统安全性的作用。对不同级别的用户定义不同的子模式,可以保证系统的安全性。

例如,假设有关系模式:产品(产品号,产品名,规格,单价,生产车间,生产负责人,产品成本,产品合格率,质量等级)。如果在产品关系上建立以下两个视图。

1)为一般顾客建立视图。

产品1(产品号,产品名,规格,单价)

2)为产品销售部门建立视图。

产品2(产品号,产品名,规格,单价,车间,生产负责人)

在建立视图后,产品1视图中包含了允许一般顾客查询的产品属性;产品2视图中包含允许销售部门查询的产品属性;生产领导部门则可以利用产品关系查询产品的全部属性数据。这样,既方便了使用,又可以防止用户非法访问本来不允许他们查询的数据,保证了系统的安全性。

3.简化用户对系统的使用

利用子模式可以简化使用,方便查询。实际中经常要使用某些很复杂的查询,这些查询包括多表连接、限制、分组和统计等。为了方便用户,可以将这些复杂查询定义为视图,用户每次只对定义好的视图进行查询,避免了每次查询都要对其进行重复描述,大大简化了用户的使用。

3.4.4 数据库逻辑结构设计的实例

假如要为某基层单位建立一个"基层单位"数据库。通过调查得出,用户要求数据库中存储下列基本信息。

部门:部门号,名称,领导人编号
职工:职工号,姓名,性别,工资,职称,照片,简历
工程:工程号,工程名,参加人数,预算,负责人
办公室:地点,编号,电话

这些信息的关联语义如下。

每个部门有多个职工,每个职工只能在一个部门工作;
每个部门只有一个领导人,领导人不能兼职;
每个部门可以同时承担若干工程项目,数据库中应记录每个职工参加项目的日期;
一个部门可有多个办公室;
每个办公室只有一部电话;
数据库中还应存储每个职工在所参加的工程项目中承担的具体职务。

1.概念模型的设计

调查得到数据库的信息要求和语义后,还要进行数据抽象,才能得到数据库的概念模型。设基层单位数据库的概念模型如图 3-27 所示。为了清晰,图中将实体的属性略去了。该 E-R 图表示的"基层单位"数据库系统中应包括"部门""办公室""职工"和"工程"4个实体集,其中,部门和办公室间存在 1∶n 的"办公"联系;部门和职工间存在着 1∶1 的"领导"联系和 1∶n 的"工作"联系;职工和工程之间存在 1∶n 的"负责"联系和 m∶n 的"参加"联系;部门和工程之间存在着 1∶n 的"承担"联系。

2.关系模型的设计

图 3-27 的 E-R 图可按规则转换一组关系模式。表 3-2 中列出了这组关系模式及相关信

息。表中的一行为一个关系模型，关系的属性根据数据字典得出。

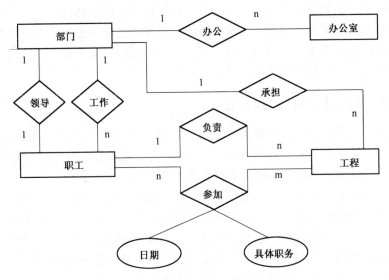

图 3-27　基层单位数据库的概念模型

表 3-2　基层单位数据库的关系模式信息

数据性质	关系名	属性	说明
实体	职工	职工号，姓名，性别，工资，职称，照片，简历，部门号	部门号为与工作关系合并后，新增属性
实体	部门	部门号，名称，领导人号，职工号	与领导关系合并后加职工号，职工号与领导人号重复，故去掉
实体	工程	工程号，工程名，参加人数，预算，负责人号，部门号	与承担关系合并新增属性部门号，与负责关系合并新增属性负责人
实体	办公室	编号，地点，电话，部门号	与办公关系合并新增属性部门号
n:m 联系	参加	职工号，工程号，日期，具体职务	
1:n 联系	办公	编号，部门号	与办公室关系合并
1:n 联系	工作	部门号，职工号	与职工关系合并
1:n 联系	承担	部门号，工程号	与工程关系合并
1:n 联系	负责	职工号，工程号	与工程关系合并，并将职工号改为负责人号
1:1 联系	领导	部门号，职工号	与部门合并

注：表中带有下划线的属性为关系的码；带有删除线的内容是开始设计有，后来优化时应该与其他关系合并，具体情况在说明列中叙述。

　　该关系模型开始设计为 10 个关系，将 1：n 联系和 1：1 联系形成的关系模式与相应的实体形成的关系模式合并后，有 5 个关系优化掉了，结果为 5 个关系模式。这样，该"基本单位"数据库中应该有 5 个基本关系。

3.5　数据库物理结构的设计

　　数据库物理结构的设计是对于给定的逻辑数据模型，选取一个最适合应用环境的物理结构。数据库的物理结构指的是数据库在物理设备上的存储结构与存取方法，它依赖于给定的计算机系统。

数据库物理的结构设计可以分为两步进行：首先确定数据的物理结构，即确定数据库的存取方法和存储结构；然后对物理结构进行评价。对物理结构评价的重点是时间和效率。如果评价结果满足原设计要求，则可以进行物理实施；否则应该重新设计或修改物理结构，有时甚至要返回逻辑设计阶段修改数据模型。

3.5.1 数据库物理结构设计的内容和方法

由于不同的数据库产品所提供的物理环境、存取方法和存储结构各不相同，供设计人员使用的设计变量、参数范围也各不相同，所以数据库的物理设计没有通用的设计方法可遵循，仅有一般的设计内容和设计原则供数据库设计者参考。

数据库设计人员都希望自己设计的数据库物理结构能满足事务在数据库上运行时响应时间少、存储空间利用率高和事务吞吐率大的要求。为此，设计人员应该对要运行的事务进行详细的分析，获得选择数据库物理结构设计所需要的参数，并且应当全面了解给定的DBMS 的功能、DBMS 提供的物理环境和工具，尤其是存储结构和存取方法。

数据库设计者在确定数据存取方法时，必须清楚 3 种相关信息。

1）数据库查询事务的信息，它包括查询所需要的关系、查询条件所涉及的属性、连接条件所涉及的属性、查询的投影属性等信息。

2）数据库更新事务的信息，它包括更新操作所需要的关系、每个关系上的更新操作所涉及的属性、修改操作要改变的属性值等信息。

3）每个事务在各关系上运行的频率和性能要求。

例如，某个事务必须在 5 秒内结束，这对于存取方法的选择有直接影响。这些事务信息会不断地发生变化，故数据库的物理结构要能够做适当的调整，以满足事务变化的需要。

关系数据库物理结构设计的内容主要指选择存取方法和存储结构，包括确定关系、索引、聚簇、日志、备份等的存储安排和存储结构，确定系统配置等。

3.5.2 存取方法的选择

由于数据库是为多用户共享的系统，它需要提供多条存取路径才能满足多用户共享数据的要求。数据库物理结构设计的任务之一就是确定建立哪些存取路径和选择哪些数据存取方法。关系数据库常用的存取方法有索引方法、聚簇方法和 HASH 方法等。

1. 索引存取方法的选择

选择索引存取方法实际上就是根据应用要求确定对关系的哪些属性列建立索引，哪些属性列建立组合索引，哪些索引建立唯一索引等。选择索引方法的基本原则如下。

1）如果一个属性经常在查询条件中出现，则考虑在这个属性上建立索引；如果一组属性经常在查询条件中出现，则考虑在这组属性上建立组合索引。

2）如果一个属性经常作为最大值和最小值等聚集函数的参数，则考虑在这个属性上建立索引。

3）如果一个属性经常在连接操作的连接条件中出现，则考虑在这个属性上建立索引；同理，如果一组属性经常在连接操作的连接条件中出现，则考虑在这组属性上建立索引。

4）关系上定义的索引数要适当，并不是越多越好，因为系统为维护索引要付出代价，查找索引也要付出代价。例如，更新频率很高的关系上定义的索引，数量就不能太多。因为更新一个关系时，必须对这个关系上有关的索引做相应的修改。

2．聚簇存取方法的选择

为了提高某个属性或属性组的查询速度，把这个属性或属性组上具有相同值的元组集中存储在连续的物理块上的处理称为聚簇，这个属性或属性组称为聚簇码。

（1）建立聚簇的必要性

聚簇功能可以大大提高按聚簇码进行查询的效率。例如，要查询计算机系的所有学生名单，假设计算机系有 200 名学生，在极端情况下，这 200 名学生所对应的数据元组分布在 200 个不同的物理块上。尽管对学生关系已按所在系建有索引，由索引会很快找到计算机系学生的元组标识，避免了全表扫描。然而再由元组标识去访问数据块时就要存取 200 个物理块，执行 200 次 I/O 操作。如果将同一系的学生元组集中存储，则每读一个物理块就可得到多个满足查询条件的元组，从而可以显著地减少访问磁盘的次数。聚簇功能不但适用于单个关系，而且适用于经常进行连接操作的多个关系。即把多个连接关系的元组按连接属性值聚集存储，聚集中的连接属性称为聚簇码。这就相当于把多个关系按"预连接"的形式存储，从而大大提高连接操作的效率。

（2）建立聚簇的基本原则

一个数据库可以建立多个聚簇，但一个关系只能加入一个聚簇。选择聚簇存取方法就是确定需要建立多少个聚簇，确定每个聚簇中包括哪些关系。聚簇设计时可分两步进行：先根据规则确定候选聚簇，再从候选聚簇中去除不必要的关系。

设计候选聚簇的原则如下。

1）对经常在一起进行连接操作的关系可以建立聚簇。

2）如果一个关系的一组属性经常出现在相等、比较条件中，则该单个关系可建立聚簇。

3）如果一个关系的一个（或一组）属性上的值重复率很高，则此单个关系可建立聚簇。也就是说对应每个聚簇码值的平均元组不能太少，太少了，聚簇的效果不明显。

4）如果关系的主要应用是通过聚簇码进行访问或连接，而其他属性访问关系的操作很少时，可以使用聚簇。尤其当 SQL 语句中包含有与聚簇有关的 ORDER BY，GROUP BY，UNION，DISTINCT 等子句或短语时，使用聚簇特别有利，可以省去对结果集的排序操作。反之，当关系较少且利用聚簇码操作时，最好不要使用聚簇。

检查候选聚簇，取消其中不必要关系的方法如下。

1）从聚簇中删除经常进行全表扫描的关系。

2）从聚簇中删除更新操作远多于连接操作的关系。

3）不同的聚簇中可能包含相同的关系，一个关系可以在某一个聚簇中，但不能同时加入多个聚簇。要从这多个聚簇方案（包括不建立聚簇）中选择一个较优的，其标准是在这个聚簇上运行各种事物的总代价最小。

（3）建立聚簇应注意的问题

建立聚簇时，应注意以下 3 个问题。

1）聚簇虽然提高了某些应用的性能，但是建立与维护聚簇的开销是相当大的。

2）对已有的关系建立聚簇，将导致关系中的元组移动其物理存储位置，这样会使关系上原有的索引无效，要想使用原索引就必须重建原有索引。

3）当一个元组的聚簇码值改变时，该元组的存储位置也要做相应移动，所以聚簇码值应当相对稳定，以减少修改聚簇码值所引起的维护开销。

3.5.3　确定数据库的存储结构

确定数据的存储位置和存储结构要综合考虑存取时间、存储空间利用率和维护代价 3 个方面的因素。这 3 个方面常常相互矛盾，需要进行权衡，选择一个折中方案。

1．确定数据的存储位置

为了提高系统性能，应根据应用情况将数据的易变部分与稳定部分、经常存取部分和存取频率较低部分分开存储。有多个软盘的计算机，可以采用下面几种存取位置的分配方案。

1）将表和索引放在不同的软盘上，这样在查询时，由于两个软盘驱动器并行工作，可以提高物理 I/O 读写的效率。

2）将比较大的表分别放在两个软盘上，以加快存取速度，这在多用户环境下特别有效。

3）将日志文件、备份文件与数据库对象（表、索引等）放在不同的软盘上，以改进系统的性能。

4）对于经常存取或存取时间要求高的对象（如表、索引）应放在高速存储器（如硬盘）上，对于存取频率小或存取时间要求低的对象（如数据库的数据备份和日志文件备份等只在故障恢复时才使用），如果数据量很大，可以存储在低速存储设备上。

由于各个系统所能提供的对数据进行物理安排的手段、方法差异很大，因此设计人员应仔细了解给定的 DMBS 提供的方法和参数，针对具体应用环境的要求，对数据进行适当的物理安排。

2．确定系统配置

DBMS 产品一般都提供了一些系统配置变量和存储分配参数供设计人员和 DBA 对数据库物理结构进行优化。在初始情况下，系统都为这些变量赋予了合理的默认值。但是这些默认值不一定适合每一种应用环境。在进行数据库的物理结构设计时，还需要重新对这些变量赋值，以改善系统的性能。

系统配置变量很多。例如，同时使用数据库的用户数、同时打开的数据库对象数、内存分配参数、缓冲区分配参数（使用的缓冲区长度、个数）、存储分配参数、物理块的大小、物理块装填因子、时间片大小、数据库的大小和锁的数目等，这些参数值影响存取时间和存储空间的分配。物理结构设计时需要根据应用环境确定这些参数值，以使系统性能最佳。

物理结构设计时对系统配置变量的调整只是初步的，在系统运行时还要根据实际运行情况做进一步的参数调整，以改进系统性能。

3．评价物理结构

物理结构设计过程中需要对时间效率、空间效率、维护代价和各种用户要求进行权衡，其结果可能会产生多种设计方案。数据库设计人员必须对这些方案进行详细的评价，从中选择一个较优的方案作为数据库的物理结构。评价数据库物理结构的方法完全依赖于所选用的 DBMS，主要是从定量估算各种方案的存储空间、存取时间和维护代价入手，对估算结果进行权衡和比较，选择出一个较优的、合理的物理结构。如果该物理结构不符合用户需求，则需要修改设计。

3.6 数据库的实施和维护

对数据库的物理结构设计进行初步评价以后，就可以进行数据库的实施了。数据库实施阶段的工作是：设计人员用 DBMS 提供的数据定义语言和其他实用程序将数据库逻辑设计和物理结构设计结果严格描述出来，使数据模型成为 DBMS 可以接受的源代码；再经过调试产生目标模式，完成建立定义数据库结构的工作；最后要组织数据入库，并运行应用程序进行调试。

3.6.1 数据入库和数据转换

组织数据入库是数据库实施阶段最主要的工作。由于数据库数据量一般都很大，而且数据来源于部门中的各个不同的单位，分散在各种数据文件、原始凭证或单据中，有大量的纸质文件需要处理，数据的组织方式、结构和格式都与新设计的数据库系统有相当的差距。组织数据录入时需要将各类源数据从各个局部应用中抽取出来，并输入到计算机后再进行分类转换，综合成符合新设计的数据库结构的形式，最后输入数据库。因此，数据转换和组织数据入库工作是一件耗费大量人力、物力的工作。

目前的 DBMS 产品没有提供通用的适合所有数据库系统的数据转换工具，其主要原因在于应用环境千差万别，源数据也各不相同，因而不存在通用的转换规则。人工的方法转换效率低、质量差，特别是在数据量大时，其问题表现得尤其突出。但现有的 DBMS 一般都提供针对流行的、常用的 DBMS 之间数据转换的工具，若原有系统是数据库系统，就可以利用新系统的数据转换工具，先将原系统中的表转换成新系统中相同结构的临时表，再将这些表中的数据分类、转换，综合成符合新系统的数据模式，插入相应的表中。

为提高数据输入工作的效率和质量，必要时要针对具体的应用环境设计一个数据录入子系统，由计算机完成数据入库的任务。数据录入时，为了防止不正确的数据输入到数据库内，应当采用多种方法多次地对数据检验。由于要入库的数据格式或结构与系统的要求不完全一样，有的差别可能还比较大，所以向计算机内输入数据时会发生错误，数据转换过程中也有可能出错。数据输入子系统要充分重视这部分工作。

设计数据输入子系统时还要注意原有系统的特点，充分考虑老用户的习惯，这样可以提高输入的质量。如果原有系统是人工数据处理系统，新系统的数据结构就很可能与原系统有很大差别，在设计数据输入子系统时，应尽量让输入格式与原系统结构相近，这样不仅可以使得手工文件处理比较方便，更重要的是可以大大减少用户出错的可能性，保证数据输入的质量。

3.6.2 数据库试运行

在部分数据输入到数据库后，就可以开始对数据库系统进行联合调试的工作了，从而进入到数据库的试运行阶段。

1. 数据库试运行阶段的主要工作

（1）测试应用程序功能

实际运行数据库应用程序，执行对数据库的各种操作，测试应用程序的功能是否满足设计要求。如果应用程序的功能不能满足设计要求，则需要对应用程序部分进行修改、调整，直到达到设计要求为止。

（2）测试系统性能指标

实际测试系统的性能指标，分析其是否符合设计目标。由于对数据库进行物理设计时考虑的性能指标只是近似的估计，和实际系统运行总有一定的差距，因此必须在试运行阶段实际测量和评价系统性能指标。

值得注意的是，有些参数的最佳值往往是经过运行调试后找到的。如果测试的结果与设计目标不符，则要返回物理设计阶段，重新调整物理结构，修改系统参数，某些情况下甚至要返回逻辑设计阶段，修改逻辑结构。

2．数据库试运行阶段注意的问题

（1）数据库的试运行操作应分步进行

上面已经讲到组织数据入库是十分费时、费力的事，如果试运行后还需要修改数据库的设计，这样就会导致重新组织数据入库，因此应分期、分批地组织数据入库，先输入小批量数据做调试用，试运行基本合格后，再大批量输入数据，逐步增加数据量，逐步完成运行评价。

（2）数据库的实施和调试不可能一次完成

在数据库试运行阶段，由于系统还不稳定，硬件、软件故障随时都可能发生。同时，由于系统的操作人员对新系统还不熟悉，误操作也不可避免。因此，在数据库试运行时，应首先调试运行 DBMS 的恢复功能，做好数据库的转储和恢复工作，一旦故障发生，能使数据库尽快恢复，尽量减少对数据库的破坏。

3.6.3　数据库的运行和维护

数据库试运行合格后，即可投入正式运行，这标志着数据库开发工作基本完成。但是由于应用环境在不断变化，数据库运行过程中物理存储也会不断变化，对数据库设计进行评价、调整、修改等维护工作是一个长期的任务，也是设计工作的继续和提高。

在数据库运行阶段，对数据库经常性的维护工作主要是由数据库管理员完成的。数据库的维护工作包括以下 4 项。

1．数据库的转储和恢复

数据库的转储和恢复是系统正式运行后最重要的维护工作之一。数据库管理员要针对不同的应用要求制订不同的转储计划，以保证一旦发生故障尽快将数据库恢复到某种一致的状态，并尽可能减少对数据库的破坏。

2．数据库的安全性、完整性控制

在数据库运行过程中，由于应用环境的变化，对安全性的要求也会发生变化。例如，有的数据原来是机密的，现在变成可以公开查询的了，而新加入的数据又可能是机密的了。系统中用户的密级也会变化。这些都需要数据库管理员根据实际情况修改原有的安全性控制。同样，数据库的完整性约束条件也会变化，也需要数据库管理员不断修正，以满足用户要求。

3．数据库性能的监督、分析和改造

在数据库运行过程中，监督系统运行、对监测数据进行分析并找出改进系统性能的方法是数据库管理员的又一重要任务。目前有些 DBMS 产品提供了监测系统性能的参数工具，数据库管理员可以利用这些工具方便地得到系统运行过程中一系列性能参数的值。数据库管理员应仔细分析这些数据，判断当前系统运行状况是否是最佳，应当做哪些改进，例如，调整系统物理参数，对数据库进行重组织或重构造等。

4．数据库的重组织与重构造

数据库运行一段时间后，由于记录不断增、删、改，会使数据库的物理存储情况变坏，降低了数据的存取效率，数据库的性能下降。这时，数据库管理员就要对数据库进行重组织或部分重组织（只对频繁增加、删除数据的表进行重组织）。DBMS 一般都提供数据重组织用的实用程序。在重组织的过程中，按原设计要求重新安排存储位置、回收垃圾和减少指针链等，以提高系统性能。

数据库的重组织并不修改原设计的逻辑和物理结构，而数据库的重构造则不同，它要部分修改数据库的模式和内模式。由于数据库应用环境发生变化，例如，增加了新的应用或新的实体，取消了某些应用，有的实体与实体间的联系发生了变化等，使原有的数据库设计不能满足新的需求，需要调整数据库的模式和内模式；或者在表中增加或删除某些数据项、改变数据项的类型、增加或删除某个表、改变数据库的容量、增加或删除某些索引等。当然数据库的重构也是有限的，只能做部分修改。如果应用变化太多、太大，重构也无济于事，说明此数据库应用系统的生命周期已经结束，应该设计新的数据库应用系统了。

3.7　数据库应用系统的设计

数据库应用系统是通过数据库应用系统开发软件实现的。在设计数据库应用系统前，应先选择其开发软件。数据库应用系统开发软件应能够适合应用系统的性能要求，满足其功能需要，并提供与指定数据库进行数据访问的功能。

3.7.1　数据库系统的体系架构

根据数据库系统的构造方式，可以把数据库系统分为桌面型数据库系统、两层结构的数据库系统和多层结构的数据库系统 3 种类型。

1．桌面型数据库系统

当把 DBMS、数据库和数据库应用系统安排在同一台计算机中时，数据库中的数据只让本机的应用程序独自使用，这种结构为桌面型数据库系统。桌面型数据库系统在单机上使用，不涉及计算机网络问题，适合于数据量少、功能简单的单用户数据库系统。有时，在系统开发和测试时使用，也选择桌面型数据库系统，以节约开支，降低风险。

2．两层结构的数据库系统

两层结构的数据库系统有两种构造方式：客户机/服务器（Client/Server，C/S）结构和浏览器/服务器（Browser/Server，B/S）结构。两层结构的数据库系统是数据库与网络技术相结合的产物，其结构如图 3-28 所示。

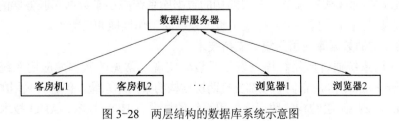

图 3-28　两层结构的数据库系统示意图

两层结构的数据库系统可以通过网络连接产品将多台计算机连接为企业内部网，能够与Internet 相连并发布网页，网络中的一台计算机称为服务器（Server，俗称后端 Back-End），其他的计算机称为客户机（Client，也称前端 Front-End）。在两层结构的数据库系统中：应用程序及浏览器安装在客户机端，客户机端实现用户界面和前端处理功能；数据库服务器程序及数据库安装在服务器端，由数据库服务器实现分布事务的协调和数据访问控制；服务器和客户机间通过数据接口实现数据通信。

B/S 结构中，用户界面是浏览器中的网页，应用程序以网页及链接的方式运行，客户机端只需要有浏览器，不需要安装其他应用程序。C/S 结构的客户端要有专门的应用软件系统，并还要安装和设置支持应用程序运行的软件环境。

两层结构的数据库系统的分布功能减轻了服务器的负担，使得服务器专门用于事务处理和数据访问控制，从而可以支持较多的用户，提高了系统的事务处理性能。两层结构的数据库系统适合于中小型规模的数据库应用系统。当系统规模增大到一定程度时，两层结构的数据库系统就暴露出以下缺陷：

1）启动的客户机端程序或打开的浏览器越多，同数据库服务器建立的连接就会越多，服务器端的负担就会越重。当启动的前端到达一定数量时，数据库服务器的性能会明显下降。

2）由于客户机端在分发程序时不仅要分发 EXE 文件，还要分发与数据访问及数据管理相关的动态链接库，所以如果客户机的地理位置比较分散，则客户端程序就难以分发。

3）一旦数据库服务器的软硬件出现问题，所有前端的应用都将会终止。

3．多层结构的数据库系统

为了解决两层数据库系统出现的问题，人们提出了多层数据库系统结构。多层结构的数据库系统中最有代表性的是三层结构的数据库系统，其结构如图 3-29 所示。

在三层结构的数据库应用系统中，需要针对某类应用建立一个中间层——应用服务器，应用服务器承担处理与数据库服务器的交互工作（两层结构的数据库系统由前端程序直接处理该项工作），因此大大减小了直接同数据库服务器连接的数目。

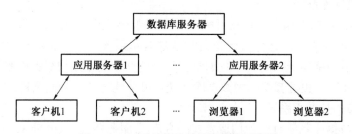

图 3-29　三层结构的数据库系统示意图

由于可将与数据访问和存取的有关软件和动态链接库存储在应用服务器上，因此客户端程序不必关心数据库操作的细节。三层结构的数据库系统减小了数据库服务器的工作量，并可在应用服务器上建立数据备份，提高了整个系统的工作性能和可靠性。

4．两层结构的数据库应用系统的支持技术

数据库应用系统通过应用程序开发工具设计实现，常见的数据库应用系统开发工具有Delphi、Power Builder 等，它们一般都支持两层结构的数据库系统，但各自采用的技术不同。例如，Delphi 7 支持两层结构的数据库应用系统的技术有 BDE 技术、ADO 技术、dbExpress

技术和 InterBase 技术 4 种。下面着重介绍 BDE 和 ADO 两种技术。

（1）基于 BDE 技术的两层结构的数据库系统

BDE（Borland Database Engine）是 Delphi 按统一方式访问和操作数据的工具。采用这种方式时，需要在服务器和客户端都安装 BDE（安装 Delphi 7 时自动安装 BDE）。基于 BDE 技术的两层数据库系统的结构如图 3-30 所示。

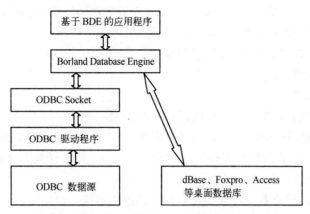

图 3-30　基于 BDE 技术的两层结构的数据库系统

（2）基于 ADO 技术的两层结构的数据库系统

ADO（ActiveX Data Object）是微软公司推出的一种数据访问技术，它和 ODBC（Open DataBase Connection）、RDS（Remote Data Service）一起称为 MDAC（Microsoft Data Access Components）。使用 ADO 技术时，需要安装 MDAC，许多系统软件在安装时也会自动安装 MDAC。采用 ADO 技术也可以通过 ODBC 访问数据源。基于 ADO 技术的两层数据库系统的结构如图 3-31 所示。

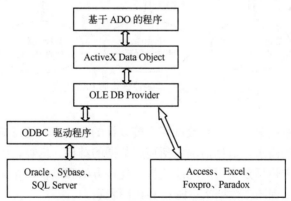

图 3-31　基于 ADO 技术的两层结构的数据库系统

3.7.2　数据库管理工具及数据源配置技术

多层（两层）结构的数据库系统中，前台机应用程序要访问后台机的数据库，ODBC（Open Data Base Connection）是最常用的数据库访问技术，由微软提出。在进行数据库连接时，用户数据库需要先使用 ODBC 管理工具建立数据源标识（Data Source Name，DSN），将其配置成 ODBC 数据源，并需要系统提供 ODBC 驱动程序和管理工具。ODBC 数据访问技术使用非常广泛，应用程序一般都通过 ODBC 与数据库建立联系。

1．DSN 及类型

DSN（Data Source Name）是 Windows 系统中 ODBC 的数据源标识，在 ODBC 数据源管理器中使用。在访问数据库时，应用程序直接按 DSN 访问数据，不需要考虑数据的路径及驱动程序。DSN 有用户 DSN、系统 DSN 和文件 DSN 三种。

1）用户 DSN 只对设置它的用户可见，只能在设置它的计算机上使用。

2）系统 DSN 对系统中的所有用户都是可见的。

3）文件 DSN 是存储 DSN 配置信息的文件。

2．配置 ODBC 数据源

配置 ODBC 数据源的方法如下。

1）在服务器中安装数据库管理系统，建立数据库。

2）在客户端中打开"控制面板"，选择"管理工具"→"数据源（ODBC）"选项。

3）在 ODBC 数据管理器中选择用户 DSN 选项卡，再选择数据源驱动程序（数据库管理系统，如 SQL Server）。

4）在随后出现的建立数据源向导中，输入数据源名称（数据库名）、对数据源的说明和服务器名称。

3.7.3 数据库应用系统设计的步骤与方法

数据库应用系统设计与实施一般通过需求分析、系统设计、建立数据库、程序设计和编程与调试 5 步来完成，设计步骤和阶段成果如图 3-32 所示。

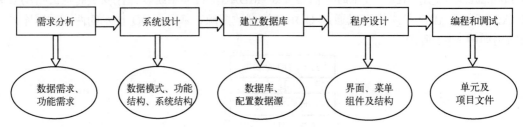

图 3-32　数据库系统设计步骤和阶段成果

1．需求分析

需求分析也称为系统分析，它是数据库系统设计的第一步。通过需求分析，得出系统对数据的要求和对功能的需求。数据需求包括使用数据的结构、内容、约束、流量、频度和安全性要求等；功能需求包括要实现的功能结构、处理方法和过程、相关数据和用户等。需求分析的结果通过数据流程图、数据状态图和 E-R 图表示。

2．系统设计

系统设计的任务是确定系统的数据模式、功能结构和系统结构，确定系统支持环境、实现方法和技术。系统设计的基本内容如下。

1）选择数据库管理系统，建立数据模式。

2）选择系统支持环境，包括支持系统运行的硬件和软件要求，确定系统实现的功能和方法。

3）选择系统的基本架构和技术。

3．建立数据库

借助于选定的 DBMS 建立数据库，收集整理数据，将数据录入到数据库中。确定数据接口，配置数据源。

4．程序设计

设计系统的用户界面，组织系统菜单，设计相关组件及参数；设计系统的程序、单元、函数或过程的流程结构。

5．编程和调试

通过 IDE 和组件设计单元及项目文件，对程序调试并改进。对系统进行测试和优化处理。

*3.8　数据库应用系统的设计实例

本章以设计开发一个简单的图书馆管理系统为例，使大家对数据库应用系统开发有一个整体了解。尽管本章的示例与实际的图书管理系统差距甚大，数据库及系统功能都不完善，但通过对该示例的学习和灵活运用相关的知识，读者即可以开发出功能强大的数据库应用系统。

3.8.1　系统数据流程图和数据字典

1．用户需求调查

通过对现行图书馆的业务进行调查，明确了图书馆工作由图书管理、读者管理、借书服务和还书服务 4 部分组成。用户对现有系统功能的描述如下。

（1）图书管理

1）对馆内的所有图书按类别统一编码；对各类图书建图书登记卡，登记图书的主要信息。

2）新购的书要编码和建卡，对遗失的书要销毁其图书登记卡。

（2）读者管理

1）建立读者信息表，对读者统一编号。

2）对新加盟的读者，将其信息加入到读者信息表中；对某些特定的读者，将其信息从读者信息表中删除。

3）当读者情况变化时，修改读者信息表中相应的记录。

（3）借书服务

1）未借出的图书要按类别上架，供读者查看。

2）建立借书登记卡，卡上记录着书号、读者姓名和编号、借书日期；将借书登记卡按读者单位、读者编号集中保管。

3）读者提出借书请求时，先查看该读者的借书卡，统计读者已借书的数量。如果该读者无借书超期或超量情况，则办理借书手续。

4）办理借书手续的方法是：填写借书登记卡，管理员核实后可将图书带走。

（4）还书服务

1）读者提出还书要求时，先对照相应的借书卡，确认书号和书名无误后可办理还书手续。

2）办理还书手续方法是：在借书卡上填写还书时间，管理员签名；将已还的借书卡集中保管；收回图书。

3）将收回的图书上架，供读者查看和借阅。

2．系统数据流程图

经过详细的调查，弄清了系统现行的业务流程。在此基础上，构造出系统的逻辑模型，并通过数据流程图表示。图3-33是图书馆管理系统的顶层数据流程图。

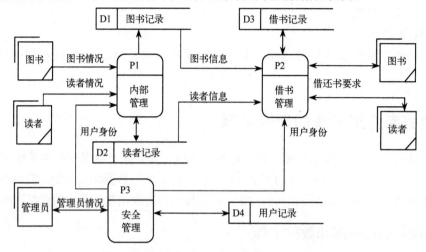

图3-33　图书馆管理系统的顶层数据流程图

在图书馆管理系统顶层数据流程图中，"内部管理"和"借书管理"两个处理框所表示的功能都太复杂，对它们进一步细化后得出第二层数据流程图。图 3-34 是对"内部管理"细化的数据流程图。

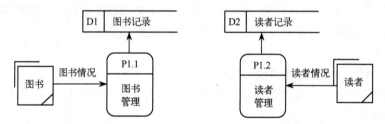

图3-34　"内部管理"的细化数据流程图

图 3-34 中，将内部管理分为图书管理和读者管理两个子处理框。实际上还可以将它们继续细化，图书管理分为新书处理和图书记录维护两个下级处理框，而读者管理也可以分为新读者入户和读者记录维护两个下级处理框。

"借书管理"处理框中包括"借书处理""还书处理"和"查看书目"3 个子处理框，其细化数据流程图如图 3-35 所示。

经过整理后得出细化后的系统数据流程图，如图 3-36 所示。

3．系统数据字典

图书馆管理系统数据流程图中，数据信息和处理过程需要通过数据字典才能描述清楚。在定义的图书馆管理系统数据字典中，主要对数据流程图中的数据流、数据存储和处理过程进行说明。

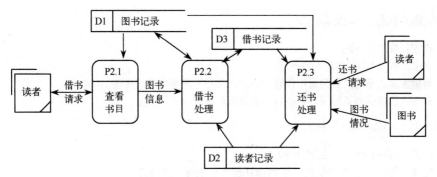

图 3-35 "借书管理"的细化数据流程图

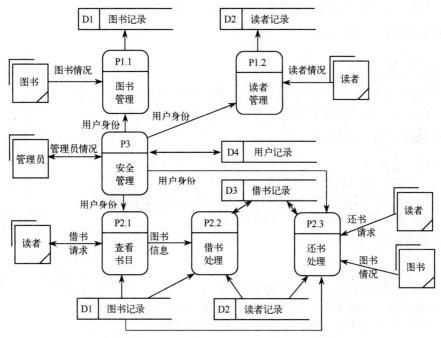

图 3-36 细化后的图书馆管理系统数据流程图

（1）主要的数据流定义

1）数据流名称：图书情况。

  位置：图书→P1.1，图书→P2.3

  定义：图书情况＝类别＋出版社＋作者＋书名＋定价＋完好否

  数据流量：平均流量为每月传输 1000 次，高峰期流量为每天传输 100 次

  说明：图书入库时，根据图书情况建立图书记录；读者还书时要核实图书基本信息是否与图书记录相符，要检查图书是否完好

2）数据流名称：读者情况。

  位置：读者→P1.2

  定义：读者情况＝姓名＋单位＋性别＋电话

  数据流量：平均流量为每年传输 8000 次，高峰期流量为每天传输 1000 次

  说明：根据读者情况建立读者记录

3）数据流名称：管理员情况。

　　位置：管理员→P3
　　定义：管理员＝用户名＋口令
　　数据流量：平均流量为每年传输 100 次，高峰期流量为每天传输 10 次
　　说明：通过管理员的用户名和口令鉴别用户身份

4）数据流名称：用户身份。

　　位置：P3→{ P1.1, P1.2, P2.1, P2.3}
　　定义：用户身份＝[非法用户 ｜ 内部管理员 ｜ 服务管理员]
　　数据流量：平均流量为每天传输 2000 次，高峰期流量为每时传输 100 次
　　说明：不同的用户身份进入的处理过程不同

5）数据流名称：借书请求。

　　位置：读者→P2.1
　　定义：借书请求＝类别|书名
　　数据流量：平均流量为每天传输 1000 次，高峰期流量为每时传输 300 次
　　说明：通过书名和类别查询库中的图书，其中书名为模糊查询

6）数据流名称：还书请求。

　　位置：读者→P2.3
　　定义：还书请求＝读者＋图书情况
　　数据流量：平均流量为每天传输 1000 次，高峰期流量为每时传输 300 次
　　说明：确认图书正确和完好后，删除借书记录

7）数据流名称：图书信息。

　　位置：P2.1→P2.2
　　定义：图书信息＝输入书号＋读者编号
　　数据流量：平均流量为每天传输 1000 次，高峰期流量为每时传输 250 次
　　说明：借书时需要输入书号和读者编号，以确定读者和图书

（2）主要的数据存储定义

1）数据存储编号：D1。

　　数据存储名称：图书记录
　　输入：P1.1
　　输出：P2.1，P2.2，P2.3
　　数据结构：图书记录＝书号＋类别＋出版社＋作者＋书名＋定价＋借出否
　　数据量和存取频度：数据量为 250000 条；存取频度为每天 1000 次
　　存取方式：联机处理；检索和更新；主要是随机检索
　　说明：书号具有唯一性和非空性

2）数据存储编号：D2。

　　数据存储名称：读者记录
　　输入：P1.2
　　输出：P2.2，P2.3
　　数据结构：读者记录＝编号＋姓名＋单位＋性别＋电话

数据量和存取频度：数据量为 15000 条；存取频度为每天 500 次

存取方式：联机处理；主要是检索处理；以随机检索为主

说明：编号具有唯一性和非空性，性别只能是"男"或"女"

3）数据存储编号：D3。

数据存储名称：借书记录

输入：P2.2

输出：P2.2，P2.3

数据结构：借书记录＝书号＋读者编号＋借阅日期

数据量和存取频度：数据量为 50000 条；存取频度为每天 1000 次

存取方式：联机处理；以更新操作为主；随机检索

说明：读者编号是外码，参照表为"读者. 编号"；书号是外码，参照表为"图书.书号"；借阅日期为添加记录的当天日期

4）数据存储编号：D4。

数据存储名称：用户记录

输入：P3

输出：P3

数据量和存取频度：数据量为 1000 条；存取频度为每天 100 次

存取方式：联机处理；以检索为主；顺序检索

数据结构：用户＋密码＋级别

说明：级别是"内部管理员"或"服务管理员"

（3）主要处理过程

1）处理过程编号：P1.1。

处理过程名：图书管理

输入：图书情况，用户身份

输出：D1

处理说明：对馆内所有图书按类别统一编码，将图书信息数据化后，存储在图书记录表中

2）处理过程编号：P1.2。

处理过程名：读者管理

输入：读者情况，用户身份

输出：D2

处理说明：建立读者信息表，对读者统一编号；实现对读者记录表的增、删、改和维护功能

3）处理过程编号：P2.1。

处理过程名：查看书目

输入：借书请求，D1，用户身份

输出：借书请求，图书信息

处理说明：实现根据图书类别查询图书，根据书名模糊查询图书的功能

4）处理过程编号：P2.2。

处理过程名：借书处理

输入：图书信息，D1，D2，D3

输出：借书记录

处理说明：确认读者符合借书条件，办理借书手续

5）处理过程编号：P2.3。

处理过程名：还书处理
输入：D1，D2，D3，还书请求，图书情况，用户身份
输出：D3
处理说明：对照相应的借书卡，确认书号和书名无误后可办理还书手续

6）处理过程编号：P3。

处理过程名：安全管理
输入：管理员情况，D4
输出：用户身份，D4，管理员情况
处理说明：通过用户名和口令，确认用户身份，保证系统的安全性

3.8.2　系统体系结构及功能结构

在系统设计中，要确定图书馆管理系统的体系结构、工作环境、系统功能及结构。

1．系统体系结构及实现方法

图书馆管理系统采用点对多点（point-to-multipoint）的客户机/服务器（Client/Server）结构，如图 3-37 所示。

图 3-37 中的服务器既是网络服务器又是数据库服务器，主要任务是承担网络监听和实现客户机联接、数据库管理、数据存取和数据传输功能。客户机是系统的终端设备，它面向用户，承担着图书馆管理系统的服务工作。

在图书馆管理系统中，数据库及数据库管理系统存储在服务器中，系统的应用程序存储在各个客户机上。图书馆管理系统的体系结构是局域网结构，数据库存储在一台服务器中便于集中管理，应用程序存储在多台客户机上便于开展服务工作。

2．系统工作环境及支撑软件

服务器和客户机可以是同一台计算机，也可以是不同的计算机。

（1）服务器端的工作环境要求及支撑软件

● 操作系统：Windows 10。
● 数据库管理系统：SQL Server 2017 企业版。
● 应用系统开发语言：C#6.0。
● 应用系统开发环境：Microsoft Visual Studio 2017。

（2）客户机的工作环境要求及支撑软件

● 操作系统：Windows 10。
● 应用系统开发语言：C#6.0。

3．数据库系统结构

图书馆管理系统的数据库系统结构采用 C/S（客户/服务器）两层结构的数据库系统，选定 BDE（Borland Database Engine）技术为数据库的支持技术。数据管理工具为 ODBC，数据库访问方式如图 3-38 所示。

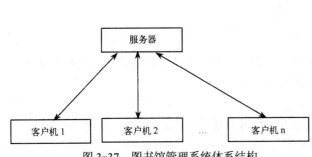

图 3-37　图书馆管理系统体系结构

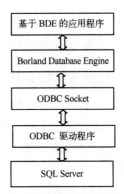

图 3-38　数据库访问方式示意图

4．系统功能及结构

图书馆管理系统的系统功能及结构如图 3-39 所示。

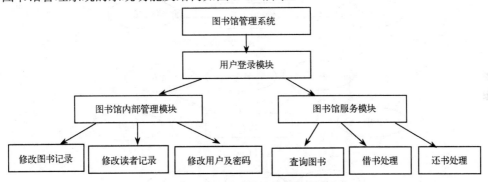

图 3-39　图书馆管理系统的系统功能结构

图书馆管理系统包括用户登录、图书馆内部管理和图书馆服务 3 大模块。其中，用户登录模块是为保证数据库应用系统的数据安全性而设计的，图书馆内部管理模块实现图书馆的内部管理功能，图书馆服务模块实现图书馆的对外服务功能。

（1）用户登录模块

用户登录模块的任务是识别用户身份，确定用户操作权，保证系统安全运行。用户登录模块中包括以下两个子模块。

1）用户记录维护：建立用户记录，及时更新用户记录。

2）用户登录管理：确定用户身份和用户的操作权限。

（2）图书馆内部管理模块

图书馆内部管理模块包括以下 3 个子模块。

1）修改图书记录：对图书表中的记录进行增加、修改或删除处理。

2）修改读者记录：增加读者表中的记录，删除或修改读者表中已有的记录。

3）修改用户及密码：增加用户或修改用户的密码。

（3）图书馆服务模块

图书馆服务模块也包括以下 3 个子模块。

1）查询图书：通过书名和类别查询库中的图书，其中书名为模糊查询。

2）借书处理：在查询的基础上完成借书登记处理。借书时需要输入书号和读者编号，修改图书表中的记录和增加借阅表中的记录。

3）还书处理：实现读者的还书处理操作。还书时需要先修改图书记录，改变其借出否标志，再删除相关的借阅记录。

3.8.3　数据库结构设计

数据库设计的步骤是：根据系统分析建立概念模型；将数据库的概念模型转换为数据模型；进行规范化处理，使数据模型满足 BC 范式。

1．数据库的概念模型

根据系统需求分析，可以得出图书馆管理系统数据库的概念模型（信息模型）。图 3-40 是用 E-R 图表示的图书馆管理系统的概念模型。

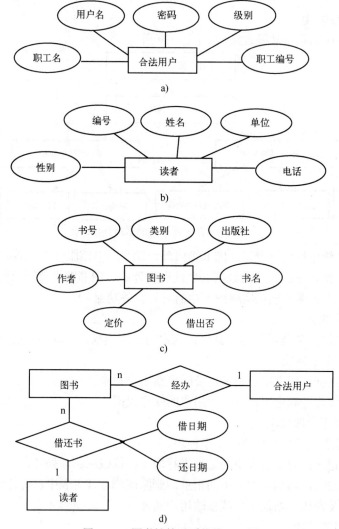

图 3-40　图书馆管理系统的 E-R 图

a) 合法用户实体图　b) 读者实体图　c) 图书实体图　d) 各实体间的联系图

2．数据库逻辑模型

将图书馆管理系统的 E-R 图转换为关系数据库的数据模型，其关系模型如下。

84

合法用户（职工编号，职工名，用户登录名，密码，级别），其中用户登录名为主码

图书（书号，类别，出版社，作者，书名，定价，借出否），其中书号为主码

读者（编号，姓名，单位，性别，电话），其中编号为主码

借阅（书号，读者编号，借书日期，还书日期，借书经办人，还书经办人），其中书号和读者编号为主码

将图书馆管理系统的数据库名定为"图书读者"。

3. 数据库结构的详细设计

关系属性的设计包括属性名、数据类型、数据长度、该属性是否允许空值、是否为主码、是否为索引项及约束条件。表3-3中详细列出了图书读者库各表的属性设计情况。

表3-3 图书读者库各表的属性设计情况

表名	属性名	数据类型	长度	允许空	主码或索引	约束条件
合法用户	用户登录名	char	8	No	主码	输入时不显示
	密码	char	8	No		输入时不显示
	级别	char	10	No		"管理员"或"系统管理员"
	职工编号	char	5	No	索引	
	职工名	char	8	No		
图书	书号	char	10	No	主码	
	类别	varchar	10	No	索引项	
	出版社	varchar	20	Yes	索引项	
	作者	varchar	30	Yes	索引项	
	书名	varchar	30	No	索引项	
	定价	smallmoney		Yes		
	借出否	bit		No	索引项	1为借出，0为没有借出
读者	编号	char	8	No	主码	
	姓名	varchar	8	No	索引	
	单位	varchar	20	No	索引	
	性别	char	2	Yes		"男"或"女"
	电话	varchar	12	Yes		
借阅	书号	char	10	No	主属性	
	读者编号	char	8	No	主属性	
	借阅日期	datetime	8	No	索引	值为修改记录的当天日期
	还书日期	datetime	8	No	索引	值为修改记录的当天日期
	借阅经手人	char	5	No		值为职工编号
	还书经手人	char	5	No		值为职工编号

习题 3

一、简答题

1. 数据库设计过程包括几个主要阶段？哪些阶段独立于数据库管理系统？哪些阶段依赖于数据库管理系统？

2. 对数据库设计各个阶段上的设计进行描述。

3. 试述数据库设计过程中结构设计部分形成的数据库模式。

4. 试述数据库设计的特点。

5. 需求分析阶段的设计目标是什么？调查内容是什么？

6. 数据字典的内容和作用是什么？

7．什么是数据库的概念结构？试述其特点和设计策略。

8．什么是数据抽象？试举例说明。

9．试述数据库概念结构设计的重要性和设计步骤。

10．什么是 E-R 图？构成 E-R 图的基本要素是什么？

11．为什么要视图集成？视图集成的方法是什么？

12．什么是数据库的逻辑结构设计？试述其设计步骤。

13．试述 E-R 图转换为网状模型和关系模型的转换规则。

14．试述数据库物理结构设计的内容和步骤。

15．什么是数据库的再组织和重构造？为什么要进行数据库的再组织和重构造？

16．为什么要从两层 C/S 结构发展成三层 C/S 结构？

17．叙述数据字典的主要任务。

18．现有一个局部应用，包括两个实体："出版社"和"作者"，这两个实体是多对多的联系，请设计适当的属性，画出 E-R 图，再将其转换为关系模型（包括关系名、属性名、码和完整性约束条件）。

19．请设计一个图书馆数据库，此数据库中对每个借阅者保存记录，包括读者号、姓名、地址、性别、年龄和单位。对每本书保存有书号、书名、作者和出版社。对每本被借出的书保存有读者号、借出日期和应还日期。要求：给出该图书馆数据库的 E-R 图，再将其转换为关系模型。

20．图 3-41 是某个教务管理数据库的 E-R 图，请把它们转换为关系模型（图中关系、属性和联系的含义，已在它旁边用汉字标出）。

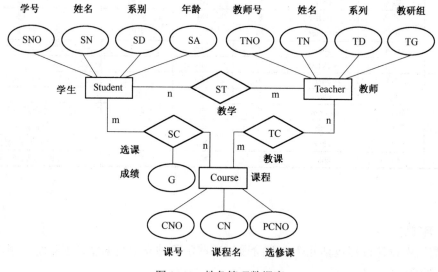

图 3-41　教务管理数据库

21．图 3-42 是一个销售业务管理的 E-R 图，请把它转换成关系模型。

22．设有一家百货商店，已知信息如下。

1）每个职工的数据是职工号、姓名、地址和他所在的商品部。

2）每一商品部的数据有：职工、经理和它经销的商品。

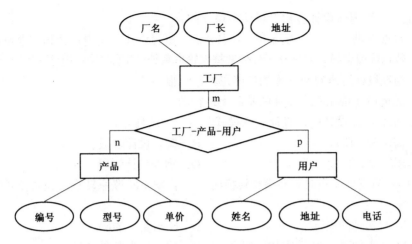

图 3-42 销售业务管理的 E-R 图

3）每种经销的商品数有商品名、生产厂家、价格、型号（厂家定的）和内部商品代号（商店规定的）。

4）关于每个生产厂家的数据有厂名、地址、向商店提供的商品价格。

请设计该百货商店的概念模型，再将概念模型转换为关系模型。注意某些信息可用属性表示，其他信息可用联系表示。

23．设有如下实体。

学生：学号、单位、姓名、性别、年龄、选修课程名

课程：编号、课程名、开课单位、任课教师号

教师：教师号、姓名、性别、职称、讲授课程编号

单位：单位名称、电话、教师号、教师名

上述实体中存在如下联系。

1）一个学生可选修多门课程，一门课程可为多个学生选修。

2）一个教师可讲授多门课程，一门课程可为多个教师讲授。

3）一个单位可有多个教师，一个教师只能属于一个单位。

试完成如下工作：

1）分别设计学生选课和教师任课两个局部信息的结构 E-R 图。

2）将上述设计完成的 E-R 图合并成一个全局 E-R 图。

3）将该全局 E-R 图转换为等价的关系模型表示的数据库逻辑结构。

二、选择题

1．下面有关 E-R 图向关系模式转换的叙述中，不正确的是_____。

　　A．一个实体类型转换为一个关系模式

　　B．一个 1∶1 联系可以转换为一个独立的关系模式，也可以与联系的任意一端实体所对应的关系模式合并

　　C．一个 1∶n 联系可以转换为一个独立的关系模式，也可以与联系的任意一端实体所对应的关系模式合并

　　D．一个 m∶n 联系转换为一个关系模式

2. 下面关于数据库设计步骤的说法中错误的有_____。

    A. 数据库设计一般分为四步：需求分析、概念设计、逻辑设计和物理设计

    B. 数据库概念模型是独立于任何数据库管理系统，不能直接用于数据库实现的

    C. 物理设计阶段对数据库的性能影响已经很小了

    D. 逻辑设计是在概念设计的基础上进行的

3. 在关系数据库设计中，设计关系模式是_____的任务。

    A. 需求分析阶段   B. 概念设计阶段

    C. 逻辑设计阶段   D. 物理设计阶段

4. 从 E-R 图模型关系向关系模型转换时，一个 M：N 联系转换为关系模式时，该关系模式的码是_____。

    A. M 端实体的码   B. N 端实体的码

    C. M 端实体码与 N 端实体码组合   D. 重新选取其他属性

5. 有 15 个实体类型，并且它们之间存在着 15 个不同的二元联系，其中 5 个是 1：1 联系类型，5 个是 1：N 联系类型，5 个 M：N 联系类型，那么根据转换规则，这个 E-R 图转换成的关系模式有_____。

    A. 15 个   B. 20 个   C. 25 个   D. 30 个

6. 在 ODBC 技术中，驱动程序管理器的主要功能是为应用程序加载和调用_____。

    A. 数据源   B. DBMS 驱动程序

    C. DBMS 查询处理器   D. 网络支撑软件

7. 数据库在软盘上的基本组织形式是_____。

    A. DB   B. 文件   C. 二维表   D. 系统目录

8. 在 DBS 中，最接近于物理存储设备一级的结构，称为_____。

    A. 外模式   B. 概念模式   C. 用户模式   D. 内模式

9. 从模块结构考察，DBMS 由两大部分组成_____。

    A. 查询处理器和文件管理器

    B. 查询处理器和存储管理器

    C. 数据库编译器和存储管理器

    D. 数据库编译器和缓冲区管理器

10. 三层 C/S 结构的目的是为了减轻_____的负担。

    A. 主机   B. 客户机   C. 服务器   D. 中间件

11. 对用户而言，ODBC 技术屏蔽掉了_____。

    A. 不同服务器的差异   B. 不同 DBS 的差异

    C. 不同 API 的差异   D. 不同主语言的差异

12. 概念结构设计阶段得到的结果是_____。

    A. 数据字典描述的数据需求   B. E-R 图表示的概念模型

    C. 某个 DBMS 所支持的数据模型   D. 包括存储结构和存取方法的物理结构

13. 一个实体型转换为一个关系模式。关系的码为_____。

    A. 实体的码   B. 二个实体码的组合

    C. n 端实体的码   D. 每个实体的码

第4章 关系数据库

关系数据库是目前应用最广泛的数据库，由于它以数学方法为基础管理数据库，所以关系数据库与其他数据库相比有突出的优点。

关系数据库方法是 20 世纪 70 年代初由美国的 IBM 公司的 E. F. Codd 提出的，他于 1970 年在美国计算机学会会刊《Communication of the ACM》上发表题为"A Relational Model of Data for Shared Data Base"的论文，从而开创了数据库系统的新纪元。以后他又连续发表了多篇论文，奠定了关系数据库的理论基础。

20 世纪 70 年代末，关系方法的理论研究和软件系统的研制取得了很大成果，IBM 公司的 San Jose 实验室在 IBM370 系列机上研制的关系数据库实验系统 System R 获得成功。1981 年 IBM 公司又宣布了具有 System R 全部特征的新的数据库软件产品 SQL/DS 问世。同期，美国加州大学伯克利分校也研制了 Ingres 关系数据库实验系统，并由 INGRES 公司发展成为 INGRES 数据库产品。目前，关系数据库系统的研究取得了辉煌的成就，涌现出许多良好的商品化关系数据库管理系统，如著名的 DB2、Oracle、Ingres、Sybase、Informix、SQL Server 等。关系数据库被广泛地应用于各个领域，成为主流数据库。

4.1 关系模型及其三要素

本节以数据模型的三要素为主线，介绍关系结构、关系操作和关系完整性约束的基本概念、内容和特点。

4.1.1 关系数据结构

在关系模型中，无论是实体集，还是实体集之间的联系均由单一的关系表示。由于关系模型是建立在集合代数基础上的，因而一般从集合论角度对关系数据结构进行定义。

1. 关系的数学定义

（1）域（Domain）的定义

域（Domain）是一组具有相同数据类型的值的集合。

例如，整数、正数、负数、{0，1}、{男，女}、{计算机专业，物理专业，外语专业}、计算机系所有学生的姓名等，都可以作为域。

（2）笛卡儿积（Cartesian Product）的定义

给定一组域 $D_1,D_2,\cdots,D_n$，这些域中可以有相同的部分，则 $D_1,D_2,\cdots,D_n$ 的笛卡儿积（Cartesian Product）为

$$D_1 \times D_2 \times \cdots \times D_n = \{(d_1,d_2,\cdots,d_n) \mid d_i \in D_i, i=1,2,\cdots,n\} \qquad (4-1)$$

式中，每一个元素 $(d_1,d_2,\cdots,d_n)$ 称为一个 n 元组（n-Tuple），简称元组（Tuple）。元素中的

每一个值 d_i 称作一个分量（Component）。

若 $D_i(i=1,2,\cdots,n)$ 为有限集，其基数（Cardinal number）为 $m_i(i=1,2,\cdots,n)$，则 $D_1\times D_2\times\cdots\times D_n$ 的基数为

$$M = \prod_{i=1}^{n} m_i \qquad (4-2)$$

笛卡儿积可以表示成一个二维表。表中的每行对应一个元组，表中的每列对应一个域。例如，给出 3 个域：

$D_1 =$ 姓名 $= \{$王平，李丽，张晓刚$\}$

$D_2 =$ 性别 $= \{$男，女$\}$

$D_3 =$ 年龄 $= \{19，20\}$

则 D_1，D_2，D_3 的笛卡儿积为

$D_1\times D_2\times D_3 = \{$（王平，男，19），（王平，男，20），（王平，女，19），（王平，女，20），（李丽，男，19），（李丽，男，20），（李丽，女，19），（李丽，女，20），（张晓刚，男，19），（张晓刚，男，20），（张晓刚，女，19），（张晓刚，女，20）$\}$

式中，（王平，男，19）、（王平，男，20）等是元组；"王平""男""19"等是分量；该笛卡儿积的基数为 3×2×2=12，即 $D_1\times D_2\times D_3$ 一共有 3×2×2 个元组，这 12 个元组可列成一张二维表，如表 4-1 所示。

表 4-1　D_1，D_2，D_3 的笛卡儿积

姓　　名	性　　别	年　　龄
王平	男	19
王平	男	20
王平	女	19
王平	女	20
李丽	男	19
李丽	男	20
李丽	女	19
李丽	女	20
张晓刚	男	19
张晓刚	男	20
张晓刚	女	19
张晓刚	女	20

（3）关系的定义

$D_1\times D_2\times\cdots\times D_n$ 的子集称为在域 $D_1,D_2,\cdots,D_n$ 上的关系（Relation），表示为

$$R(D_1,D_2,\cdots,D_n) \qquad (4-3)$$

式中，R 表示关系的名字；n 是关系的目或度（Degree）。

当 n=1 时，称该关系为单元关系（Unary Relation）；当 n=2 时，称该关系为二元关系（Binary Relation）。关系是笛卡儿积的有限子集，所以关系也是一个二维表。

可以在表 4-1 的笛卡儿积中取出一个子集构造一个学生关系。由于一个学生只有一个性

别和年龄，所以笛卡儿积中的许多元组是无实际意义的。从 $D_1 \times D_2 \times D_3$ 中取出有用的元组，所构造的学生关系如表 4-2 所示。

表 4-2　学生关系

姓　名	性　别	年　龄
王平	男	20
李丽	女	20
张晓刚	男	19

2. 关系中的基本名词

（1）元组

关系表中的每一横行称作一个元组（Tuple），组成元组的元素为分量。数据库中的一个实体或实体间的一个联系均使用一个元组表示。例如，表 4-2 中有 3 个元组，它们分别对应 3 个学生。"王平，男，20" 是一个元组，它由 3 个分量构成。

（2）属性

关系中的每一列称为一个属性（Attribute）。属性具有型和值两层含义：属性的型指属性名和属性取值域；属性值指属性具体的取值。由于关系中的属性名具有标识列的作用，因而同一关系中的属性名（即列名）不能相同。关系中往往有多个属性，属性用于表示实体的特征。例如，表 4-2 中有 3 个属性，它们分别为 "姓名""性别" 和 "年龄"。

（3）候选码和主码

若关系中的某一属性组（或单个属性）的值能唯一地标识一个元组，则称该属性组（或属性）为候选码（Candidate Key）。为数据管理方便，当一个关系有多个候选码时，应选定其中的一个候选码为主码（Primary Key）。当然，如果关系中只有一个候选码，这个唯一的候选码就是主码。例如，假设表 4-2 中没有重名的学生，则学生的 "姓名" 就是该学生关系的主码；若在学生关系中增加 "学号" 属性，则关系的候选码为 "学号" 和 "姓名" 两个，应当选择 "学号" 属性为主码。

（4）全码

若关系的候选码中只包含一个属性，则称它为单属性码；若候选码是由多个属性构成的，则称它为多属性码。若关系中只有一个候选码，且这个候选码中包括全部属性，则这种候选码为全码（All-Key）。全码是候选码的特例，它说明该关系中不存在属性之间相互决定的情况。也就是说，每个关系必定有码（指主码），当关系中没有属性之间相互决定的情况时，它的码就是全码。例如，设有以下关系：

> 学生（学号，姓名，性别，年龄）
> 借书（学号，书号，日期）
> 学生选课（学号，课程）

其中，学生关系的码为 "学号"，它为单属性码；借书关系中 "学号" 和 "书号" 合在一起是码，它是多属性码；学生选课表中的学号和课程相互独立，属性间不存在依赖关系，它的码为全码。

（5）主属性和非主属性

关系中，候选码中的属性称为主属性（Prime Attribute），不包含在任何候选码中的属性称为非主属性（Non-Key Attribute）。

3．数据库中关系的类型

数据库中的关系可以分为基本表、视图表和查询表 3 种类型。这 3 种类型的关系以不同的身份保存在数据库中，其作用和处理方法也各不相同。

（1）基本表

基本表是关系数据库中实际存在的表，是实际存储数据的逻辑表示。

（2）视图表

视图表是由基本表或其他视图表导出的表。视图表是为数据查询方便、数据处理简便及数据安全要求而设计的数据虚表，它不对应实际存储的数据。由于视图表依附于基本表，可以利用视图表进行数据查询，或利用视图表对基本表进行数据维护，但视图本身不需要进行数据维护。

（3）查询表

查询表是指查询结果表或查询中生成的临时表。由于关系运算是集合运算，在关系操作过程中会产生一些临时表，称为查询表。尽管这些查询表是实际存在的表，但其数据可以从基本表中再抽取，且一般不再重复使用，所以查询表具有冗余性和一次性，可以认为它们是关系数据库的派生表。

4．数据库中基本关系的性质

关系数据库中的基本表具有以下 6 个性质。

（1）同一属性的数据具有同质性

同一属性的数据具有同质性是指同一属性的数据应当是同质的数据，即同一列中的分量是同一类型的数据，它们来自同一个域。

例如，学生选课表的结构为：选课（学号，课号，成绩），其成绩的属性值不能有百分制、5 分制或"及格""不及格"等多种取值法，同一关系中的成绩必须统一语义（如都用百分制），否则会出现存储和数据操作错误。

（2）同一关系的属性名具有不能重复性

同一关系的属性名具有不能重复性是指同一关系中不同属性的数据可出自同一个域，但不同的属性要给予不同的属性名。这是由于关系中的属性名是标识列的，如果在关系中有属性名重复的情况，则会产生列标识混乱问题。在关系数据库中由于关系名也具有标识作用，所以允许不同关系中有相同属性名的情况。

例如，要设计一个能存储两科成绩的学生成绩表，其表结构不能为：学生成绩（学号，成绩，成绩），表结构可以设计为：学生成绩（学号，成绩 1，成绩 2）。

（3）关系中的列位置具有顺序无关性

关系中的列位置具有顺序无关性说明关系中的列的次序可以任意交换、重新组织，属性顺序不影响使用。对于两个关系，如果属性个数和性质一样，只有属性排列顺序不同，则这两个关系的结构应该是等效的，关系的内容应该是相同的。由于关系的列顺序对于使用来说是无关紧要的，所以在许多实际的关系数据库产品中增加新属性时，只提供了插至最后一列的功能。

（4）关系具有元组无冗余性

关系具有元组无冗余性是指关系中的任意两个元组不能完全相同。由于关系中的一个元组表示现实世界中的一个实体或一个具体联系，元组重复则说明一个实体重复存储。实体重复不仅会增加数据量，还会造成数据查询和统计的错误，产生数据不一致的问题，所以数据库中应当绝对避免元组重复现象，确保实体的唯一性和完整性。

（5）关系中的元组位置具有顺序无关性

关系中的元组位置具有顺序无关性是指关系元组的顺序可以任意交换。在使用中可以按各种排序要求对元组的次序重新排列，例如，对学生表的数据可以按学号升序、按年龄降序、按所在系或按姓名笔画多少重新调整，由一个关系可以派生出多种排序表形式。由于关系数据库技术可以使这些排序表在关系操作时完全等效，而且数据排序操作比较容易实现，所以不必担心关系中元组排列的顺序会影响数据操作或影响数据输出形式。基本表的元组顺序无关性保证了数据库中的关系无冗余性，减少了不必要的重复关系。

（6）关系中每一个分量都必须是不可分的数据项

关系模型要求关系必须是规范化的，即要求关系模式必须满足一定的规范条件。关系规范条件中最基本的一条就是关系的每一个分量必须是不可分的数据项，即分量是原子量。

例如，表 4-3 中的成绩分为 C 语言和 Pascal 语言两门课的成绩，这种组合数据项不符合关系规范化的要求，这样的关系在数据库中是不允许存在的，正确的设计格式如表 4-4 所示。

表 4-3 非规范化的关系结构

姓　　名	所　在　系	成　绩	
		C	Pascal
李明	计算机	63	80
刘兵	信息管理	72	65

表 4-4 修改后的关系结构

姓　　名	所　在　系	C 成绩	Pascal 成绩
李明	计算机	63	80
刘兵	信息管理	72	65

5．关系模式的定义

关系的描述称为关系模式（Relation Schema）。关系模式可以形式化地表示为

$$R(U,D,Dom,F) \tag{4-4}$$

式中，R 为关系名，它是关系的形式化表示；U 为组成该关系的属性集合；D 为属性集合 U 中属性所来自的域；Dom 为属性向域的映像的集合；F 为属性间数据的依赖关系集合。

有关属性间的数据依赖问题将在以后的章节中专门讨论，本章中的关系模式仅涉及关系名、各属性名、域名和属性向域映像 4 部分。

关系模式通常可以简单记为

$$R(U) \quad 或 \quad R(A_1,A_2,\cdots,A_n) \tag{4-5}$$

式中，R 为关系名；$A_1,A_2,\cdots,A_n$ 为属性名；域名及属性向域的映像常常直接说明为属性的类型、长度。

关系模式是关系的框架或结构。关系是按关系模式组织的表格，关系既包括结构也包括其数据（关系的数据是元组，也称为关系的内容）。一般讲，关系模式是静态的，关系数据库一旦定义后其结构不能随意改动；而关系的数据是动态的，关系内容的更新属于正常的数据操作，随时间的变化，关系数据库中的数据需要不断增加、修改或删除。

6．关系数据库

在关系数据库中（Relation Database），实体集及实体间的联系都是用关系来表示的。在某一应用领域中，所有实体集及实体之间联系所形成关系的集合就构成了一个关系数据库。关系数据库也有型和值的区别。关系数据库的型称为关系数据库模式，它是对关系数据库的描述，包括若干域的定义及在这些域上定义的若干关系模式。关系数据库的值是这些关系模

式在某一时刻对应关系的集合，也就是所说的关系数据库的数据。

4.1.2 关系操作概述

关系模型与其他数据模型相比，最具有特色的是关系数据操作语言。关系操作语言灵活方便，表达能力和功能都非常强大。

1．关系操作的基本内容

关系操作包括数据查询、数据维护和数据控制三大功能。数据查询指数据检索、统计、排序、分组及用户对信息的需求等功能；数据维护指数据增加、删除和修改等数据自身更新的功能；数据控制是为了保证数据的安全性和完整性而采用的数据存取控制及并发控制等功能。关系操作的数据查询和数据维护功能使用关系代数中的选择（Select）、投影（Project）、连接（Join）、除（Divide）、并（Union）、交（Intersection）、差（Difference）和广义笛卡儿积（Extended Cartesian Product）8 种操作表示，其中前 4 种为专门的关系运算，而后 4 种为传统的集合运算。在关系代数运算中，5 种基本运算为并、差、选择、投影和乘积。

2．关系操作的特点

关系操作具有以下 3 个明显的特点。

（1）关系操作语言操作一体化

关系语言具有数据定义、查询、更新和控制一体化的特点。关系操作语言既可以作为宿主语言嵌入到主语言中，又可以作为独立语言交互使用。关系操作的这一特点使得关系数据库语言容易学习，使用方便。

（2）关系操作的方式是一次一集合方式

其他系统的操作是一次一记录（record-at-a-time）方式，而关系操作的方式则是一次一集合（set-at-a-time）方式，即关系操作的初始数据、中间数据和结果数据都是集合。关系操作数据结构单一的特点，虽然能够使其利用集合运算和关系规范化等数学理论进行优化和处理关系操作，但同时又使得关系操作与其他系统配合时产生了方式不一致的问题，即需要解决关系操作的一次一集合与主语言一次一记录处理方式的矛盾。

（3）关系操作语言是高度非过程化的语言

关系操作语言具有强大的表达能力。例如，关系查询语言集检索、统计、排序等多项功能为一条语句，它等效于其他语言的一大段程序。用户使用关系语言时，只需要指出做什么，而不需要指出怎么做，数据存取路径的选择、数据操作方法的选择和优化都由 DBMS 自动完成。关系语言的这种高度非过程化的特点使得关系数据库的使用非常简单，关系系统的设计也比较容易，这种优势是关系数据库能够被用户广泛接受和使用的主要原因。

关系操作能够具有高度非过程化特点的原因有两条。

1）关系模型采用了最简单的、规范的数据结构。

2）它运用了先进的数学工具——集合运算和谓词运算，同时又创造了几种特殊关系运算——投影、选择和连接运算。

关系运算可以对二维表（关系）进行任意的分割和组装，并且可以随机地构造出各式各样用户所需要的表格。当然，用户并不需要知道系统在里面是怎样分割和组装的，只需要指出所用到的数据及限制条件。然而，对于一个系统设计者和系统分析员来说，只知道面上的内容还不够，还必须了解系统内部的情况。

3. 关系操作语言的种类

关系操作语言可以分为以下 3 类。

（1）关系代数语言

关系代数语言是用对关系的运算来表达查询要求的语言。ISBL（Information System Base Language）为关系代数语言的代表。

（2）关系演算语言

关系演算语言是用查询得到的元组应满足的谓词条件来表达查询要求的语言。关系演算语言又可以分为元组演算语言和域演算语言两种：元组演算语言的谓词变元的基本对象是元组变量；域演算语言的谓词变元的基本对象是域变量，QBE（Query By Example）是典型的域演算语言。

（3）基于映像的语言

基于映像的语言是具有关系代数和关系演算双重特点的语言。SQL（Structure Query Language）是基于映像的语言，包括数据定义、数据操作和数据控制 3 种功能，具有语言简洁，易学易用的特点，它是关系数据库的标准语言和主流语言。

4.1.3 关系的完整性

关系模型的完整性规则是对关系的某种约束条件。关系模型中有 3 类完整性约束：实体完整性、参照完整性和用户定义的完整性。其中实体完整性和参照完整性是关系模型必须满足的完整性约束条件，应该由关系系统自动支持。

1. 关系模型的实体完整性

关系模型的实体完整性（Entity Integrity）规则为：若属性 A 是基本关系 R 的主属性，则属性 A 的值不能为空值。实体完整性规则规定基本关系的所有主属性都不能取空值，而不仅是主码不能取空值。对于实体完整性规则，说明如下。

（1）实体完整性能够保证实体的唯一性

实体完整性规则是针对基本表而言的，由于一个基本表通常对应现实世界的一个实体集（或联系集），而现实世界中的一个实体（或一个联系）是可区分的，它在关系中以码作为实体（或联系）的标识，主属性不取空值就能够保证实体（或联系）的唯一性。

（2）实体完整性能够保证实体的可区分性

空值不是空格值，它是跳过或不输入的属性值，用 "Null" 表示，空值说明 "不知道" 或 "无意义"。如果主属性取空值，就说明存在某个不可标识的实体，即存在不可区分的实体，这不符合现实世界的情况。

例如，在学生表中，由于 "学号" 属性是码，则 "学号" 值不能为空值；学生的其他属性可以是空值，如 "年龄" 值或 "性别" 值如果为空，则表明不清楚该学生的这些特征值。

2. 关系模型的参照完整性

（1）外码和参照关系

设 F 是基本关系 R 的一个或一组属性，但不是关系 R 的主码（或候选码）。如果 F 与基本关系 S 的主码 K_s 相对应，则称 F 是基本关系 R 的外码（Foreign Key），并称基本关系 R 为参照关系（Referencing Relation），基本关系 S 为被参照关系（Referenced Relation）或目标关系（Target Relation）。需要指出的是，外码并不一定要与相应的主码同名。不过，在实际应用中，为了便于识别，当外码与相应的主码属于不同关系时，往往给它们取相同的名字。

例如，"基层单位数据库"中有"职工"和"部门"两个关系，其关系模式如下。

职工（<u>职工号</u>，姓名，工资，性别，部门号）
部门（<u>部门号</u>，名称，领导人号）

其中，主码用下划线标出，外码用曲线标出。

在职工表中，部门号不是主码，但部门表中部门号为主码，则职工表中的部门号为外码。对于职工表来说部门表为参照表。同理，在部门表中领导人号（实际为领导人的职工号）不是主码，它是非主属性，而在职工表中职工号为主码，则部门表中的领导人号为外码，职工表为部门表的参照表。

再如，在学生课程库中，有学生，课程和选修 3 个关系，其关系模式表示如下。

学生（<u>学号</u>，姓名，性别，专业号，年龄）
课程（<u>课程号</u>，课程名，学分）
选修（<u>学号</u>，<u>课程号</u>，成绩）

其中，主码用下划线标出。

在选修关系中，学号和课程号合在一起为主码。单独的学号或课程号仅为关系的主属性，而不是关系的主码。由于在学生表中学号是主码，在课程表中课程号也是主码，因此，学号和课程号为选修关系中的外码，而学生表和课程表为选修表的参照表，它们之间要满足参照完整性规则。

（2）参照完整性规则

关系的参照完整性规则是：若属性（或属性组）F 是基本关系 R 的外码，它与基本关系 S 的主码 K_s 相对应（基本关系 R 和 S 不一定是不同的关系），则对于 R 中每个元组在 F 上的值必须取空值（F 的每个属性值均为空值）或者等于 S 中某个元组的主码值。

例如，对于上述职工表中"部门号"属性只能取下面两类值：空值，表示尚未给该职工分配部门；非空值，该值必须是部门关系中某个元组的"部门号"值。一个职工不可能分配到一个不存在的部门中，即被参照关系"部门"中一定存在一个元组，它的主码值等于该参照关系"职工"中的外码值。

（3）用户定义的完整性

任何关系数据库系统都应当具备实体完整性和参照完整性。另外，由于不同的关系数据库系统有着不同的应用环境，所以它们要有不同的约束条件。用户定义的完整性就是针对某一具体关系数据库的约束条件，它反映某一具体应用所涉及的数据必须满足的语义要求。关系数据库管理系统应提供定义和检验这类完整性的机制，以便能用统一的方法处理它们，而不是由应用程序承担这一功能。例如，学生考试的成绩必须在 0～100 之间，在职职工的年龄不能大于 60 岁等，都是针对具体关系提出的完整性条件。

4.2 关系代数

关系代数是一种抽象的查询语言，是关系数据操纵语言的一种传统表达方式，它是用对关系的运算来表达查询的。

关系代数的运算对象是关系，运算结果亦为关系。关系代数所使用的运算符包括 4 类：集合运算符、专门的关系运算符、比较运算符和逻辑运算符。

1）集合运算符：∪（并运算），－（差运算），∩（交运算），×（广义笛卡儿积）。

2）专门的关系运算符：σ（选择），π（投影），⋈（连接），÷（除）。

3）比较运算符：＞（大于），≥（大于等于），＜（小于），≤（小于等于），=（等于），≠（不等于）。

4）逻辑运算符：¬（非），∧（与），∨（或）。

关系代数可分为传统的集合运算和专门的集合运算两类操作。传统的集合运算将关系看成元组的集合，其运算是从关系的"水平"方向（即行的角度）来进行；而专门的关系运算不仅涉及行而且还涉及列。比较运算符和逻辑运算符用于专门的关系运算。

任何一种运算都是将一定的运算符作用于指定的运算对象上，从而得到预期的运算效果。所以，运算对象、运算符和运算结果是关系运算的三大要素。

4.2.1 传统的集合运算

传统的集合运算是二目运算，它包括并、差、交和广义笛卡儿积 4 种运算。

设关系 R 和 S 具有相同的目 n（即两个关系都有 n 个属性），且相应的属性取自同一个域，则定义并、差、交等运算如下。

1．并运算

关系 R 与关系 S 的并运算（Union）表示为

$$R \cup S = \{t \mid t \in R \vee t \in S\} \tag{4-6}$$

式中，R 和 S 并的结果仍为 n 目关系，其数据由属于 R 或属于 S 的元组组成。

2．差运算

关系 R 与关系 S 的差运算（Difference）为

$$R - S = \{t \mid t \in R \wedge t \notin S\} \tag{4-7}$$

式中，R 和 S 差运算的结果关系仍为 n 目关系，其数据由属于 R 而不属于 S 的所有元组组成。

3．交运算

关系 R 与关系 S 的交运算（Intersection）为

$$R \cap S = \{t \mid t \in R \wedge t \in S\} \tag{4-8}$$

式中，R 和 S 交运算的结果关系仍为 n 目关系，其数据由既属于 R 同时又属于 S 的元组组成。

关系的交可以用差来表示，即

$$R \cap S = R - (R - S) \tag{4-9}$$

4．广义笛卡儿积运算

设两个分别为 n 目和 m 目的关系 R 和 S，它们的广义笛卡儿积（Extended Cartesian Product）是一个（n+m）目的元组集合。元组的前 n 列是关系 R 的一个元组，后 m 列是关系 S 的一个元组。若 R 有 k_1 个元组，S 有 k_2 个元组，则关系 R 和关系 S 的广义笛卡儿积应当有 $k_1 \times k_2$ 个元组。

R 和 S 的笛卡儿积表示为

$$R \times S = \{\overbrace{t_r \ t_s} \mid t_r \in R \wedge t_s \in S\} \tag{4-10}$$

例如，给出关系 R 和 S 的原始数据，它们之间的并、交、差和广义笛卡儿积运算结果如表 4-5 所示。

表 4-5 传统集合运算的实例

R		
A	B	C
a_1	b_1	c_1
a_1	b_2	c_2
a_2	b_2	c_1

S		
A	B	C
a_1	b_2	c_2
a_1	b_3	c_2

R∪S		
A	B	C
a_1	b_1	c_1
a_1	b_2	c_2
a_2	b_2	c_1
a_1	b_3	c_2

R−S		
A	B	C
a_1	b_1	c_1
a_2	b_2	c_1

R×S					
R.A	R.B	R.C	S.A	S.B	S.C
a_1	b_1	c_1	a_1	b_2	c_2
a_1	b_1	c_1	a_1	b_3	c_2
a_1	b_2	c_2	a_1	b_2	c_2
a_1	b_2	c_2	a_1	b_3	c_2
a_2	b_2	c_1	a_1	b_2	c_2
a_2	b_2	c_1	a_1	b_3	c_2

R∩S		
A	B	C
a_1	b_2	c_2

4.2.2 专门的关系运算

专门的关系运算包括选择、投影、连接和除法运算。为了叙述方便，先引入几个记号。

1．记号说明

（1）关系模式、关系、元组和分量

设关系模式为 $R(A_1,A_2,\cdots,A_n)$，它的一个关系设为 R，$t \in R$ 表示 t 是 R 的一个元组，$t[A_i]$ 则表示元组 t 中相对于属性 A_i 的一个分量。

（2）域列和域列非

若 $A=\{A_{i1},A_{i2},\cdots,A_{ik}\}$，其中 $A_{i1},A_{i2},\cdots,A_{ik}$ 是 $A_1,A_2,\cdots,A_n$ 中的一部分，则 A 称为属性列或域列，$t[A] = \{t[A_{i1}],t[A_{i2}],\cdots,t[A_{ik}]\}$ 表示元组 t 在属性列 A 上诸分量的集合。$\overline{A}$ 则表示 $\{A_1,A_2,\cdots,A_n\}$ 中去掉 $\{A_{i1},A_{i2},\cdots,A_{ik}\}$ 后剩余的属性组，它称为 A 的域列非。

（3）元组连串（Concatenation）

设 R 为 n 目关系，S 为 m 目关系，且 $t_r \in R$，$t_S \in S$，则 $\overset{\frown}{t_r \ t_S}$ 称为元组的连串（Concatenation）。连串是一个（n+m）列的元组，它的前 n 个分量是 R 中的一个 n 元组，后 m 个分量为 S 中的一个 m 元组。

（4）属性的像集（Images Set）

给定一个关系 R(X,Z)，X 和 Z 为属性组。定义当 t[X]=x 时，x 在 R 中的像集（Images Set）为

$$Z_x=\{t[Z]\,|\,t \in R,\ t[X]=x\} \qquad (4\text{-}11)$$

式中，x 在 R 中的像集为 R 中 Z 属性对应分量的集合，而这些分量所对应的元组中的属性组 X 上的值应为 x。

2．专门关系运算的定义

（1）选择运算（Selection）

选择运算（Selection）又称为限制运算（Restriction）。选择运算指在关系 R 中选择满足给定条件的元组，记为

$$\sigma_F(R)=\{t\,|\,t \in R \wedge F(t)='真'\} \qquad (4\text{-}12)$$

式中，F 表示选择条件，它是一个逻辑表达式，取值为"真"或"假"；F 由逻辑运算符￢

（非）、∧（与）和∨（或）连接各条件表达式组成。

条件表达式的基本形式为

$$X_1\theta Y_1 \tag{4-13}$$

式中，θ 是比较运算符，它可以是 >、⩾、<、⩽、=、≠ 中的一种；X_1 和 Y_1 是属性名、常量或简单函数；属性名也可以用它的序号来代替。

选择运算是从关系 R 中选取使逻辑表达式 F 为真的元组。这是从行角度进行的运算。

设学生课程数据库，它包括学生关系、课程关系和选课关系，其关系模式如下。

学生（学号，姓名，年龄，所在系）；
课程（课程号，课程名，学分）；
选课（学号，课程号，成绩）。

用关系代数表示下列操作。

【例 4-1】 用关系代数表示在学生课程数据库中查询计算机系的全体学生的操作。

$$\sigma_{\text{所在系}=\text{'计算机系'}}(\text{学生})$$

或

$$\sigma_{4=\text{'计算机系'}}(\text{学生})$$

【例 4-2】 用关系代数表示在学生课程数据库中查询年龄小于 20 岁的学生的操作。

$$\sigma_{\text{年龄}<20}(\text{学生})$$

或

$$\sigma_{3<20}(\text{学生})$$

（2）投影运算（Projection）

关系 R 上的投影（Projection）是从 R 中选择出若干属性列组成新的关系，记为

$$\pi_A(R)=\{t[A]\,|\,t\in R\} \tag{4-14}$$

式中，A 为 R 中的属性列。

投影操作是从列的角度进行运算。投影操作之后不仅取消了关系中的某些列，而且还可能取消某些元组，因为当取消了某些属性之后，就可能出现重复元组，关系操作将自动取消这些相同的元组。

【例 4-3】 在学生课程数据库中，查询学生的姓名和所在系，即求学生关系在学生姓名和所在系两个属性上的投影操作，表示为

$$\pi_{\text{姓名, 所在系}}(\text{学生})$$

或

$$\pi_{2,4}(\text{学生})$$

在学生课程数据库中，查询学生关系中都有哪些系，即查询关系学生在所在系属性上的投影的操作，表示为

$$\pi_{\text{所在系}}(\text{学生})$$

（3）连接运算（Join）

连接运算（Join）是从两个关系的笛卡儿积中选取属性间满足一定条件的元组，记为

$$R\underset{A\theta B}{\bowtie}S=\{\widehat{t_r t_s}\,|\,t_r\in R\wedge t_s\in S\wedge t_r[A]\theta t_s[B]\} \tag{4-15}$$

式中，A 和 B 分别为 R 和 S 上度数相等且可比的属性组；θ 为比较运算符。

连接运算从 R 和 S 的广义笛卡儿积 R×S 中，选取符合 AθB 条件的元组，即选择在 R 关系中 A 属性组上的值与在 S 关系中 B 属性组上的值满足比较操作 θ 的元组。

连接运算中有两种最为重要，也最为常用的连接：一种是等值连接；另一种是自然连接

（Natural Join）。当 θ 为 "=" 时，连接运算称为等值连接。等值连接是从关系 R 和 S 的广义笛卡儿积中选取 A 和 B 属性值相等的那些元组。等值连接表示为：

$$R\underset{A=B}{\bowtie}S=\{\widehat{t_r\ t_s}|t_r\in R\wedge t_s\in S\wedge t_r[A]=t_s[B]\} \tag{4-16}$$

自然连接（Natural Join）是一种特殊的等值连接，它要求两个关系中进行比较的分量必须是相同的属性组（例如 A），并且在结果中把重复的属性列去掉。若 R 和 S 具有相同的属性组 $t_r[A]=t_s[B]$，则它们的自然连接可表示为

$$R\bowtie S=\{\widehat{t_r\ t_s}|t_r\in R\wedge t_s\in S\wedge t_r[A]=t_s[A]\} \tag{4-17}$$

一般的连接操作是从行的角度进行运算，但自然连接还需要取消重复列，所以它是同时从行和列两种角度进行运算的。

【例 4-4】 设学生和选课关系中的数据如下，学生与选课之间的笛卡儿积、等值连接和自然连接的结果，如表 4-6 所示。

表 4-6 关系间的笛卡儿积、等值连接和自然连接的结果

学生

学 号	姓 名	年 龄	所 在 系
98001	张三	20	计算机系
98005	李四	21	数学系

选课

学 号	课 程 名	成 绩
98001	数据库	62
98001	数据结构	73
98005	微积分	80

学生×选课

学生.学号	姓 名	年 龄	所 在 系	选课.学号	课 名	成 绩
98001	张三	20	计算机系	98001	数据库	62
98001	张三	20	计算机系	98001	数据结构	73
98001	张三	20	计算机系	98005	微积分	80
98005	李四	21	数学系	98001	数据库	62
98005	李四	21	数学系	98001	数据结构	73
98005	李四	21	数学系	98005	微积分	80

学生 $\bowtie$ 选课

学生.学号=选课.学号

学生.学号	姓 名	年 龄	所 在 系	选课.学号	课 名	成 绩
98001	张三	20	计算机系	98001	数据库	62
98001	张三	20	计算机系	98001	数据结构	73
98005	李四	21	数学系	98005	微分	80

学生 $\bowtie$ 选课

学生.学号	姓 名	年 龄	所 在 系	课 名	成 绩
98001	张三	20	计算机系	数据库	62
98001	张三	20	计算机系	数据结构	73
98005	李四	21	数学系	微积分	80

（4）除运算

给定关系 R（X，Y）和 S（Y，Z），其中 X，Y，Z 为属性组。R 中的 Y 与 S 中的 Y 可以有不同的属性名，但必须出自相同的域集。R 与 S 的除运算（Division）得到一个新的关系 P（X），P 是 R 中满足下列条件的元组在 X 属性列上的投影：元组在 X 上的分量值 x 的

像集 Y_x 包含 S 在 Y 上的投影，即

$$R \div S = \{t_r[X] \mid t_r \in R \wedge \pi_Y(S) \subseteq Y_x\} \qquad (4-18)$$

式中，Y_x 为 x 在 R 中的像集，$x = t_r[X]$。

除操作是同时从行和列的角度进行运算的。在进行除运算时，将被除关系 R 的属性分成两部分：与除关系相同的部分 Y 和不同的部分 X。在被除关系中按 X 值分组，即相同 X 值的元组分为一组。除法的运算是求包括除关系中全部 Y 值的组，这些组中的 X 值将作为除结果的元组。

根据关系运算的除法定义，不难得出它的运算求解步骤。关系除法运算分下面 4 步进行。

1）将被除关系的属性分为像集属性和结果属性两部分：与除关系相同的属性属于像集属性，不相同的属性属于结果属性。

2）在除关系中，对与被除关系相同的属性（像集属性）进行投影，得到除目标数据集。

3）将被除关系分组，分组原则是，结果属性值一样的元组分为一组。

4）逐一考察每个组，如果它的像集属性值中包括除目标数据集，则对应的结果属性值应属于该除法运算结果集。

例如，给出选课、选修课和必修课 3 个关系，它们的关系模式为

选课（学号，课号，成绩）
选修课（课号，课名）
必修课（课号，课名）

表 4-7 中，列出了被除关系"选课"数据及其除运算分组情况，列出了选修课和必修课的数据。

"选课÷选修课"运算结果如表 4-7 所示。

表 4-7　关系除运算实例 1

选课

	学号	课号	成绩
①	S1	C1	A
②	S1	C2	B
	S1	C3	B
③	S2	C1	A
④	S2	C3	B
⑤	S3	C1	B
	S3	C3	B
⑥	S4	C1	A
	S4	C2	A
	S5	C2	B
⑦	S5	C3	B
⑧	S5	C1	A

右边分组：① {S1 C1, S1 C2, S1 C3}；② {S2 C1, S2 C3}；③ {S3 C1, S3 C3}；④ {S4 C1, S4 C2}；⑤ {S5 C2, S5 C3, S5 C1}

选修课

课号	课名
C2	计算机图形学

必修课

课号	课名
C1	数据结构
C3	操作系统

选课÷选修课

学号	成绩
S1	B
S4	A
S5	B

注：表中，选课表左边大括号和数码①～⑧为按"选课÷必修课"运算对选课表的元组进行分组及编码的结果；选课表右边大括号和数码①～⑤为按"$\pi_{学号，课号}$（选课）÷必修课"运算对选课表元组分组及编码的结果。

对表 4-7 中"选课÷选修课"的运算结果作以下几点说明。

1）"选课÷选修课"运算的意义是：在选课表中查找选择了选修表中给定的全部课（本例只有 C2 一门课），且成绩一样的学生的学号和成绩。

2）由于选课表和选修课表中有共同的属性"课号"，所以它们能够进行除法运算，否则它们将不能进行除法操作。

3）由于被除关系（选课）中与除关系（选修课）不同的属性是学号和成绩，所以除法运算的结果表中仅含学号和成绩两个属性。

4）除法操作执行的结果是求那些像集中包含除关系（选修课）中"课号"的全部值的学号和成绩。

表 4-8 为"选课÷必修课"及"$\pi_{学号,\ 课号}$（选课）÷必修课"的运算结果。

表 4-8　关系除运算实例 2

选课÷必修课

学号	成绩
S3	B

$\pi_{学号,\ 课号}$（选课）÷必修课

学号
S1
S2
S3
S5

比较表 4-8 中的"选课÷必修课"及"$\pi_{学号,\ 课号}$（选课）÷必修课"的结果，可以看出："选课÷必修课"表示求得选择了必修课表中给定的全部课（"C1"和"C3"课），且成绩一样的学生的学号和成绩。尽管学号为"S1""S2"及"S5"的同学都学了必修课表中规定的"C1"和"C3"课，但由于对应的成绩不一样，故他们均不在"选课÷必修课"的除结果中。如果要表达"求学过必修课中规定的全部课程的学生学号"的查询要求，应先对被除关系（选课）投影，去掉不需要的属性（成绩），再作除法操作，即执行"$\pi_{学号,\ 课号}$（选课）÷必修课"运算。

4.2.3　用关系代数表示检索的例子

下面给出几个应用关系代数进行查询的实例。为了使读者明白解题思路，在每个例题后还附有简要的解题说明。下面的检索例子均基于学生选课库，学生选课库的关系模式为

学生（学号，姓名，性别，年龄，所在系）
课程（课程号，课程名，先行课）
选课（学号，课程号，成绩）

【例 4-5】 求选修了课程号为"C2"课程的学生学号。

$$\pi_{学号}(\sigma_{课程号=\ 'C2'}(选课))$$

解题说明：该题中需要投影和选择两种操作；当需要投影和选择时，应先选择后投影。

【例 4-6】 求选修了课程号为"C2"课的学生学号和姓名。

$$\pi_{学号,\ 姓名}(\sigma_{课程号=\ 'C2'}(选课\bowtie 学生))$$

解题说明：该题通过选课表与学生表的自然连接，得出选课表中学号对应的姓名和其他

学生信息。本题也可以按先选择、再连接的顺序安排操作。

【例 4-7】 求没有选修课程号为"C2"课程的学生学号。

$$\pi_{学号}(学生)-\pi_{学号}(\sigma_{课程号=\,'C2'}(选课))$$

解题说明：该题的求解思路是在全部学号中去掉选修"C2"课程的学生学号，就得出没有选修课程号为"C2"课程的学生学号。由于在减、交、并运算时，参加运算的关系应结构一致，故应当先投影、再执行减操作。应当特别注意的是，由于选择操作为元组操作，本题不能写为

$$\pi_{学号}(\sigma_{课程号\neq\,'C2'}(选课))$$

【例 4-8】 求既选修"C2"课程，又选修"C3"课程的学生学号。

$$\pi_{学号}(\sigma_{课程号=\,'C2'}(选课))\cap\pi_{学号}(\sigma_{课程号=\,'C3'}(选课))$$

解题说明：本题采用先求出选修"C2"课程的学生，再求选修"C3"课程的学生，最后使用了交运算的方法求解，交运算的结果为既选修"C2"又选修"C3"课程的学生。由于选择运算为元组运算，在同一元组中课程号不可能既是"C2"同时又是"C3"，所以该题不能写为

$$\pi_{学号}(\sigma_{课程号='C2'\wedge 课程号='C3'}(选课))$$

【例 4-9】 求选修课程号为"C2"或"C3"课程的学生学号。

$$\pi_{学号)}\sigma_{课程号='C2'}(选课))\cup\pi_{学号}(\sigma_{课程号='C3'}(选课))$$

或

$$\pi_{学号}(\sigma_{课程号='C2'\vee 课程号='C3'}(选课))$$

解题说明：该题可使用并运算，也可以使用选择条件中的或运算表示。

【例 4-10】 求选修了全部课程的学生学号。

$$\pi_{学号,\,课程号}(选课)\div(课程)$$

解题说明：除法运算为包含运算，该题的含义是求学号，要求这些学号所对应的课程号中包括全部课程的课程号。

【例 4-11】 一个学号为"98002"的学生所学过的所有课程可能也被其他学生选修，求这些学生的学号和姓名（求至少选修了学号为"98002"的学生所学过的所有课程的学生的学号和姓名）。

$$\pi_{学号,\,姓名}(\pi_{学号,\,课程号}(选课)\div\pi_{课程号}(\sigma_{学号='98002'}(选课))\bowtie(学生))$$

该题有几个值得注意的问题。

1）除关系和被除关系都为选课表。

2）对除关系的处理方法是先选择后投影。通过选择运算，求出学号为"98002"学生所选课程的元组；通过投影运算，得出除关系的结构。这里，对除关系的投影是必需的。如果不进行投影运算，除关系就会与被除关系的结构一样，将会产生无结果集的问题。

3）在被除关系的投影运算后，该题除运算的结果关系中仅有学号属性。

*4.3 关系演算

关系演算是以数理逻辑中的谓词演算为基础的。以谓词演算为基础的查询语言称为关系演算语言。用谓词演算作为数据库查询语言的思想最早见于 Kuhns 的论文。把谓词演算用于关系数据库语言（即关系演算的概念）是由 E. F. Codd 提出来的。关系演算按谓词变元的不

同分为元组关系演算和域关系演算。

可以证明，关系代数、元组关系演算和域关系演算对关系运算的表达能力是等价的，它们可以相互转换。

4.3.1 元组关系演算

元组关系演算通过元组表达式$\{t|\Phi(t)\}$来表示，其中 t 是元组变量，$\Phi(t)$为元组关系演算公式，$\{t|\Phi(t)\}$表示使 $\Phi(t)$为真的元组集合。元组关系演算公式由原子公式和运算符组成。

1．原子公式

（1）三类原子公式

1）R(t)：表示 t 是 R 中的元组，其中，R 是关系名；t 是元组变量。

2）t[i] θ u[j]：表示元组 t 的第 i 个分量与元组 u 的第 j 个分量满足比较符 θ 条件，其中，t 和 u 是元组变量；θ 是比较运算符。

3）t[i] θ c 或 c θ t[i]：元组 t 的第 i 个分量与常量 c 满足比较符 θ 条件。

（2）约束元组变量和自由元组变量

若在元组关系演算公式中，元组变量前有全称量词∀或存在量词∃，该变量为约束元组变量；否则为自由元组变量。

（3）元组关系演算公式的递归定义

1）每个原子公式都是公式。

2）如果 Φ_1 和 Φ_2 是公式，则 $\Phi_1 \wedge \Phi_2$，$\Phi_1 \vee \Phi_2$，$\neg\Phi_1$ 也是公式。

3）若 Φ 是公式，则$\forall t(\Phi)$和$\exists t(\Phi)$也是公式。$\forall t(\Phi)$表示如果所有 t 都使 Φ 为真，则$\forall t(\Phi)$为真，否则$\forall t(\Phi)$为假；$\exists t(\Phi)$表示如果一个 t 都使 Φ 为真，则$\exists t(\Phi)$为真，否则$\exists t(\Phi)$为假。

4）在元组关系演算公式中，运算符的优先次序为：括号→算术→比较→存在量词、全称量词→逻辑非、与、或。

5）元组关系演算公式是有限次应用上述规则的公式，其他公式不是元组关系演算公式。

2．关系代数用元组关系演算公式表示

（1）并运算

$$R \cup S = \{t|R(t) \vee S(t)\} \tag{4-19}$$

（2）差运算

$$R - S = \{t|R(t) \wedge \neg S(t)\} \tag{4-20}$$

（3）迪卡儿积

$$R \times S = \{t^{(n+m)}|(\exists u^{(n)})(\exists v^{(m)})(R(u) \wedge S(v) \wedge t[1] = u[1] \wedge \cdots$$
$$\wedge t[n] = u[n] \wedge t[n+1] = v[1] \cdots \wedge t[n+m] = v[m]\} \tag{4-21}$$

（4）投影运算

$$\pi_{i1,i2,\cdots,ik}(R) = \{t^{(k)}|(\exists u)(R(u) \wedge t[1] = [i1] \wedge \cdots t[k] = u[ik]\} \tag{4-22}$$

（5）选择运算

$$\sigma_F(R) = \{t|\ R(t) \wedge F\} \tag{4-23}$$

4.3.2 域关系演算

域关系演算以元组变量的分量（即域变量）作为谓词变元的基本对象。在关系数据库

中，关系的属性名可以视为域变量。域演算表达式的一般形式为 $\{t_1 t_2 \cdots t_k | \Phi(t_1,t_2,\cdots,t_k)\}$，其中 $t_1,t_2,\cdots,t_k$ 分别为域变量，Φ 为域演算公式。域演算公式由原子公式和运算符组成。

1. 原子公式

（1）三类原子公式

1）$R(t_1,t_2,\cdots,t_k)$：表示由分量 $t_1,t_2,\cdots,t_k$ 组成的元组属于关系 R，其中，R 是 k 元关系，t_i 是域变量或常量。

2）$t_i \theta u_j$：表示 t_i，u_j 满足比较条件 θ，其中，t_i，u_j 为域变量，θ 为算术比较符。

3）$t_i \theta c$ 或 $c \theta t_i$：表示 t_i 和 c 满足比较条件 θ，其中，t_i 是域变量，c 为常量。

（2）约束域变量和自由域变量

若在域关系演算公式中，域变量前有全称量词∀或存在量词∃，该变量为约束域变量；否则为自由域变量。

2. 域关系演算公式的递归定义

1）每个原子公式都是公式。

2）如果 Φ_1 和 Φ_2 是公式，则 $\Phi_1 \wedge \Phi_2$，$\Phi_1 \vee \Phi_2$，$\neg \Phi_1$ 也是公式。

3）若 Φ 是公式，则 $\forall t_i(\Phi)$ 和 $\exists t_i(\Phi)$（i=1,2,3···,k）也是公式。

4）域关系演算公式的运算符的优先次序为：括号→算术→比较→存在量词、全称量词→逻辑非、与、或。

5）域关系演算公式是有限次应用上述规则的公式，其他公式不是域关系演算公式。

*4.4 域关系演算语言 QBE

QBE（Query By Example，通过例子进行查询）是一种域关系演算的关系语言，同时也指使用此语言的关系数据库管理系统。

4.4.1 QBE 特点和操作方法

QBE 由 M. M. Zloof 于 1975 年提出，并于 1978 年在 IBM370 上得以实现。

1. QBE 的特点

（1）QBE 是交互式语言

QBE 操作方式非常特别。它是一种高度非过程化的基于屏幕表格的查询语言，用户通过终端屏幕编辑程序以填写表格的方式构造查询要求，而查询结果也是以表格形式显示的。

（2）QBE 是表格语言

QBE 是在显示屏幕的表格上进行查询，所以具有"二维语法"的特点，而其他语言的语法则是线性的。

（3）QBE 是基于例子的查询语言

QBE 的意思就是通过例子查询，它的操作方式对用户来讲容易掌握，特别为缺乏计算机和数学知识的非计算机专业人员乐于接受。

使用 QBE 语言时，用户先向系统调用一张或几张空白表格，显示在终端上。然后，用户输入关系名。系统接收后，在空白表格的第一行从左至右依次显示该关系名和它们的各个属性名。最后，用户就可以通过填表方法进行查询或其他数据操作。

2. 操作的方法和步骤

QBE 中用示例元素来表示查询结果可能的例子，示例元素实质上就是域变量。下面仍以学生课程数据库为例，说明 QBE 的用法。学生选课数据库的数据模型为

学生（学号，姓名，性别，年龄，所在系）
课程（课程号，课程名，先行课）
选课（学号，课程号，成绩）

例如，求"数学系"的所有学生的姓名，具体操作步骤如下。

1）用户提出要求。

2）机器屏幕上显示如下表所示的空白表格。

3）用户在最左上角一栏输入关系名学生，如下表所示。

学生					

4）屏幕上会显示所输入关系的所有属性名。本例中显示学生关系中的 5 个属性：学号、姓名、性别、年龄和所在系。

学生	学号	姓名	性别	年龄	所在系

5）用户在表格上面提出查询要求。

学生	学号	姓名	性别	年龄	所在系
		P.T			数学系

表中，T 是示例元素，即域变量，QBE 中要求示例元素下面必须加下划线；数学系是查询条件，不需要加下划线；"P."是操作符，表示打印（Print），实际上是显示；查询条件中可以使用比较运算符 >、≥、<、≤、=、≠，其中=可以省略。

示例元素是这个域中可能的一个值，不必是查询结果中的元素。如果要求表示数学系的学生，只要给出任意的一个学生名即可，而不必一定要是数学系的某个学生名。本例姓名也可用"王勇"表示，如下表所示。

学生	学号	姓名	性别	年龄	所在系
		P.王勇			数学系

表中的查询条件是"所在系='数学系'"，其中的"="被省略了。

6）屏幕显示查询结果。

4.4.2 数据检索操作

1. 简单查询

简单查询是只涉及一个表，且无查询条件的查询。

【例4-12】 查询全部学生的信息。

学生	学号	姓名	性别	年龄	所在系
	P.98005	P.王勇	P.男	P.19	P.数学系

2．条件查询

【例4-13】 求年龄小于19岁的学生姓名。

学生	学号	姓名	性别	年龄	所在系
		P.王勇		<19	

解题说明：在任何操作数前都可以加"P."，它表示要求打印项。

【例4-14】 求数学系年龄大于18岁的学生的学号。

学生	学号	姓名	性别	年龄	所在系
	P.98005			>18	数学系

【例4-15】 查询数学系或者年龄大于18岁的学生的学号。

学生	学号	姓名	性别	年龄	所在系
	P.98004			>18	
	P.98005				数学系

　　对于多行条件的查询，先输入哪一行是任意的，查询结果相同。这就允许查询者以不同的思考方式进行查询，十分灵活、自由。如果查询是在一个属性中的"与"关系，它只能用"与"条件的第二种方法表示，即写两行，但示例元素相同。

【例4-16】 查询既选修了"C1"号课程又选修了"C2"号课程的学生学号。

选课	学号	课程号	成绩
	P.98005	C1	
	P.98005	C2	

3．涉及多个关系的查询

涉及关系的查询可以把几个关系通过某一属性连接。

【例4-17】 查询选修"C2"课程的学生姓名。

学生	学号	姓名	性别	年龄	所在系
	98005	P.王勇			

选课	学号	课程号	成绩
	98005	C2	

本例中，示例元素学号是连接属性，其值在两个表中要相同。

4．用逻辑非的查询

在QBE中表示逻辑非的方法是将逻辑非写在关系名的下面。

【例4-18】 查询没有选修"C2"课程的学生姓名。

学生	学号	姓名	性别	年龄	所在系
	98005	P.王勇			

选课	学号	课程号	成绩
¬	98005	C2	

本例中，逻辑非操作符写在关系名下面，这个查询就是打印学生名字，而该生选修"C2"号课程的情况为假。

5. 在一个表内连接的查询

【例 4-19】 求有两个以上的人选修的课程号。

选课	学号	课程号	成绩
	98005	P.C1	
	¬ 98005	C1	

本例中，打印这样的课程号（示例元素为 C1），它不仅被某学生（示例元素为 98005）选修，而且其他学生（¬98005）也选修了该课程。

6. 使用函数查询

QBE 提供如下主要集函数。

CNT：统计元组数。

SUM：求数值表达式的总和。

AVG：求数值表达式的平均值。

MAX：求表达式中的最大值。

MIN：求表达式中的最小值。

【例 4-20】 求计算机系学生的平均年龄。

学生	学号	姓名	性别	年龄	所在系
				P.AVG.ALL	计算机系

4.4.3 数据维护操作

1. 数据修改操作

修改操作符为"U."。在 QBE 中，关系的主码不允许修改，如果要修改某个元组的主码，只能先删除该元组，然后再插入新的主码的元组。

【例 4-21】 把学号为 98005 学生的所在系改为计算机系。

学生	学号	姓名	性别	年龄	所在系
	98005				U.计算机系

【例 4-22】 把学号为 98005 学生的年龄减 1。

学生	学号	姓名	性别	年龄	所在系
	98005			19	
U.	98005			19-1	

例中的 <u>19</u> 为示例元素，而 98005 不是示例元素。

【例 4-23】 把数学系所有学生的年龄都加 1。

学生	学号	姓名	性别	年龄	所在系
	<u>98005</u>			<u>19</u>	数学系
U.	98005			19+1	

2．数据插入操作

插入操作符为 "I"。新插入的元组必须具有码值，而其他属性值可以为空。

【例 4-24】 把计算机系的、学号为 98008、姓名为王五、年龄为 20 的记录存入学生表中。

学生	学号	姓名	性别	年龄	所在系
I.	98008	王五		20	计算机系

3．数据删除操作

删除操作符为 "D."。

【例 4-25】 删除学号为 98008 的学生。

学生	学号	姓名	性别	年龄	所在系
D.	98008				

习题 4

一、简答题

1．试述关系模型的特点和 3 个组成部分。

2．试述关系数据语言的特点和分类。

3．定义并解释下列术语，说明它们之间的联系与区别。

1）主码、候选码、外码。

2）笛卡儿积、关系、元组、属性、域。

3）关系、关系模式、关系数据库。

4．试述关系模型的完整性规则。在参照完整性中，为什么外码属性的值也可以为空？什么情况下才可以为空？

5．试述等值连接与自然连接的区别和联系。

6．简要叙述关系数据库的优点。

7．举例说明关系参照完整性的含义。

8．如何通过定义视图和存取控制保证数据库的安全性。

9．说明视图与基本表的区别和联系。

10．如果某关系的实例满足下列条件之一，要表示该实例，有多少种不同的方法（考虑元组的顺序和属性的顺序）。

1）3 个属性，3 个元组。

2）4 个属性，5 个元组。

3）m 个属性，n 个元组。

11. 对于如下关系 R 和 S，写出 R∩S、R∪S 和 R−S。

关系 R

TeacherNo	TeacherName	TEL	Course
101	王明	62203546	数据结构
202	张华	62209876	经济数学
303	赵娟	62208076	英语

关系 S

TeacherNo	TeacherName	TEL	Course
101	王明	62203546	数据结构
102	孙利	64309876	数据库
104	郭小华	63398076	计算机网络

12. 设有关系 R 和 S，其值如下，试求 $R \bowtie S$、$R \underset{2=1}{\bowtie} S$ 的值。

R 关系

A	B	C
2	4	6
2	5	6
3	4	7
4	4	7

S 关系

D	B	C
3	5	6
2	4	7
2	5	6
2	4	8

13. 对于学生选课关系，其关系模式为

学生（学号，姓名，年龄，所在系）
课程（课程名，课程号，先行课）
选课（学号，课程号，成绩）

用关系代数完成如下查询。

1）求学过数据库课程的学生的姓名和学号。
2）求学过数据库和数据结构的学生的姓名和学号。
3）求没学过数据库课程的学生学号。
4）求学过数据库的先行课的学生学号。

14. 设有一个 SPJ 数据库，包括 S、P、J、SPJ 4 个关系模式：

S（SNO，SNAME，STATUS，CITY）
P（PNO，PNAME，COLOR，WEIGHT）
J（JNO，JNAME，CITY）
SPJ（SNO，PNO，JNO，QTY）

其中，供应商表 S 由供应商代码（SNO）、供应商姓名（SNAME）、供应商状态（STATUS）、供应商所在城市（CITY）组成；零件表 P 由零件代码（PNO）、零件名

（PNAME）、颜色（COLOR）、重量（WEIGHT）组成；工程项目表 J 由工程项目代码（JNO）、工程项目名（JNAME）、工程项目所在城市（CITY）组成；供应情况表 SPJ 由供应商代码（SNO）、零件代码（PNO）、工程项目代码（JNO）、供应数量（QTY）组成，表示某供应商供应某种零件给某工程项目的数量为 QTY。

试用关系代数完成如下查询。

1）求供应工程 J1 零件的供应商号码 SNO。

2）求供应工程 J1 零件 P1 的供应商号码 SNO。

3）求供应工程 J1 零件为红色的供应商号码 SNO。

4）求没有使用天津供应商生产的红色零件的工程号。

5）求至少用了供应商 S1 所供应的全部零件的工程号。

15．设有如下所示的 3 个关系 S(S#,SNAME,AGE,SEX)、C(C#,CNAME,TEACHER)和 SC(S#，C#，GRADE)。

1）用关系代数表达式检索年龄大于 21 岁男学生的学号（S#）和姓名（SNAME）。

2）用关系代数表达式检索全部学生都选修的课程的课程号（C#）和课程名（CNAME）。

3）用关系代数表达式检索籍贯为上海的学生的姓名、学号和选修的课程号。

4）用关系代数表达式检索选修了全部课程的学生姓名和年龄。

5）用元组关系演算表达式检索选修了"程军"老师所授课程之一的学生学号。

6）用元组关系演算表达式检索年龄大于 21 的男生的学号和姓名。

16．某医院病房计算机管理中需要如下信息。

科室：科名，科地址，科电话，医生姓名
病房：病房号，床位号，所属科室名
医生：姓名，职称，所属科室名，年龄，工作证号
病人：病历号，姓名，性别，诊断，主管医生，病房号

其中，一个科室有多个病房、多个医生，一个病房只能属于一个科室，一个医生只属于一个科室，但可负责多个病人的诊治，一个病人的主管医生只有一个。

完成如下设计：

1）设计该计算机管理系统的 E-R 图。

2）将该 E-R 图转换为关系模型结构。

3）指出转换结果中每个关系模式的候选码。

二、选择题

1．设属性 A 是关系 R 的主属性，则属性 A 不能取空值（NULL），这是_____。

    A．实体完整性规则   B．参照完整性规则

    C．用户定义完整性规则   D．域完整性规则

2．下面对于关系的叙述中，_____是不正确的。

    A．关系中的每个属性都是不可分解的

    B．在关系中元组的顺序是无关紧要的

    C．任意的一个二维表都是一个关系

    D．每一个关系只有一种记录类型

3．设关系 R 和 S 的元组个数分别为 100 和 300，关系 T 是 R 与 S 的笛卡儿积，则 T 的

元组个数是_____。

    A. 400   B. 10000

    C. 30000   D. 90000

4. 设关系 R 与关系 S 具有相同的目（或称度），且相对应的属性的值取自同一个域，则 R−(R−S)等于_____。

    A. R∪S   B. R∩S

    C. R×S   D. R−S

5. 关系模式进行投影运算后_____。

    A. 元组个数等于投影前关系的元组数

    B. 元组个数小于投影前关系的元组数

    C. 元组个数小于或等于投影前关系的元组数

    D. 元组个数大于或等于投影前关系的元组数

6. 域关系演算表达式：T={xy|R(xy)∨S(xy)∧y>2}，关系 T 的组成是_____。

    A. 关系 R 和 S 中全部 y>2 的元组组成的关系

    B. 关系 R 的全部元组和 S 中 y>2 的元组组成的关系

    C. 关系 R 和 S 中全部 y>2 的元组的前两个属性组成的关系

    D. 关系 R 的全部元组和 S 中 y>2 的元组的前两个属性组成的关系

7. 关系运算中花费时间可能最长的运算是_____。

    A. 投影   B. 选择   C. 笛卡儿积   D. 连接

8. 假定学生关系是 S(S#,SNAME,SEX,AGE)，课程关系是 C(C#,CNAME,TEACHER)，学生选课关系是 SC(S#,C#,GRADE)。要查找选修"COMPUTER"课程的"女"学生姓名，将涉及关系_____。

    A. S   B. SC,C   C. S,SC   D. S,C,SC

9. 同一个关系模型的任意两个元组值_____。

    A. 不能全同   B. 可全同   C. 必须全同   D. 以上都不是

10. 自然连接是构成新关系的有效方法。一般情况下，当对关系 R 和 S 使用自然连接时，要求 R 和 S 含有一个或多个共有的_____。

    A. 元组   B. 行   C. 记录   D. 属性

11. 从 E-R 模型关系向关系模型转换时，一个 M:N 联系转换为关系模式时，该关系模式的关键字是_____。

    A. M 端实体的关键字

    B. N 端实体的关键字

    C. M 端实体关键字与 N 端实体关键字组合

    D. 重新选取其他属性

12. 集合 R 与 S 的连接可以用关系代数的 5 种基本运算表示为_____。

    A. R−(R−S)   B. $\sigma_F(R×S)$ C. R÷S   D. 空

13. 在关系代数中，对一个关系做投影操作后，新关系的元组个数_____原来关系的元组个数。

    A. 小于   B. 小于或等于   C. 等于   D. 大于

14. 数据库中只存储视图的_____。
    A. 操作　　　　　B. 对应的数据　　　　C. 定义　　　　D. 限制

15. 关系中的"主关键字"不允许取空值是指_____约束规则。
    A. 实体完整性　　　　　　　　　B. 引用完整性
    C. 用户定义的完整性　　　　　　D. 数据完整性

16. 关系数据库管理系统应能实现的专门关系运算包括_____。
    A. 排序、索引、统计　　　　　　B. 选择、投影、连接
    C. 关联、更新、排序　　　　　　D. 显示、打印、制表

17. 在一个关系中如果有这样一个属性存在，它的值能唯一地标识关系中的每一个元组，称这个属性为_____。
    A. 候选码　　　　B. 数据项　　　　C. 主属性　　　　D. 主属性值

18. 一个关系数据库文件中的各条记录_____。
    A. 前后顺序不能任意颠倒，一定要按照输入的顺序排列
    B. 前后顺序可以任意颠倒，不影响库中的数据关系
    C. 前后顺序可以任意颠倒，但排列顺序不同，统计处理的结果就可能不同
    D. 前后顺序不能任意颠倒，一定要按照候选码字段值的顺序排列

19. 自然连接是构成新关系的有效方法。在一般情况下，当对关系 R 和 S 使用自然连接时，要求 R 和 S 含有一个或多个共有的_____。
    A. 元组　　　　B. 行　　　　C. 记录　　　　D. 属性

20. 设关系 R(A,B,C)和 S(B,C,D)，下列各关系代数表达式不成立的是_____。
    A. $\Pi_A(R) \bowtie \Pi_D(S)$　　　　　　B. $R \cup S$
    C. $\Pi_B(R) \cap \Pi_B(S)$　　　　　　D. $R \bowtie S$

21. 在关系代数运算中，5 种基本运算为_____。
    A. 并、差、选择、投影、自然连接　　B. 并、差、交、选择、投影
    C. 并、差、选择、投影、乘积　　　　D. 并、差、交、选择、乘积

22. 设有关系 R，按条件 f 对关系 R 进行选择，正确的是_____。
    A. $R \times R$　　　　B. $R \bowtie_f R$　　　　C. $\sigma_f(R)$　　　　D. $\Pi_f(R)$

23. SQL 语言属于_____。
    A. 关系代数语言
    B. 元组关系演算语言
    C. 域关系演算语言库
    D. 具有关系代数和关系演算双重特点的语言

24. 实体完整性要求主属性不能取空值，这一点可以通过_____来保证。
    A. 定义外码　　　　　　　　　　B. 定义主码
    C. 用户定义的完整性　　　　　　D. 关系系统自动

25. 关系是_____。
    A. 型　　　　　　　　　　　　　B. 静态的
    C. 稳定的　　　　　　　　　　　D. 关系模型的一个实例

26. 设关系 R(A,B,C)和关系 S(B,C,D)，那么与 $R \underset{2=1}{\bowtie} S$ 等价的关系代数表达式是_____。

    A. $\sigma_{2=4}(R \bowtie S)$ B. $\sigma_{2=4}(R \times S)$

    C. $\sigma_{2=1}(R \bowtie S)$ D. $\sigma_{2=1}(R \times S)$

27. 设关系 R 和 S 的结构相同，分别有 m 和 n 个元组，那么 R-S 操作的结果中元组个数为_____。

    A. 为 m-n   B. 为 m   C. 小于等于 m   D. 小于等于（m-n）

28. 元组比较操作（a_1, a_2）>=（b_1, b_2）的意义是_____。

    A. $(a_1>=b_1)AND(a_2>=b_2)$

    B. $(a_1>=b_1)OR((a_1=b_1)AND(a_2>=b_2))$

    C. $(a_1>b_1)AND((a_1=b_1)AND(a_2>=b_2))$

    D. $(a_1>b_1)OR((a_1=b_1)AND(a_2>=b_2))$

29. 设 $W=R \bowtie S$，且 W、R、S 的属性个数分别为 w、r 和 s，那么三者之间应满足_____。

    A. $w \leq r+s$ B. $w<r+s$ C. $w \geq r+s$ D. $w>r+s$

30. 设有关系 R(A,B,C)和关系 S(B,C,D)，那么与 $R \bowtie S$ 等价的关系代数表达式是_____。

    A. $\pi_{1,2,3,4}(\sigma_{2=1 \wedge 3=2}(R \times S))$ B. $\pi_{1,2,3,6}(\sigma_{2=1 \wedge 3=2}(R \times S))$

    C. $\pi_{1,2,3,6}(\sigma_{2=4 \wedge 3=5}(R \times S))$ D. $\pi_{1,2,3,4}(\sigma_{2=4 \wedge 3=5}(R \times S))$

31. 概念结构设计阶段得到的结果是_____。

    A. 数据字典描述的数据需求

    B. E-R 图表示的概念模型

    C. 某个 DBMS 所支持的数据模型

    D. 包括存储结构和存取方法的物理结构

32. 一个实体型转换为一个关系模式。关系的码为_____。

    A. 实体的码   B. 两个实体码的组合

    C. n 端实体的码   D. 每个实体的码

33. 在视图上不能完成的操作是_____。

    A. 更新视图   B. 查询

    C. 在视图上定义新的基本表   D. 在视图上定义新视图

34. 关系数据模型的 3 个组成部分中，不包括_____。

    A. 完整性规则   B. 数据结构

    C. 恢复   D. 数据操作

35. 下列 4 项中，不属于关系数据库特点的是_____。

    A. 数据冗余小   B. 数据独立性高

    C. 数据共享性好   D. 多用户访问

第5章 SQL Server 数据库管理系统

SQL Server 数据库管理系统是 Microsoft 公司推出的关系型网络数据库管理系统，它的工作环境可以是 Windows 的网络操作系统或单机操作系统。SQL Server DBMS 与 Microsoft 公司的其他软件，如 Microsoft Office 或 Microsoft Visual Studio，设计风格一致，并能相互配合。SQL Server DBMS 支持多层客户/服务器结构，具有完善的分布式数据库和数据仓库功能，能够进行分布式事务处理、联机分析处理和报表服务功能。SQL Server DBMS 具有较强的数据库管理功能，提供了一套功能完善且具备可视化界面的管理工具。SQL Server DBMS 还具有强大的网络功能，它与 Internet 高度集成，能够轻易地将 Web 应用程序与企业营运应用程序集成在一起。SQL Server DBMS 支持标准 SQL（Structured Query Language，关系数据库的标准语言），并将标准 SQL 扩展成了更加实用的 Transact-SQL（扩展 SQL，T-SQL）。

目前 SQL Server DBMS 最常用的版本是 SQL Server 2017，本书以 SQL Server 2017 为例介绍 SQL Server DBMS 基本功能及其操作方法。

5.1 SQL Server DBS 体系结构

基于 SQL Server DBMS 的数据库系统为 SQL Server 数据库系统（SQL Server DataBase System，SQL Server DBS），其中的数据库为 SQL Server 数据库（SQL Server DataBase，SQL Server DB），其数据库服务器称为 SQL Server 服务器（简称 SQL 服务器），客户机称为 SQL Server 客户机（SQL 客户机）。

5.1.1 客户机/服务器结构

当把 SQL Server DBMS 安装在计算机中时，数据库存储在本计算机中，而仅让本机的应用程序独自使用，这种结构为桌面型数据库系统。当把 SQL Server DBMS 安装在网络服务器中时，SQL Server DBMS 与网络系统结合，形成客户机/服务器的数据库系统，数据库中的数据为网络中的客户机应用程序共享。

1. 两层 C/S 的结构特点

C/S 是分布式数据库与网络技术相结合的产物。SQL Server DBS 可以有多个 SQL 服务器和数以千计的 SQL 客户机，其系统规模可任意缩放，能够很好地适应企业事务处理的要求。

两层 C/S 数据库系统的结构最简单，包括一个数据库服务器和多个 SQL 客户机。在两层 C/S 数据库系统中，客户机应用程序负责建立用户界面，并通过用户界面让用户向数据库添加、修改、删除和查询数据，即负责向后端机传送和索取数据；数据库服务器执行数据库的存储、检索、管理、安全性及数据备份等工作。显然，这种结构存在着客户机工作负荷过重的问题。

2．N-Tier C/S 的结构特点

为了解决客户机负荷过重的问题，使客户机由负荷型客户机（Thick Client）成为轻便型客户机（Thin Client），需要采用多层 C/S 数据库系统。多层 C/S 数据库系统结构可以简单地分为后端数据库服务器、中间数据库服务器和客户机。其中，中间数据库服务器可以是多层的，可以管理一个或多个独立的数据库，每个中间服务器都是一个独立的实体，能够为客户机或前级服务器提供与自己数据库相关的事务服务和数据预处理工作。后端数据库服务器是中间数据库服务器的后台，能够管理多个中间数据库服务器，并能够提供整个数据库系统的事务管理功能。图 5-1 是三层 C/S 结构模式。

SQL Server DBS 的 C/S 是 N 层体系结构，其中 N 可以是 2、3、4 或更大值。为了表述方便，本书把后端数据库服务器和中间数据库服务器统称为 SQL 服务器。

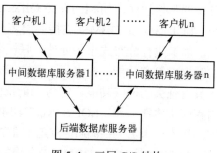

图 5-1　三层 C/S 结构

3．C/S 系统的软件组成

C/S 系统的软件组成包括客户机软件、网络连接和 SQL 服务器软件 3 部分构成。

（1）客户机软件

SQL 客户机用于访问 SQL 服务器及 SQL 服务器管理的 SQL Server DB。客户软件包括 3 个主要内容：客户应用程序软件、数据库应用程序编程接口（Application Programming Interface，API）和网络资源库（Net-Library）。

1）客户应用程序软件。

客户应用软件主要有数据库管理员工具（DBA Tool）、SQL Server 开发工具（SQL Server Developer）和用户界面（User Interfaces）3 种。数据库管理员工具是 SQL Server DBMS 附带的管理工具和用户创建的管理工具，主要数据管理工具是企业管理器（Enterprise Manager），编写管理工具是分布式管理对象 SQL-DMO（SQL Distributed Management Object）；SQL Server 开发工具是指用于编写应用程序和用户界面的编程工具，如 Windows PowerShell 及 .NET Framework，用户界面是使得用户能够直接访问和操作数据库的工具。

2）数据库应用程序编程接口 API。

数据库应用程序编程接口 API 的作用是充当客户应用程序与 SQL Server DBMS 之间的媒介，SQL Server DBMS 支持大量的数据库 API，其中包括 OLE DB、OBDC、DB-Library、ADO 及 ADO.NET、JDBC 及 JSON（JavaScript Object Notation）和数据库连接池技术等。

3）网络链接库（Net-Library）。

网络链接库又称为动态链接库（Dynamic Link Library，DLL），它同时为 SQL 客户机和 SQL 服务器所加载，使客户端和服务器端以一个通用的方式进行通信，实现进程通信（Interprocess Communication，IPC）机制。SQL Server DBMS 支持多种 IPC 机制，包括管道、共享内存和多协议等。

（2）网络连接

大多数情况下，SQL 客户机通过网络同 SQL 服务器进行通信，这就要求 SQL 客户机和 SQL 服务器必须使用相同的传输协议，并且加载相同的 Net-Library（网络链接库）。

（3）SQL 服务器软件

SQL 服务器软件由 Net-Library（网络链接库）、ODS（Open Data Services，开放式数据服务）、Service Broker（SQL 代理服务）、SQL Server Service（SQL 服务器服务）及 Distributed Transaction Service（分布事务管理服务）5 部分构成。

1）网络链接库（Net-Library）。

SQL 客户机和 SQL 服务器都需要一个共用的 Net-Library 进行通信，但 SQL 客户机与 SQL 服务器不同的是：客户机一次只能运行一种 Net-Library；而服务器可同时加载多种 Net-Library，以满足同时与多个不同客户机进行通信的要求。

2）开放式数据服务（Open Data Service，ODS）。

开放式数据服务 ODS 指 SQL 服务器端的编程应用程序接口 API，它用于创建 C/S 同外部应用程序系统和数据资源的集成，充当了网络链接库（Net-Library）和应用程序之间的接口。

3）SQL 代理服务（Service Broker）。

Service Broker 用于设计任务自动处理计划和实施自动处理工作，在执行其数据库管理员自动管理任务时能对可疑问题生成警告，把潜在的 SQL Server 问题传送给数据库管理员，以用于事件检查。Service Broker 主要有以下 4 个管理功能。

- 任务管理（Task Manager）：当发生特定事件时将引起一个或多个指定任务的执行。例如，到达某一时刻，自动执行数据库备份。
- 事件管理（Event Manager）：将事件写入日志文件。
- 警告管理（Alert Manager）：当发生一个特定的事件时，通过电子邮件或页面向指定的个人发送信息。
- 复制管理（Replicates Manager）：管理同步复制进程任务。

4）SQL 服务器服务（SQL Server Service）。

SQL 服务器服务是 SQL Server DBMS 的引擎，它使得用户能够查询、插入、更新和删除数据库中的数据，管理 SQL Server DB 文件，完成 Transact-SQL 语句和存储过程的语言处理和运行的工作，为现有的用户分配资源。

5）分布式任务管理（Distributed Transaction Manager，DTC）。

分布式任务管理可以保证数据的正确性和一致性。例如，在执行事务时，它保证在一台 SQL 服务器上所做的数据修改能在所有 SQL 服务器上全部完成；在事务失败时，它保证在所有相关的 SQL 服务器上回滚，使数据不被破坏。

5.1.2 浏览器/服务器结构

浏览器/服务器结构（Browser/Server，B/S）是随着 Internet 技术的兴起，对 C/S 结构的一种变化或者改进的结构。在 B/S 结构下，用户界面完全通过 WWW 浏览器实现，一部分事务逻辑在前端实现，但是主要事务逻辑在服务器端实现，形成三层 B/S 结构。图 5-2 是三层 B/S 结构模式。其中，浏览器（Browser）是用户输入数据和显示查询结果的交互界面，用户在交互界面中输入数据或查询要求，这些数据或查询要求提交后发送到 Web 服务器，Web 服务器处理数据并转给 SQL Server 数据库服务器，SQL Server 数据库服务器从数据库中提取数据回送给 Web 服务器，Web 服务器将结果插入 HTML 页面，传送给客户机后通过浏览器显示出来。

B/S 结构利用了 WWW 浏览器技术，结合浏览器的多种 Script 语言（如 VB Script、Java Script 等）和 Active X 技术，用通用浏览器实现了原来需要专用软件才能实现的强大功能，并节约了开发成本。这样，使得客户端计算机负荷大大简化（因此被称为瘦客户端），减轻了系统维护、升级的支出成本，降低了用户的总体成本。

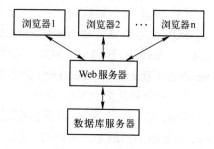

图 5-2 三层 B/S 结构

C/S 结构与 B/S 结构的主要区别如下。

1）硬件环境不同：C/S 结构一般建立在专用的网络上，小范围里的网络环境，局域网之间再通过专门服务器提供连接和数据交换服务；B/S 建立在广域网之上的，不必是专门的网络硬件环境，信息自己管理，一般只要有操作系统和浏览器就行。

2）对安全要求不同：C/S 对服务端和客户端都要考虑安全性能；B/S 因没有客户端，所以只注重服务端安全即可。

3）对程序架构不同：C/S 程序更加注重流程，可以对权限多层次校验，对系统运行速度较少考虑。B/S 对安全及访问速度提升建立在通过更加优化的网络构件搭建系统上，如 SUN 和 IBM 推的 JavaBean 构件技术等，使 B/S 更加成熟。

4）软件重用不同：C/S 程序设计要考虑整体性，构件的重用性不如在 B/S 要求下的重用性好；B/S 要求构件相对独立，能够相对较好地重用。

5）系统维护不同：C/S 程序由于整体性，必须整体考察，处理问题及系统升级较难；B/S 构件更换较容易，用户从网上自己下载安装就可以实现升级，系统维护开销减到最小。

6）处理问题不同：C/S 程序面向的用户固定，在特定的区域，使用指定的操作系统和应用系统；B/S 建立在广域网上，面向不同的用户群，分散地域，使用不同的操作系统平台。

7）用户接口不同：C/S 多是建立在 Windows 平台上的，表现方法有限，对程序员普遍要求较高；B/S 建立在浏览器上，通过 Web 服务或其他公共可识别描述语言，可跨平台，使用更灵活。

5.2 SQL Server 2017 功能简介

SQL Server 2017 DBMS 是 Microsoft 公司推出的关系型网络数据库管理系统，是当今使用最广泛的数据库管理系统之一。

5.2.1 SQL Server 2017 服务器类型

SQL Server 2017 DBMS 包括数据库引擎、Analysis Services（数据分析服务）、Reporting Services（报表服务）和 Integration Services（数据集成服务）4 种服务功能。在连接 SQL Server 服务器时，通过选择服务器类型指定需要的服务功能，如图 5-3 所示。

SQL Server 2017 的服务功能相互联系，其

图 5-3 选择 SQL 服务器类型

体系结构如图 5-4 所示。其中，数据库引擎承担数据管理工作，具有核心服务功能；Analysis Services（数据分析服务）用于在线数据分析，具有数据挖掘功能；Reporting Services（报表服务）可方便地为用户建立各种报表，具有应用拓展功能；Integration Services（数据集成服务）用于接收用户请求并组织任务实施，是一个界面友好的数据集成平台。

1．数据库引擎

数据库引擎是 SQL Server 2017 系统的核心服务组件，其主要工作是存储和处理 SQL Server 格式的数据，提供 XML（Extensible Markup Language，可扩展标记语言）文档数据的服务，并实现安全性和完整性等控制。例如，创建数据库、创建表、创建视图、实现数据查询和访问数据库等操作，都是由数据库引擎完成的。

2．数据分析服务

数据分析服务（Analysis Services）主要用于数据仓库的在线分析处理（Online Analytical Processing，OLAP），实现数据挖掘功能。通过数据分析服务，可以实现对多维数据进行多角度的分析处理，构造数据挖掘模型，实现知识的发现和表示。

3．报表服务

报表服务（Reporting Services）可以将查询结果以多种格式（如 PDF、Excel、Word 等文件格式）的企业报表形式发布或订阅。报表服务组件提供工具或操作平台，帮助用户轻松创建多数据源和复杂布局格式的报表，极大地方便了企业的管理工作。

4．数据集成服务

数据集成服务（Integration Services）是一个面向用户的数据集成平台。数据集成服务负责接受用户的操作要求，调动数据库引擎、数据分析服务和报表服务等组件，控制协同工作，完成有关数据的提取、转换、加载及输出等操作，达到方便和快捷地实现用户操作请求的工作目标。

5.2.2 数据库文件和系统数据库

1．数据库类别

SQL Server 数据库有多种分类方式。按数据模式级别分类，可以分为物理数据库和逻辑数据库；按创建对象来分，则可以分为系统数据库和用户数据库。

（1）逻辑数据库和物理数据库

逻辑数据库中包括用户可视的表或视图，用户利用逻辑数据库的数据库对象访问数据库中的数据。物理数据库由构成数据库的物理文件构成。SQL Server 中包括 3 种物理文件：基本数据文件、辅助数据和日志文件。

1）基本数据文件，也称为主文件。每个数据库中必须有且只能有一个主文件。基本数据文件用于容纳数据库对象，其扩展名为.mdf。

2）辅助数据文件，又称从属文件。当数据库中的数据较多时需要建立辅助数据文件。一个数据库中可以没有，也可以有一个或多个辅助数据文件，其扩展名为 .ndf。

3）日志文件，用于存储数据库日志信息的文件。一个数据库可以有一个或多个日志文件。日志文件的扩展名为 .ldf。

（2）系统数据库和用户数据库

用户数据库是根据管理对象创建的数据库，库中保存着用户需要的数据信息。系统数据库是由系统创建和维护的数据库。系统数据库中记录着 SQL Server DBS 的配置情况、任务情况和用户数据库的情况等系统管理的信息，类似于系统数据字典。

2．系统数据库

SQL Server 主要包括 Master、Msdb、Model 和 Tempdb 四个系统数据库。

1）Master 数据库。Master 数据库的主文件名为 Master.mdf，日志文件名为 Masterlog.ldf。Master 中内含许多系统表，用来跟踪和记录 SQL Server DBMS 相关信息。例如，用户数据库及系统信息、分配给每个数据库的空间大小、正在进行的进程、用户账号、有效锁定、系统错误消息和环境变量等信息。Master 数据库是 SQL Server 最重要的系统数据库。在进行数据备份时，一定要将 Master 数据库的内容和用户数据库一起做备份处理，否则系统不能正常工作。

2）Msdb 数据库。Msdb 数据库的主文件名为 Msdb.dbf，日志文件名为 Msdb.ldf。Msdb数据库中记录着任务计划信息、事件处理信息、数据备份及恢复信息和警告及异常信息。

3）Model 数据库。Model 数据库的主文件名为 Model.mdf，日志文件名为 Model.ldf。Model 数据库是 SQL Server DBMS 为用户数据库提供的样板，新的用户数据库都以 Model数据库为基础。每次创建一个新数据库时，系统先制作一个 Model 数据库复制品，再将这个复制品扩展成要求的规模。

4）Tempdb 数据库。Tempdb 数据库的主文件名和日志文件名分别为 Tempdb.dbf 和Tempdb.ldf。Tempdb 数据库是一个共享的工作空间，SQL Server DBS 中的所有数据库都可以使用它，它为临时表和其他临时工作提供了一个存储区。当用户脱离 Tempdb 数据库时，用户的所有临时表都从 Tempdb 数据库中卸下。当关闭一个数据库服务时，该 SQL 服务器上的 Tempdb 数据库中的内容将全部被清空。

5.2.3　SQL Server 对象资源

SQL Server 对象资源包括服务器对象和数据库对象。服务器对象指具体 SQL 服务器管理的内容，包括数据库、安全性、复制、管理和 SQL Server 代理等，它们以树形结构的文件夹形式组织。数据库对象指具体数据库所管理的内容，包括数据库关系图、表、视图、外部资源、同义词、可编程性、Service Proker、存储和安全性，它们也以树形结构的文件夹形式表示，如图 5-4 所示。

下面介绍几个主要的 SQL Server 管理对象。

1．登录名、用户和角色

登录名是服务器合法用户，用户是具体数据库的合法使用者。角色也称为职能组，分服务器角色和数据库角色。服务器角色是由多个登录组成的职能组。每个服务器角色有一定的服务器操作权限，登录只有加入到服务器角色中，才能获得相关服务器操作权。数据库角色是针对具体数据库，一个数据库可以定义多个角色，一个用户可以成为多个角色中的成员。当数据库的角色获得某种数据库操作权时，角色中的每个用户都具有这种数据操作权。

2．数据库镜像和数据库快照

镜像数据库是源数据库（应用数据库）的备份数据库，数据库快照是源数据库的静态只读视图。客户端可以访问镜像数据库中的数据库快照，实现报表等功能，以减轻源数据库的负荷，提高可用性。如果源数据库损坏了，镜像数据库也可以用于数据库恢复，提高数据库的安全性。

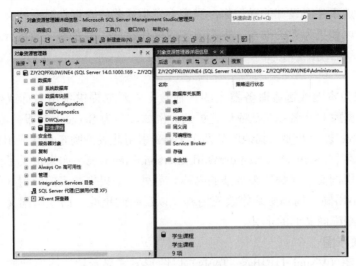

图 5-4　SQL Server 对象资源管理器

3.审核和审核规范

SQL Server 审核是对服务器或数据库的操作（或操作组）进行监视。定义审核时要指定审核结果的输出位置，即审核的目标位置。服务器审核规范是与服务器操作相关的审核操作组，数据库审核规范是与具体数据库级相关的审核操作组。当服务器（或数据库）进行审核相关的操作时，审核结果数据会传到目标位置中。

4.表和视图

表即基本表，是在数据库中存储的实际关系表。一个数据库中的表可多达 20 亿个，每个表中可以有 1024 个列（属性）和无数个行（元组）。视图是为了用户查询方便或根据数据安全的需要而建立的虚表。视图既可以是一个表中数据的子集，也可以由多个表连接而成。

5.索引和约束

索引是用来加速数据访问和保证表的实体完整性的数据库对象。SQL Server 中的索引有聚集索引和非聚集索引两种。聚集索引会使表中数据的物理顺序与索引顺序一致，一个表只能有一个聚集索引。非聚集索引与表中数据的物理顺序无关，一个表可以建立多个非聚集索引。

约束规则用于满足数据的完整约束。SQL Server 基本表可以定义 5 种类型的约束，即 Primary Key（主码约束）、Foreign Key（外码约束）、Unique（唯一性约束）、Check（条件约束）和 Not Null（非空值约束）。

6.存储过程和函数

存储过程是通过 T-SQL 编写的程序段。存储过程包括系统存储过程和用户存储过程两种。系统存储过程是由 SQL Server DBMS 提供的，其过程名均以 SP_开头，涉及一些常用的功能。用户过程是用户根据需要编写的程序段，当调用执行时，系统会完成过程中安排的操作任务。函数也是通过 Transact-SQL 编写的程序段，但函数只能以数据的身份在表达式中出现。

7.触发器

触发器是一种特殊类型的存储过程，主要用于保证数据的动态完整性。触发器包括服务器触发器和表触发器。服务器触发器是为特殊服务器事件而设计的相关操作集。表触发器是为指定表的特殊事件而设计的操作集，当表中发生这些特殊事件时系统会自动执行相对应的触发器。例如，如果为表的插入、更新或删除操作设计了触发器，当执行这些操作时，相应的触发器会自动启动。

8. 同义词

同义词用来为本地或远程服务器上的其他数据库对象提供备用名称或代名称。使用同义词可以避免数据库对象名称混乱或位置更改。例如，名为 Server1 的服务器上有 Adventure Works 的 Employee 表。若要从其他服务器 Server2 引用此表，则客户端应用程序必须使用由 4 个部分构成的名称 Server1.AdventureWorks.Person.Employee，如果定义了同义词，在程序中就可以直接使用同义词代替原来复杂的名称。另外，如果更改表的位置（例如，更改为其他服务器），若不用同义词则必须修改应用程序以反映此更改，而使用同义词后就不必改程序，只需要更改相应同义词的定义。

9. 数据库关系图

数据库关系图（Visual Database Tools）以图形方式显示数据库的结构，是建立数据库的可视化工具。数据库关系图可以清晰表示数据库中的表结构及表间相互关联，如图 5-5 所示。使用数据库关系图可以创建和修改表、列、关系和键，还可以修改索引和约束。

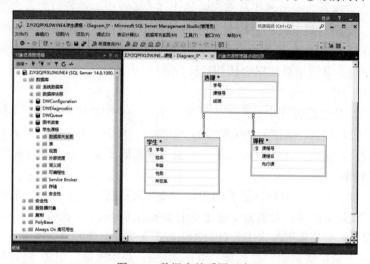

图 5-5　数据库关系图示意

一个数据库可以创建多个数据库关系图，每个表可以出现在多个关系图中。通过创建数据库关系图可以使数据库部分可视化，也可以强调数据库的某一方面的关联。例如，通过创建一个关系图来显示数据库中所有的表及其列的详细情况，另外创建一个关系图显示库中表间的联系。

10. 证书和非对称密钥

证书和非对称密钥是保证数据库安全的措施。证书是数字签名的安全对象，用于保证数据库（数据库镜像）连接时的安全。非对称密钥用于数据加密，以及数据库对象进行数字签名。非对称密钥由私钥和对应的公钥组成。公钥用于加密数据，私钥用于解密数据，使用公钥加密的消息只能使用正确的私钥来解密。私钥是保密的，而公钥可以分发给其他人。

虽然密钥之间具有数学关系，但要想通过公钥推导出私钥却并不容易。由于存在两个不同的密钥，因而这些密钥是"非对称密钥"。

11．数据库架构

顾名思义，架构是框架。数据库架构是单个用户或角色所拥有的数据库对象的集合，是具体用户的数据库视图。通过数据库架构可以将用户使用的对象集命名，逻辑上与整体数据库相对独立，既方便用户使用，也保证了整体数据库的安全。

5.2.4 SQL Server 管理工具

SQL Server 2017 系统提供了多种管理工具，实现了对系统进行快速、高效的管理。这些管理工具中，主要是 SQL Server 集成管理平台（SQL Server Management Studio，SSMS），其他实用工具，如 SQL Server 配置管理器、SQL Server 事件探查器（SQL Server Profiler）、导入和导出数据（Import and Export Data）和数据库引擎优化顾问等，都可以通过 SSMS 平台的工具菜单调出。SSMS 平台的工具菜单如图 5-6 所示。下面分别介绍这些工具的主要作用。

1．SQL Server 集成管理平台（SSMS）

SSMS（SQL Server Management Studio，SQL Server 集成管理平台）是 SQL Server 2017 DBMS 提供的一种集成环境。SSMS 将多种可视化工具和多种功能脚本编辑器合理组合在一起，完成访问、配置、控制、管理和开发 SQL Server 的主要工作，大大方便了用户或数据库管理员对 SQL Server 系统的各种操作。SSMS 启动后主窗口是如图 5-4 所示的 SQL Server 对象资源管理器。SSMS 中常用的管理工具包括"对象资源管理器""已注册的服务器""查询编辑器""模板资源管理器"和"解决方案资源管理器"等，如图 5-6 所示。最常用的"查询编辑器"可以通过 SSMS 的菜单按钮调出，其他管理器则可以通过选择顶层的"视图"菜单来调用。"视图"菜单内容如图 5-7 所示。

图 5-6　SSMS 的"工具"菜单

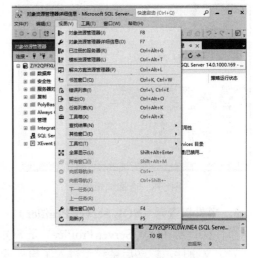

图 5-7　SSMS 的"视图"菜单

（1）对象资源管理器

通过对象资源管理器，可以完成 SQL 管理对象（服务器对象和数据库对象）的创建和管理工作。例如，启动和停止服务器；配置服务器属性；创建或维护数据库、表、视图、存储过程等；监视服务器活动、查看系统日志等。

（2）已注册的服务器

通过已注册的服务器栏目，可以完成注册服务器，将服务器组合成逻辑组操作，也可以重新选择 SQL 服务器或服务器组，还可以重新选择或变更服务器类型等。

（3）查询编辑器

查询编辑器界面如图 5-8 所示，它是 SSMS 最重要的工具之一。查询编辑器通过上面的"新建查询"菜单按钮调出，下面的结果区通过"窗口"的"显示结果窗口"调出。查询编辑器用于编写、调试和运行 Transact-SQL 脚本，帮助建立 T-SQL 存储过程、函数和程序。如同 Visual Studio 工具一样，查询编辑器支持彩色代码关键字、可视化地显示语法错误和运行结果、允许开发人员运行和诊断代码等功能，其集成性和灵活性大大提高了。

（4）模板资源管理器

模板资源管理器提供了执行常用操作的模板。用户可以在此模板的基础上编写符合自己要求的脚本。

（5）解决方案资源管理器

解决方案资源管理器提供指定解决方案的树状结构图。解决方案资源管理器中可以包含多个项目，允许同时打开、保存和关闭这些项目，每一个项目还可以包含多个不同的文件。

2．SQL Server 配置管理器

SQL Server 配置管理器界面，如图 5-9 所示。SQL Server 配置管理器的主要功能为：查看 SQL Server 各种服务的工作状态（正在运行或停止运行），启动或停止 SQL Server 服务；查看或修改 SQL Server 各种服务的属性参数；对服务器网络和客户机网络进行配置。

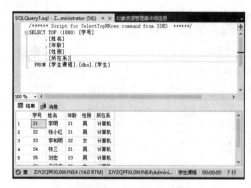

图 5-8　查询编辑器

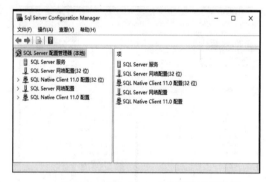

图 5-9　SQL Server 配置管理器界面

3．事件探查器（SQL Server Profiler）

事件探查器（SQL Server Profiler）是 SQL Server 的一种性能优化工具。选择事件探查器后要先定义事件，定义后系统就进入了事件探查操作。

SQL Server Profiler 的"跟踪属性"对话框包括"常规"和"事件选择"两个选项卡。"常规"选项卡如图 5-10 所示；"事件选择"选项卡如图 5-11 所示。SQL Server Profiler 即服务器活动跟踪程序，用于监视与分析 SQL 服务器活动、网络进出流量或事件等。事件探查器把一个个操作序列保存在扩展名为.trc 文件中，需要时可以在本机或其他机器上按原来的次序重新执行一遍操作序列，便于服务器纠错处理、程序优化和系统优化。

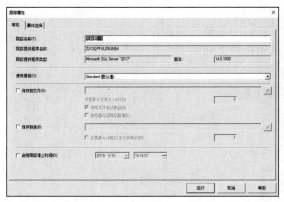 

图 5-10　"跟踪属性"对话框中的"常规"选项卡　　　图 5-11　"跟踪属性"对话框中的"事件选择"选项卡

4．数据库引擎优化顾问

数据库引擎优化顾问（Database Engine Tuning Advisor）是 SQL Server 系统优化工具，可以帮助用户进行数据库引擎方面的优化服务。数据库引擎优化顾问通过分析工作负荷，提出创建高效率索引的建议等，从而提高数据库的工作效率。

数据库引擎优化顾问（Database Engine Tuning Advisor）窗口中有"常规"和"优化选项"两个选项卡。"常规"选项卡如图 5-12 所示，用于选择要优化的数据库；"优化选项"选项卡如图 5-13 所示，用于选择优化内容，包括限定优化时间、数据库物理设计策略（索引及索引视图内容）、分区策略和数据库物理设计结构等内容。在数据库引擎优化顾问窗口中选择"开始分析"工具后，可以完成下列功能。

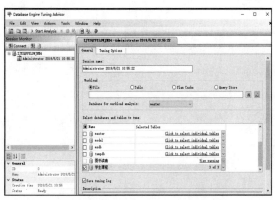 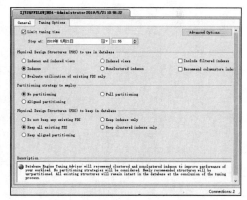

图 5-12　数据库引擎优化"常规"选项卡　　　图 5-13　数据库引擎的"优化选项"选项卡

- 分析工作负荷中的查询，推荐数据库的最佳索引组合。
- 推荐建立数据库的索引和索引视图。
- 推荐对数据库进行优化的方法。
- 提出对指定工作负荷的优化建议，提供执行效果的汇总报告。

习题 5

1. 简述三层的 C/S 体系结构及特点。
2. SQL Server DBMS 有哪些系统数据库？它们的主要作用是什么？
3. 试述登录名与数据库用户、数据库用户和角色之间的关系。
4. 试述表和视图之间的不同关系。
5. 简述 SQL Server 提供的主要管理工具及功能。

第6章　数据库的建立与管理

数据库的建立与管理是数据库管理系统的基本功能，其内容包括数据库及其表的定义和维护；数据输入和更新；数据查询和统计等主要操作。SQL Server 2017 DBMS 具有较强的数据库建立和管理功能，提供了 SQL Server 2017 管理平台 SSMS（SQL Server Management Studio），功能完善且具备可视化界面。SQL Server DBMS 还提供了 Transact-SQL（扩展 SQL，T-SQL），用户可通过 T-SQL 实现数据库的建立与管理功能。

6.1　数据库的定义和维护

SQL 数据库的定义和维护可以通过两种方法实现：一种是利用 SQL Server 2017 管理平台 SSMS（SQL Server Management Studio）提供的用户界面，对数据库对象进行操作来实现；另一种是通过编写并运行相应 T-SQL 的程序段来实现。

6.1.1　用 T-SQL 创建和维护数据库

T-SQL 是 SQL Server DBMS 扩展的 SQL。T-SQL 包含了数据定义语言、数据操纵语言和数据控制语言，还包括了程序控制语言，其功能非常强大。

1．创建数据库

创建数据库包括定义数据库名、确定数据库文件及其大小，以及确定事务日志文件的位置和大小。创建数据库使用 CREATE DATABASE 语句，其语法如下

```
CREATE DATABASE 〈数据库名〉
    [ON [PRIMARY][（NAME =〈逻辑数据文件名〉，]
        FILENAME ='〈操作数据文件路径和文件名〉'
        [，SIZE =〈文件长度〉]
        [，MAXSIZE =〈最大长度〉]
        [，FILEROWTH =〈文件增长率〉])[，…n]]
    [LOG ON（[NAME =〈逻辑日志文件名〉，]
        FILENAME ='〈操作日志文件路径和文件名〉'
        [，SIZE =〈文件长度〉])[，…n]]
    [FOR RESTORE]
```

注意：Transact-SQL 中没有语法结束符号，语句结束后按〈Enter〉键，并另起一行输入 GO 语句，再按〈Enter〉键，否则语句不会执行。

数据库定义语句中包括以下 4 个方面的内容。

1）定义数据库名。

2）定义数据文件。在 ON 子句中：PRIMARY 短语指明主文件名（.mdf）；NAME 短语

说明逻辑数据文件名；FILENAME 短语指明物理数据文件的存储位置和文件名；SIZE 短语说明文件的大小，数据库文件最小为 1MB，默认值为 3MB；MAXSIZE 短语指明文件的最大空间；FILEROWTH 短语说明文件的增长率，其默认值为 10%。可以定义多个数据文件，默认第一个为主文件。

3）定义日志文件。在 LOG ON 子句中：NAME 短语说明逻辑日志文件名；FILENAME 短语指明日志文件的存储位置和文件名；SIZE 短语指明日志文件的长度。可以定义多个日志文件。

4）FOR RESTORE 子句说明能重建一个数据库，该重建的数据库用于数据恢复操作。

【例 6-1】 用 T-SQL 建立学生-课程库。

```
CREATE DATABASE 学生-课程库
ON PRIMARY（NAME=学生-课程库,
FILENAME='C:\msSQL\data\学生-课程.mdf' ,
SIZE=4MB,
MAXSIZE=6MB,
FILEROWHT=2MB)
GO
```

解题说明：该题建立了学生-课程库，其数据库物理文件为 C:\msSQL\data\学生-课程.mdf，开始为 4MB，最大为 6MB，每次增大 2MB。

2．选择数据库

数据库的选择使用 USE 命令，其格式如下

```
USE 〈数据库名〉
```

注意：在 Transact SQL 中没有语法结束符号。语句结束后按〈Enter〉键，并另起一行输入 GO 语句，再按〈Enter〉键。否则语句不会执行。

3．删除数据库

删除数据库的语法如下。

```
DROP DATABASE 〈数据库名组〉
```

【例 6-2】 用 T-SQL 将学生-课程库删除。

```
DROP DATABASE 学生选课库
GO
```

6.1.2 用 SSMS 创建和维护数据库

SSMS（SQL Server Management Studio）是 SQL Server 2017 数据库管理系统最常用的工具，主要用于创建和管理数据库对象和服务器对象。下面通过一个实例介绍用 SSMS 创建和维护数据库的方法。例如，要建立一个图书读者数据库，数据库中各文件的名称、位置、大小和文件组名等属性情况如表 6-1 所示。

在创建数据库前，要检查计算机存储设备，确保有足够大的存储空间，并提前建好数据库物理文件的文件夹。

表 6-1 图书读者数据库的文件及属性

文　件　名	物理文件位置	初　始　大　小	文　件　组
图书读者	E:\SQL2017LX\图书读者_Data.MDF	8MB	PRIMARY
图书读者_Log	E:\SQL2017LX\图书读者_Data.LDF	8MB	MyLog

1．创建数据库方法

1）选择"开始"→"程序"→"Microsoft SQL Server Tools 2017"→"SQL Server Management Studio"命令，出现 SSMS 用户界面。

2）在 SQL Server Management Studio 中，选中需要在其上创建数据库的服务器，单击前面的"+"号，使其展示为树形目录。

3）选中"数据库"文件夹，然后右击，在弹出的快捷菜单中选择"新建数据库"选项，如图 6-1 所示。

此时，出现"新建数据库"对话框，包括常规、选项和文件组 3 个选项卡，如图 6-2 所示。

 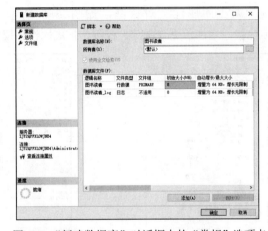

图 6-1 "数据库"右键快捷菜单　　图 6-2 "新建数据库"对话框中的"常规"选项卡

4）"常规"选项卡用于设置数据库文件的基本信息。选择"常规"选项卡，在"常规"页面中，输入数据库的名称（本例为图书读者），输入数据库的数据文件与事务日志文件的属性，包括文件名、存储位置和文件属性等，如图 6-2 所示。

5）选择"选项"选项卡，如图 6-3 所示。"选项"选项卡用于设置数据库的规则，例如，数据库是否为"只读"等规则，

6）选择"文件组"选项卡，如图 6-4 所示。在"文件组"选项卡中，设置数据库的文件组属性。

7）单击"确定"按钮，关闭"新建数据库"对话框。

操作完成后，在对象资源管理器窗口中会出现"图书读者"数据库文件夹。

2．查看和修改数据库属性参数

对于已经建好的数据库，有时需要对其属性参数进行查看和修改，可以使用下列步骤实现其操作。

1）启动 SQL Server Management Studio，使数据库所在的服务器展开为树形目录。

图 6-3 "新建数据库"对话框的"选项"选项卡

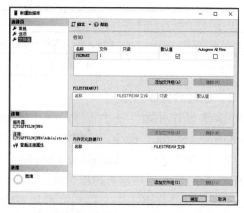
图 6-4 "新建数据库"对话框的"文件组"选项卡

2）选中数据库文件夹，使之展开；右击指定的数据库对象，在弹出的快捷菜单中选择"属性"选项，如图 6-5 所示。

出现"数据库属性"对话框，如图 6-6 所示。该对话框与"新建数据库"对话框（图 6-2）比较，增加了更改跟踪、权限、扩展属性、镜像、事务日志传送和查询存储选项卡。

图 6-5 选择数据库的"属性"选项

图 6-6 "数据库属性"对话框

其中的常规、选项和文件组 3 个选项卡的内容和"新建数据库"对话框中的相似，用来修改数据库的名称及存储位置等信息，其他选项卡的功能如下。

● "权限"选项卡用来设置用户对该数据库的访问权限，如图 6-7 所示。
● "更改跟踪"选项卡用于指示是否对数据库启动更改跟踪。
● "镜像"选项卡用于配置数据库的镜像及相关安全性，如图 6-8 所示。
● "事务日志传送"选项卡用于填写日志传送配置的脚本，如图 6-9 所示。
● "查询存储"选项卡用于查看或清除数据库查询存储数据情况，如图 6-10 所示。

3）完成后单击"确定"按钮，关闭"数据库属性"对话框。

3．删除数据库

对于不需要的数据库，可以通过下面的方法删除。

1）右击要删除的数据库对象，在弹出的快捷菜单中选择"删除"选项。

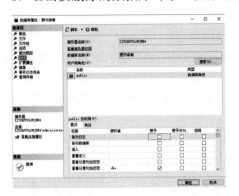 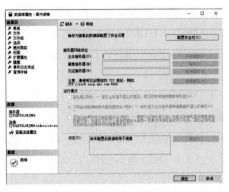

图 6-7 "数据库属性"对话框的"权限"选项卡　　图 6-8 "数据库属性"对话框的"镜像"选项卡

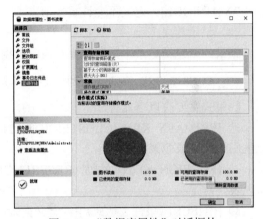

图 6-9 "数据库属性"对话框的　　　　　图 6-10 "数据库属性"对话框的
"事务日志传送"选项卡　　　　　　　"查询存储"选项卡

2）在弹出的"确认删除"对话框中，单击"确认"按钮，即可删除数据库。

6.2　基本表的定义和维护

SQL 基本表的定义和维护的方法有两种：一种是利用 T-SQL 进行定义和维护；另一种是利用 SSMS 提供的对话框实现。本节将主要介绍这两种方法。

6.2.1　用 T-SQL 定义和维护基本表

1．基本表的定义

定义基本表使用 CREATE TABLE 命令，其功能是定义表名、列名、数据类型、表示初始值和步长等，定义表还包括定义表的完整性约束和默认值。

定义基本表的格式如下。

```
CREATE TABLE　〈表名〉(〈列名〉〈类型〉|AS〈表达式〉[〈字段约束〉]
                    [, …]
                    [〈记录约束〉])
```

上述格式中，有以下问题需要特别说明。

131

（1）字段约束

字段约束是列约束条件，包括以下 7 种可选项。

1）[NOT NULL|NULL]：定义不允许或允许字段值为空。

2）[PRIMARY KEY CLUSTERED|NON CLUSTERED]：定义该字段为主码并建立聚集索引或非聚集索引。

3）[REFERENCE〈参照表〉(〈对应字段〉)]：定义该字段为外码，并指出被参照表及对应字段。

4）[DEFAULT〈默认值〉]：定义字段的默认值。

5）[CHECK(〈条件〉)]：定义字段应满足的条件表达式。

6）[IDENTITY(〈初始值〉,〈步长〉)]：定义字段为数值型数据，并指出它的初始值和逐步增加的步长值。

7）[UNIQUE]：定义不允许重复值。

（2）记录约束

记录约束包括记录中数据约束和表间数据约束，记录约束的格式如下。

CONSTRAINT〈约束名〉〈约束式〉

约束式主要有以下几种。

1）[PRIMARY KEY [CLUSTERED|NONCLUSTERED](〈列名组〉)]：定义表的主码并建立主码的聚集或非聚集索引。

2）[FOREIGN KEY(〈外码〉)REFERENCES〈参照表〉(〈对应列〉)]：指出表的外码和被参照表。

3）[CHECK(〈条件表达式〉)]：定义记录应满足的条件。

4）[UNIQUE(〈列组〉)]：定义不允许重复值的字段组。

（3）数据类型

SQL Server 2017 不仅提供了许多常用的数据类型，还提供了用户数据类型的功能。表 6-2 中列出了 SQL Server 2017 支持的主要数据类型。

表 6-2　SQL Server 2017 支持的主要数据类型

类　型　表　示		类　型　说　明
数值型数据	int	全字长（4B）整数，其中 31bit 表示数据，1 位符号。取值范围为-214783648～2147483647
	smallint	半字长的整数，取值范围为-32768～32767
	tinyint	只占一个字节的正数，表示范围为 0～255
	real	4 字节长的浮点数，最大精度为 7 位，取值范围为 3.4E-38～3.4E+38
	float(n)	精度为 n 的浮点数，其精度 n 的可以为 1～15，若忽略 n 则精度为 15。最多占用字节数为 8，表示范围为 1.7E-308～1.7E+308
	decimal（p[，q]）numeric（p[，q]）	十进制，共 p 位，q 位小数，可用 2～11 个字节存储 1～38 位精度的数值
字符型数据	char（n）	长度为 n 的定长字符串，最多可为 255 个字符
	varchar（n）	最大长度为 n 的变长字符串型数据，最多可达 255 个字符

类 型 表 示		类 型 说 明
日期、时间型数据	date	日期型数据，可表示 1/1/1900～6/6/2079 时间
	datetime	日期时间型数据，可存储 1/1/1753～12/31/9999 之间的日期时间，默认表示为 MMDDYYYYhhmm AM/PM
特殊数据类型	binary（n）	长度为 n 个字节的位模式（二进制数），输入 0～F 二进制数时，第一个值必须以 0x 开头
	varbinary（n）	最大长度为 n 个字节的变长位模式，输入方法同 binary 相同
文本和图像数据类型	text	文本数据类型
	image	图像数据
货币数据类型	money	货币数据，可存储 15 位整数，4 位小数的数值，占 8B
	smallmoney	货币数据，可存储 6 位整数，4 位小数的数值，占 4B

【例 6-3】 用 T-SQL 建立学生_课程库中的基本表。表结构如下：

学生（学号，姓名，年龄，性别，所在系）
课程（课程号，课程名，先行课）
选课（学号，课程号，成绩）

```
CREATE TABLE 学生(学号 CHAR(5) NOT NULL   UNIQUE,
      姓名  CHAR(8) NOT NULL,
      年龄  SMALLINT   DEFAULT 20，
      性别  CHAR(2)   CHECK(性别 IN ('男', '女')),
      所在系  CHAR(20) )
GO
CREATE TABLE 课程(课程号 CHAR(5)   PRIMARY KEY,
      课程名  VARCHAR(20),
      先行课  CHAR(5) )
GO
CREATE TABLE 选课(学号  CHAR(5),
      课程号  CHAR(5),
      成绩  SMALLINT   CHECK (成绩  BETWEEN 0 AND 100),
      CONSTRAINT C1   PRIMARY KEY(学号，课程号),
      CONSTRAINT C2   FOREIGN KEY(学号)   REFERENCES 学生(学号),
      CONSTRAINT C3   FOREIGN KEY(课程号)   REFERENCES 课程(课程号))
GO
```

解题说明：① 在学生表中定义的列级约束条件是：学号不能为空且不能出现重复值；姓名不能为空；年龄的默认值为 20；性别必须为"男"或"女"。② 在选课表中定义了课程号为主码的表级约束条件。③ 在选课表中定义学号和课程号为主码的约束，定义了成绩值在 0～100 的约束，定义了学号为外码，其参照表为学生表，该外码对应学生表中学号的约束；还定义了课程号为外码，其参照表为课程表，该外码对应课程表中课程号的约束。

2．基本表的维护

（1）修改基本表

修改基本表是指修改列的数据类型、修改列的完整性约束、增加一个新列或删除列，修改表还包括对记录级完整性条件的改动。修改表的语法可分为 4 种。

1）修改字段的定义。修改字段的定义主要为增加字段宽度和字段约束，而一般不允许修改字段的数据类型或减少字段宽度，更不能改动字段标识。修改字段的语法如下。

```
ALTER TABLE  〈表名〉
    ALTER COLUMN  〈列名〉〈新类型〉[NULL|NOT NULL]〈约束定义〉
```

2）增加字段和表约束规则。增加字段和表约束规则的格式如下。

```
ALTER TABLE  〈表名〉
    ADD {〈列定义〉|[〈表约束定义〉]}…
```

3）删除字段或约束规则。删除字段或表级约束规则的格式如下。

```
ALTER TABLE  〈表名〉
    DROP{[CONSTRAINT]〈约束名〉|COLUMN〈列名〉}
```

4）使约束有效或无效。使原表定义的约束暂时有效或无效的格式如下。

```
ALTER TABLE  〈表名〉
    {CHECK|NOCHECK}CONSTRAINT{ALL|〈约束名组〉}
```

其中，CHECK 为使约束有效；NOCHECK 为使约束无效；ALL 指全部约束。

【例 6-4】 用 T-SQL 为学生表增加年级列。该列的数据类型为 int，并允许有 NULL 值存在。

```
ALTER TABLE 学生  ADD COLUMN  年级  int NULL
GO
```

【例 6-5】 用 T-SQL 删除学生表的年级列。

```
ALTER TABLE 学生  DROP COLUMN  年级
GO
```

【例 6-6】 用 T-SQL 为学生表增加年龄要大于 18 岁的约束，并使其暂时约束失效。

```
ALTER TABLE 学生  ADD CONSTRAINT  年龄约束  CHECK（年龄>18))
GO
ALTER TABLE  学生  NOCHECK CONSTRAINT  年龄约束
GO
```

解题说明：在学生表的年龄列定义时绑定了 CHECK 约束。使用 NOCHECK CONSTRAINT 能解除其约束，从而使违反原来 CHECK 约束（即年龄大于 18 的限制）的数据插入或修改语句能够成功地执行；当又使用 CHECK CONSTRAINT 后，该 CHECK 约束重新有效。

（2）删除基本表

删除基本表的语法如下。

```
DROP TABLE〈表名〉
```

3．创建和管理索引

索引的主要功能是保证索引值的唯一性和加速数据检索。在对表创建索引时应注意：如果列的数据类型为 text、image 或 bit，则不应在此列上创建索引；当 update 和 insert 操作的性能比 select 操作的性能更为重要时，也不应创建索引。

（1）创建索引

创建索引的语法如下。

```
CTEATE [UNIQUE][CLUSTERED|NONCLUSTERED]
INDEX〈索引名〉ON〈表名〉(〈索引列组〉)
```

关于该语法的说明如下。

1）UNIQUE 选项：表示建立唯一索引，即不允许有两行具有相同的索引值。

2）CLUSTERED 选项：表示建立聚集索引。每张表只能有一个聚集索引，未指明
CLUSTERED 时表明创建的索引是非聚集索引。

3）NONCLUSTERED 选项：表示建立非聚集索引。

【例 6-7】 用 T-SQL 在学生表中创建一个唯一聚集索引。

```
CREATE UNIQUE CLUSTERED INDEX 学生-姓名
ON 学生（姓名)
GO
```

解题说明：本例为学生表的姓名列创建一个名为"学生–姓名"的聚集索引。该索引对
存储器上的数据进行物理排序，并且姓名列的值不允许出现重复。

【例 6-8】 用 T-SQL 在学生表中创建一个所在系和年级的复合索引。

```
CREATE INDEX 所在系-年级 ON 学生（所在系，年级)
GO
```

解题说明：本例为学生表建立了一个名称为"所在系–年级"的索引，其第一索引项为
"所在系"，第 2 索引项为"年级"。

（2）删除索引

删除索引的 T_SQL 语法如下。

```
DROP INDEX〈表名〉.〈索引名〉
```

6.2.2 用 SSMS 定义和维护基本表

在 SQL Server 2017 中，利用 SSMS 可以很方便地定义和修改表结构。定义基本表包括
定义表结构和完整性两项内容。下面以在学生–课程库中建立学生表为例，介绍定义表的步
骤和方法。

1. 定义基本表结构

（1）打开 SSMS

选择"开始"→"程序"→"Microsoft SQL Server Tools 2017"→"SQL Server
Management Studio"命令，出现 SSMS 用户界面。

（2）打开基本表设计器

在 SQL Server Management Studio 中，选中需要在其上创建数据库的服务器，单击前
面的"+"号，使其展示为树形目录；展开数据库中学生–课程库文件夹，选中"表"后
右击，在弹出的快捷菜单中选择"新建"→"表"选项；SSMS 中出现基本表设计器，

如图 6-11 所示。

（3）通过基本表设计器输入表结构

在 SSMS 中，基本表设计器位于窗口的右侧，如图 6-12 所示。基本表设计器包括上下两个区域：上面为表结构输入区，下面为当前列的属性定义区。表结构输入区是一张表，它的列属性有列名、数据类型和允许 Null 值 3 项。定义表结构时，用户要把表结构填入表结构输入区的表中，在属性定义区中修改列描述，包括定义数据的精度、小数位数、默认值和是否标识等项。

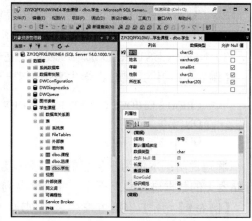

图 6-11 "表"右键快捷菜单　　　　　　图 6-12 基本表设计器

输入表结构时应注意以下几点。

1）"列名"列用于输入字段名，例如，"编号""姓名"等，列名类似于变量名，其命名规格与变量一致。列名中不允许出现空格，一张表也不允许有重复的列名。

2）"数据类型"列中的数据类型可通过选择或直接输入的方式进行确认，其中括号内的数字表明该数据类型的长度。

3）"允许 Null 值"列用于设置是否允许字段为空值，默认项用于设置字段的默认值。

4）标识规范项用于设置字段具有新生行递增性、初始值及步长，系统自动填写该列的值。具有标识性能字段的数据类型只能为 int, smallint, tinyint, decimal(p,0)，而且不允许为空值。一个表只允许有一列具有标识性能。

5）列名前的一列按钮为字段标注按钮列。钥匙图标说明这个字段为主码，黑三角图标说明所指示行为当前字段。

字段输入完后，就可以关闭"建表"对话框了。最后，会弹出"选择名称"对话框，如图 6-13 所示。在对话框中输入表名，单击"确定"按钮后，建表工作就完成了。

2．定义表的完整性约束和索引

表的完整性约束包括主码约束、外码约束、唯一性约束和检查（Check）约束 4 种。

定义表约束和索引时，要先在基本表设计器中选中一行然后右击，弹出如图 6-14 所示的快捷菜单，其中几个选项说明如下。

● "设置主键"选项，定义当前字段为主码，表中第一列处显示钥匙图案。

● "插入列"选项，在当前字段处插入一个新行。

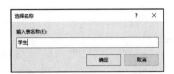

图 6-13　"选择名称"对话框

图 6-14　右键快捷菜单

● "删除列"选项，删除当前字段。

● "关系"选项，可调出"外码关系"对话框。

● "索引/键"选项，可调出"索引属性"对话框。

● "CHECK 约束"选项，可调出"检查约束"对话框，设置表级数据约束和属性级数据约束。

（1）定义索引/键约束

在图 6-14 所示的数据列右键快捷菜单中，选择"索引/键"选项，会弹出"索引/键"对话框，如图 6-15 所示。

1）新建索引方法。

● 单击"索引/键"对话框中的"添加"按钮，左边栏目的上方出现新索引名字。

● 在"常规"选项组中设置类型。"是唯一的"选项是设置表中列（或列组）的值不能重复的约束；"索引"选项是建立索引；"列"选项是建立索引并使存储文件也按索引内容排列，即建立群集索引（CLUSTERED）。选择"索引"选项，如图 6-16 所示。

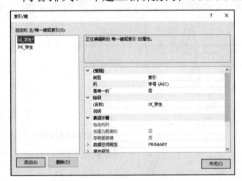

图 6-15　"索引/键"对话框

图 6-16　设置"索引"选项

● 设置索引列：鼠标指针移向"列"后面空白处，单击出现的按钮；在弹出的对话框中选择"索引列"，在"索引列"对话框中设置索引的排列规则（升序或降序），如图 6-17 所示。

● 设置唯一索引：鼠标指针移向"是唯一的"后面，单击出现的级联按钮，在下拉列表中选择是或否。如果选择"否"则索引值可以重复，如图 6-18 所示。

2）查看、修改或删除索引的方法：先要在"索引/键"对话框的"选定的主/唯一键或索引"列表框中选择索引名，其索引内容就自动显示在表中；需要时可以直接在表中修改索引内容，如改变索引列名，改变排序方法等；对于不需要的索引可以单击"删除"按钮，直接删除此索引。

（2）定义表间外码（键）关系约束

在右键快捷菜单中选择"关系"选项，弹出"外键关系"对话框，"选定的关系"列表框中列出已有外码关系约束，如图6-19所示。

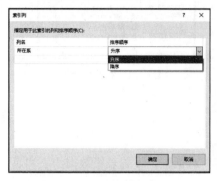

图6-17　设置索引列及排序

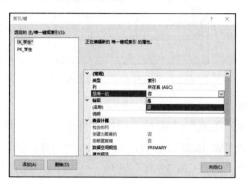

图6-18　设置唯一性索引

1）查看、修改或删除外键关系的方法：先要在左侧"选定的关系"列表中选择关系名，其内容就显示在右侧栏中；需要时可以直接在表中修改内容；对于不需要的外键关系，可以单击"删除"按钮。

2）新建外键（码）约束方法

- 单击左下方的"添加"按钮，出现系统预定的新关系名，可以在右侧的标识栏中修改此关系名。
- 在右侧的属性栏中单击"表和列规范"栏的"…"按键，弹出"表和列"对话框，如图6-20所示；当前表为外键（码）表，选择相关的外码；选择相关主码表及主码；完成后单击"确定"按钮。

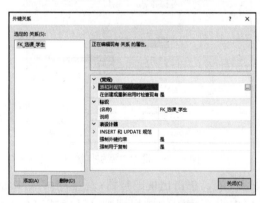

图6-19　"外键关系"对话框

图6-20　"表和列"对话框

- 单击"INSERT 和 UPDATE 规范"栏，使之展开，出现更新规则和删除规则两项，单击后面的级联按钮，出现相应的可选规则，如图6-21所示。更新规则有4种，含义为对应主码表中的主码值改变时："不执行任何操作"指本表中对应的外码值不变；"级联"指同时更改本表中对应的外码值；"设置 Null"指本表中对应的外码值设为Null；"设置默认值"指本表中对应的外码值设置为默认值。删除规则也是4种，含义为对应主码表中的主码值记录被删除时："不执行任何操作"指本表中对应的外码值记录仍保留，内容不变；"级联"指同时也删除本表中对应的外码值相关记录；"设置 Null"指本表中对应的外码值设为 Null；"设置默认值"指本表中对应的外码值设置为默认值。或确认对数据插入和更新时，是否符合外码约束。

● 单击"强制外键约束"栏后的级联按钮，选择"是"或"否"，如图 6-22 所示。如果"强制外键约束"设为"是"，则要求在对数据增、删、改时，外码值一定能在对应主码表的主码中找到，即任何情况下都要执行外键约束。

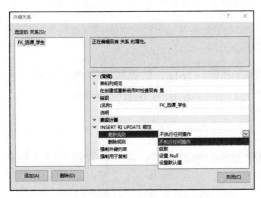

图 6-21　设置更新规则和删除规则

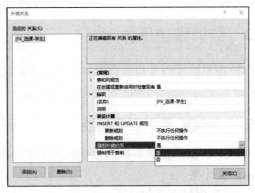

图 6-22　设置强制约束规则

● 单击"强制用于复制"栏后的级联按钮，选择"是"或"否"，确定在数据复制时是否执行外码约束。

● 完成后，单击"关闭"按钮。

（3）定义检查约束

在右键快捷菜单中选择"CHECK 约束"选项，弹出"检查约束"对话框，如图 6-23 所示。

1）查看、修改或删除检查约束的方法：先要在"选定的 CHECK 约束"列表中选择约束名，其约束内容就显示在约束表达式中；需要时可以直接在表达式选项中修改约束表达式；对于不需要的检查约束可以单击"删除"按钮，直接删除此约束。

2）新建一个 CHECK 约束的方法：单击"添加"按钮，并在"CHECK 约束表达式"对话框中输入约束表达式，如图 6-24 所示。

图 6-23　"检查约束"对话框

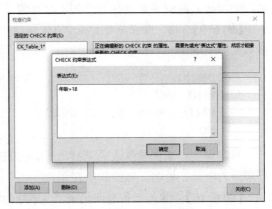

图 6-24　"CHECK 约束表达式"对话框

3）设置"表设计器"，确认在创建约束时是否对表中的数据进行检查，要求符合约束条件；设置"强制用于复制"，确认对数据复制时是否要求符合约束条件；设置"强制用于 INSERT 和 UPDATE"，确认在进行数据插入和数据修改时，是否要求符合约束条件。

3．修改表结构

当需要对建好的表修改结构时，首先要在 SQL Server Management Studio 中找到该表，右击该表名，在弹出的快捷菜单中选择"设计"选项，SQL Server Management Studio 会把基本表设计器调出，用户可对原有内容进行修改。

6.3 数据维护操作

数据维护操作是指数据库中数据的增加、修改和删除操作。数据维护操作可以利用 SQL Server Management Studio 可视化工具实现，也可以利用 T-SQL 实现数据更新功能。

6.3.1 T-SQL 数据更新功能

T-SQL 的数据更新操作包括插入操作、删除操作和修改操作，以下将介绍其语法结构，并给出操作实例。

1．数据插入语句

T-SQL 的数据插入使用 INSERT 语句。INSERT 数据插入语句有两种使用形式：一种是使用常量，一次插入一个元组；另一种是插入子查询的结果，一次插入多个元组。

（1）使用常量插入单个元组

使用常量插入单个元组的 INSERT 语句的格式如下。

```
INSERT
INTO  〈表名〉[(〈列名 1〉[,〈列名 2〉…)]
VALUES (〈常量 1〉[,〈常量 2〉]…)
```

上述语句的功能是将新元组插入指定表中，其中，新记录〈列名 1〉的值为〈常量 1〉，〈列名 2〉的值为〈常量 2〉，等等；如果 INTO 子句中有列名项，则没有出现在子句中的列将取空值，假如这些列已定义为 NOT NULL，将会出错；如果 INTO 子句中没有指明任何列名，则新插入的记录必须在每个列上均有值。

【例 6-9】 将一个新学生记录"((学号:'98010', 姓名:'张三', 年龄:20, 所在系:'计算机系')"插入到学生表中。

```
INSERT
INTO  学生
VALUES('98010', '张三', 20, '计算机系')
GO
```

解题说明：本例学生表后无列项，VALUES 子句的常量与学生表列的逻辑顺序对应，该列顺序为学号、姓名、年龄和所在系。

【例 6-10】 插入一条选课记录"（学号为'98011'，课程号为'C10'，成绩不详）"。

```
INSERT
```

```
INTO 选课(学号, 课程号)
VALUES('98011', 'C10')
GO
```

解题说明：本例选课表后的学号和课程号两个列与常量"98011"和"C10"对应，没有出现在选课表后的成绩列，插入值为 NULL。由于选课表后列出的列与定义表时的顺序一致，本例还可以用下面的语句表达。

```
INSERT
INTO 选课
VALUES('98011', 'C10')
GO
```

（2）在表中插入子查询的结果集

如果插入的数据需要查询才能得到，就需要使用插入子查询结果集的 INSERT 语句。T-SQL 允许将查询语句嵌到数据插入语句中，以便将查询得到的结果集作为批量数据输入到表中。含有子查询的 INSERT 语句的格式如下。

```
INSERT
INTO 〈表名〉[(〈列名 1〉[, 〈列名 2〉]…)]
〈子查询〉
```

【例 6-11】 求每个系学生的平均年龄，并把结果存入数据库中。

```
CREATE TABLE 系平均年龄(系名称 CHAR(20), 平均年龄 SMALLINT)
GO
INSERT
INTO 系平均年龄
SELECT 所在系, AVG(ALL 年龄)
FROM 学生 GROUP BY 所在系
GO
```

解题说明：本例首先用 CREATE TABLE 语句建立了系平均年龄基本表，然后又使用 INSERT 语句将学生表中查询得到的所在系及系平均年龄，插入到系平均年龄表中。

2．修改数据语句

数据修改的语法格式如下。

```
UPDATE 〈表或视图名〉
SET 〈列名〉={〈表达式〉}[,…n]
[WHERE 〈条件〉]
```

其中，UPDATE 指明要修改数据所在的表或视图；SET 子句指明要修改的列及新数据的值（表达式或默认值）；WHERE 指明修改元组条件。

【例 6-12】 将学生表中全部学生的年龄加上 2 岁。

```
UPDATE 学生
SET 年龄=年龄+2
GO
```

解题说明：①由于本例要求修改全部学生记录，所以不需要 WHERE 子句对修改的记录加以选择；②SET 子句中的"年龄=年龄+2"为赋值语句，它使每个记录用原年龄加上 2 作为新年龄值，并用新年龄值替代原有的年龄值。

【例 6-13】 将选课表中的数据库课程的成绩乘以 1.2。

```
UPDATE 选课
SET 成绩=成绩*1.2
WHERE 课程号=(SELECT 课程号  FROM 课程  WHERE 课程名= '数据库')
GO
```

解题说明：本例中的元组修改条件是数据库课程，而在选课表中只有课程号而无课程名，因此要通过在课程表中查找课程名为数据库的课程号，才能确定修改的元组，所以本例的 WHERE 子句中使用了子查询。

3．删除数据语句

删除表记录的语法如下。

```
DELETE [FROM] 〈表名〉
[ WHERE 〈条件〉]
```

其中，WHERE 子句指定删除记录的条件，该条件可以是基于其他表中的数据。

【例 6-14】 删除艺术系的学生记录及选课记录。

```
DELETE
FROM 选课
WHERE 学号 IN(SELECT 学号  FROM 学生  WHERE 所在系='艺术系')
GO
DELETE
FROM 学生
WHERE 所在系='艺术系'
GO
```

解题说明：本例中使用了两条数据删除语句：一条用于删除选课表；另一条用于删除学生表。由于在删除选课表时需要查询学生表，故不能把这两条语句的执行顺序颠倒。假若先删除了学生记录，就得不到艺术系学生的学号，对应的选课记录无法删除。

6.3.2 用 SSMS 输入数据或更新数据

在 SQL Server Management Studio 中，对表进行数据增、删、改操作非常简便，方法如下。

1）选中服务器，展开数据库文件夹，进一步展开指定的数据库。单击表文件夹，找到需要输入数据或更新数据的基本表。

2）右击要更新数据的表，会弹出如图 6-25 所示的快捷菜单，选择"编辑前 200 行"选项，就会弹出表数据更新对话框，如图 6-26 所示。

在该对话框中，数据以表格形式组织，每个字段就是表中的一列，每条记录是表中的一行。原有的记录已经在表格中，通过移动右侧的滑块可查阅所有的记录。

3）需要数据插入时，就在最后一条记录后输入一条记录。当单击其他行时，输入的记录会自动保存在表中。

4）需要修改记录时，直接对表中已有记录的数据进行改动，用新值替换原有值。

5）需要删除记录时，先单击要删除行的左侧灰色方块，使该记录成为当前行，然后按〈Delete〉键。为了防止误操作，SQL Server 2017 将弹出一个警告框，要求用户确认删除操作，单击"确认"按钮即可删除记录。也可通过先选中一行或多行记录，再按〈Delete〉键，一次删除多条记录。

图 6-25　基本表的弹出菜单

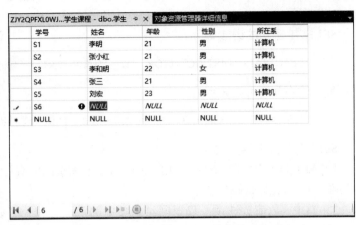

图 6-26　在表中插入、修改或删除数据界面

6）在表中右击时，在弹出的快捷菜单中选择选项可执行相应的操作，如剪切、复制等。

6.4　数据查询操作

SQL 是一种介于关系代数与关系演算之间的结构化查询语言，其并不仅仅可用于查询，还是一个通用的、功能极强的关系数据库语言。数据查询功能是指根据用户的需要以一种可读的方式从数据库中提取所需数据。T-SQL 语言中的数据查询是功能最强大的语句，也是最常见的数据操纵语句。

6.4.1　T-SQL 数据查询语言

T-SQL 的数据查询语句中包括 SELECT，FROM，WHERE，GROUP BY 和 ORDER BY 子句。SELECT 语句具有数据查询、统计、分组和排序的功能，其语句表达能力非常强大。

1. SELECT 语句的语法

SELECT 语句的语法格式如下。

```
SELECT〈查询列〉
[ INTO〈新表名〉]
[ FROM〈数据源〉]
[ WHERE〈元组条件表达式〉]
[ GROUP BY〈分组条件〉] [HAVING〈组选择条件〉]
[ ORDER BY〈排序条件〉]
[ COMPUTE〈统计列组〉] [BY〈表达式〉]
```

在查询语句中共有 7 种子句，其中 SELECT 和 FROM 语句为必选子句，而 WHERE、GROUP BY 和 ORGER BY 子句为常用子句，INTO 和 COMPUTE 是 T-SQL 的扩展子句。

（1）SELECT 子句

SELECT 子句用于指明查询结果集的目标列。目标列可以是直接从数据源中投影得到的字段、与字段相关的表达式或数据统计的函数表达式，目标列还可以是常量。如果目标列中使用了两个基本表（或视图）中相同的列名，要在列名前加表名限定，即使用"〈表名〉.〈列名〉"表示。

SELECT 子句的语法如下。

SELECT [ALL | DISTINCT] [TOP 〈数值〉[PERCENT]] 〈查询列〉

其中的查询列可以表示为

〈查询列〉::=*|〈表或视图〉.*|〈列名或表达式〉[AS] 〈列别名〉|〈列别名〉=〈表达式〉

SELECT 选项的含义如下。

1）ALL|DISTINCT 选项：ALL 为返回结果集中的所有行；DISTINCT 为仅显示结果集中的唯一行。ALL 是缺省值。

2）TOP 〈数值〉选项：仅返回结果集中的前 〈数值〉行。如果有[PERCENT]，则返回结果集中的百分之 〈数值〉行记录。

3）*：指明返回在 FROM 子句中包括的表和视图的全部列。

4）〈表或视图〉.*：指明返回指定表或视图的全部列。

5）〈表达式〉：由列名、常量、函数或子查询，通过操作符连接起来的数据表达式。

6）〈列别名〉：用来代替出现在结果集中的列名或表达式，别名可以在 ORDER BY 子句中出现，但不能在 WHERE、GROUP BY 或 HAVING 子句中出现。

（2）INTO 子句

INTO 子句用于创建一个表，并将查询结果添加到该表中。如果创建的表是临时表，则在表名前加"#"字符。INTO 不能与 COMPUTE 子句同时使用。

（3）FROM 子句

FROM 子句用于指明查询的数据源。查询操作需要的数据源指基本表（或视图表）组，表间用","分割。如果查询使用的基本表或视图不在当前数据库中，还需要在表或视图前加上数据库名加以说明，即使用"〈数据库名〉.〈表名〉"的形式表示。如果在查询中需要一表多用，则每种使用都需要一个表的别名标识，并在各自使用中用不同的表别名表示。定义表别名的格式为"〈表名〉〈别名〉"。

FROM 子句的语法格式如下。

FROM 〈数据源组〉

数据源的语法如下

〈数据源〉::= 〈表名〉[[AS] 〈表别名〉][WITH(〈表线索组〉)]| 〈视图名〉[[AS] 〈视图别名〉]|
　　　　　　〈嵌套的 SELECT 语句〉[[AS] 〈别名〉] | 〈连接表〉

上面的语法中，数据源包括表、视图、行集合函数表示的数据集合、SELECT 语句的结果集及数据连接表的结果集。连接表的语法如下。

〈连接表〉::= 〈数据源〉〈连接类型〉〈数据源〉ON 〈连接条件〉|

〈数据源〉CROSSJOIN〈数据源〉|〈连接表〉

〈连接类型〉::= [INNER | {{LEFT|RIGHT|FULL}[OUTER]}] JOIN

1）INNER：为内连接，它返回所有连接匹配的行。内连接是连接类型的缺省值。

2）LEFT [OUTER]：为左外连接，其结果集中不但包括了内连接返回的行，还包括了左边表中不满足连接条件的行。那些不满足连接条件的行所对应的右边表的列将会显示 NULL 值。

3）RIGHT [OUTER]：为右外连接，结果集中包括内连接返回的行，还包括右边表中不满足连接条件的行。那些不满足连接条件的行所对应的左边表的列将会显示 NULL 值。

4）FULL [OUTER]：完全外连接，结果集中包括了内连接返回的行，同时也包括左边表和右边表中的所有不满足条件的行，与其对应的右边表或左边表的列将会显示 NULL 值。

5）ON〈连接条件〉：用于指定连接条件。连接条件表达式为

〈列名〉〈比较符〉〈列名〉

6）CROSS JOIN：交叉连接，即笛卡儿积运算。交叉连接也可以通过在 FROM 子句中指定连接表，而在 WHERE 子句中不指明连接条件来表达。

（4）WHERE 子句

WHERE 子句用于指定查询条件及数据连接条件。DBMS 处理语句时，以元组为单位，逐个考察每个元组是否满足条件，将不满足条件的元组筛选掉。WHERE 子句的语法如下。

WHERE 〈查询条件〉|〈旧格式外连接条件〉

〈旧格式外连接条件〉::=〈列名〉{*= | =*}〈列名〉

（5）GROUP BY 子句

GROUP BY 子句用于对结果集分组。分组会影响到统计函数的结果：如果有 GROUP BY 子句，则按组进行数据统计；否则，对全部数据统计。GROUP BY 子句的语法如下。

GROUP BY [ALL] 〈分组表达式组〉

1）ALL 为在结果集中除所有的组外，还包括一组不满足 WHERE 子句指定条件的记录。这个由不满足条件的元组构成的组，其统计值将返回一个空值。

2）分组表达式是分组所基于的表达式，该表达式一般为列名。SELECT 语句可以有多个分组表达式。

（6）HAVING 子句

HAVING 子句位于 GROUP BY 子句后，用于指定组或汇总筛选条件。组选择条件一般为带有函数的条件表达式，它决定着整个组或汇总的取舍条件。HAVING 子句的格式如下。

HAVING 〈组或汇总筛选条件〉

（7）ORDER BY 子句

ORDER BY 子句用于指明排序项和排序要求。查询结果集可以按多个排序列进行排序，每个排序列后都可以跟一个排序要求：当排序要求为 ASC 时，元组按排序列值的升序排序；排序要求为 DESC 时，结果集的元组按排序列值的降序排列。ORDER BY 子句语法如下。

ORDER BY 〈排序项〉 [ASC|DESC][, …n]

（8）COMPUTE 子句

COPMPUTE 子句的作用是产生汇总值，并在结果集中将汇总值放入摘要列，COMPUTE 与 BY 配合，将起到换行控制和分段小计的作用。COMPUTE 子句的语法如下。

COMPUTE 〈统计函数组〉[BY 〈分组项〉]

BY〈分组项〉表示在结果集中产生换行控制及分段小计。COMPUTE BY 必须和 ORDER BY 配合使用，分组项应完全等于排序项。

2. 查询语句中使用的运算符号

Transact-SQL 的查询语句中使用的运算符包括算术运算符、比较运算符、范围运算符、逻辑操作符、组合查询操作符和在字段操作符等，具体内容如表 6-3 所示。

表 6-3 Transact-SQL 的运算符

类　别	符　号
算术运算符	+（加），-（减），*（乘），/（除），%（取余或模）
比较运算符	=（等于），>（大于），<（小于），>=（大于等于或不小于），!<（不小于），<=（小于等于或不大于），!>（不大于），<>（不等于），!=（不等于）
范围运算符	BETWEEN…AND…（在…之间），NOT BETWEEN…AND…（不在…之间）
子查询运算符	IN（在…之中），NOT IN（不在…之中），<比较符>ALL（全部），<比较符>ANY（任意一个），<比较符>SOME（一些），EXIST（存在），NOT EXIST（不存在）
字符串运算符	+（连接），LIKE（匹配），NOT LIKE（不匹配）
未知值运算符	IS NULL（是空值），NOT IS NULL（不是空值）
逻辑运算符	NOT（非），AND（与），OR（或）
组合运算符	UNION（并），UNION ALL（并，允许重复的元组）

T-SQL 的操作符种类比较多，功能也很强大。在这些操作符中，有些是在其他计算机语言也曾遇到过的，如 NOT、AND 和 OR，其语义和使用方法读者都比较清楚。另有一些特殊操作符读者可能不太熟悉，如 IN、ANY、LIKE 等，将在表 6-4 中详细介绍。

表 6-4 T-SQL 中特殊操作符实例

语　义	操　作　符	使用格式或示例	示　例　解　释
在[不在]其中	[NOT] IN	〈字段〉IN（〈数据表|子查询〉）	将字段值与数据表|子查询的结果集比较，看字段值在[不在]数据表或结果集中
任何一个	ANY	〈字段〉〈比较符〉ANY（数据表|子查询），例：〈字段〉> ANY（数据表|子查询）	测试字段值是否大于数据表或子查询结果集中的任何一个值
全部（每个）	ALL	〈字段〉〈比较符〉ALL（数据表|子查询），例：〈字段〉> ALL（数据表|子查询）	测试字段值是否大于数据表或子查询结果集中的每一个值
[不]存在	EXISTS	EXISTS（〈子查询〉）	测试子查询的结果集中有[没有]记录
在[不在]范围	[NOT] BETWEEN…AND	〈字段〉[NOT] BETWEEN 小值 AND 大值	测试字段在[不在]给定的小值和大值指定的范围中
是[不是]空值	IS [NOT] NULL	〈字段〉IS [NOT] NULL	测试字段是[不是]空值

语　义	操　作　符	使用格式或示例	示　例　解　释
模式比较	[NOT] LIKE	〈字段〉[NOT] LIKE〈字符常数〉，其中，字符常数中含有下划线"_"（单字符通配符）和百分号"%"（任意长度字符通配符）	测试字段值是否与给定的字符模式匹配
与运算	AND	〈条件1〉AND〈条件2〉	测试条件1和条件2是否都满足要求
或运算	OR	〈条件1〉OR〈条件2〉	测试条件1和条件2是否有一个满足要求
非运算	NOT	NOT〈条件〉	测试条件是否不满足要求

表中，LIKE是字符模式匹配比较操作符，可实现模糊查询功能。LIKE表达式中可以使用4种通配符，包括单字符、多字符和两种范围单字符通配符，具体通配符如表6-5所示。

表6-5　LIKE操作符使用的通配符

通　配　符	含　义	例　子
%	多字符通配符	'T%'，以T开头的字符串
_（下划线）	单字符通配符	'AB_'，以AB开头，第3个字符任意的字符串
[〈字符范围〉]	指定字符范围内的单字符	'[A，B，C]%' 或 '[A-C]%'，开头第一个字符为字符 A~C 的字符串
[Λ〈字符范围〉]	不在指定字符范围内的单字符	'[ΛA，B，C]%' 或 '[ΛA-C]%'，开头第一个字符不是字符 A~C 的字符串

3．查询语句中的统计函数

SQL Server DBMS 提供了许多统计函数，它们可以在 SELECT、WHERE、HAVING 及 COMPUTE 子句中使用。表6-6中列出了在查询语句中使用的主要统计函数。

表6-6　查询语句中使用的主要统计函数

函　数	参　数	意　义
AVG	([ALL|DISTINCT]〈数值表达式〉)	求数值表达式的值，可有针对全部值或不重复值两种情况
COUNT	([ALL|DISTINCT]〈表达式〉)	统计表达式的值，可有针对全部值或不重复值两种情况
COUNT	(*)	统计记录数
MAX	(〈表达式〉)	求表达式的最大值
MIN	(〈表达式〉)	求表达式的最小值
SUM	([ALL|DISTINCT]〈算术表达式〉)	求算术表达式的和，可有针对全部值或不重复值两种情况
STDEV	(〈算术表达式〉)	求表中所有值的偏差
STDEVP	(〈算术表达式〉)	求所有涉及数据的偏差
VAR	(〈算术表达式〉)	求表中所有值的方差
VARP	(〈算术表达式〉)	求所涉及数值的方差

6.4.2　数据查询实例

T-SQL 的查询语句可以分为简单查询、连接查询、嵌套查询和组合查询4种类型。下面仍以学生课程库和图书读者库为例，介绍各种查询的描述格式。

学生课程库包括3个基本表，其结构如下。

> 学生（学号，姓名，年龄，所在系）
> 课程（课程号，课程名，先行课）
> 选课（学号，课程号，成绩）

图书读者库中包括3个基本表，其结构如下。

> 图书（书号，类别，出版社，作者，书名，定价）
> 读者（书证号，姓名，单位，性别，电话）
> 借阅（书号，读者书证号，借阅日期）

1. 简单查询

简单查询是指在查询过程中只涉及一个表的查询语句。简单查询是最基本的查询语句。

【例6-15】 求数学系学生的学号和姓名。

```
SELECT 学号, 姓名
FROM 学生
WHERE 所在系='数学系'
GO
```

解题说明：在表达查询时，首先要确定查询的源表，源表可以为基本表或视图表。本例的源表是学生表；表达查询的第二步是确定元组选择要求和结果列的表达。本例中的元组选择条件是所在系等于"数学系"，结果列为学号和姓名。

【例6-16】 求选修了课程的学生学号。

```
SELECT DISTINCT 学号
FROM 选课
GO
```

解题说明：该题使用了 DISTINCT 短语。由于每个学生一般都选修了多门课程，在选课表中对学号投影后就会出现重复的学号，使用了 DINSTINCT 短语后就可以使结果集中不出现重复学号。

【例6-17】 求选修 C1 课程的学生学号和成绩，并要求对查询结果按成绩的降序排列，如果成绩相同则按学号的升序排列。

```
SELECT 学号, 成绩
FROM 选课
WHERE 课程号='C1'
ORDER BY 成绩 DESC, 学号 ASC
GO
```

解题说明：该题使用了排序子句。其中，成绩为第 1 排序项，学号为第 2 排序项。

【例6-18】 求选修课程 C1 且成绩在 80～90 之间的学生学号和成绩，并将成绩乘以系数 0.8 输出。

```
SELECT 学号, 成绩*0.8
FROM 选课
```

```
WHERE  课程号  = 'C1' AND  成绩  BETWEEN 80 AND 90
GO
```

解题说明：该题有以下 3 处值得注意。

1）在目标列中使用了表达式"成绩*0.8"，它将结果集中的每个成绩项都乘以系数 0.8。

2）元组选择子句中使用了 BETWEEN…AND 表达式，它表示成绩在 80～90 之间。

3）元组子句中使用了 AND 操作符，它表示两边条件都要成立。

【例 6-19】 求数学系或计算机系姓张的学生的信息。

```
SELECT *
FROM  学生
WHERE  所在系  IN('数学系', '计算机系') AND  姓名  LIKE '张%'
GO
```

解题说明：该题有 3 处值得注意。

1）目标列使用*，表示选择学生表中的所有字段。

2）使用了"所在系 IN('数学系', '计算机系')"操作表达式，该表达式也可用"所在系= '数学系' OR 所在系='计算机系'"来代替。

3）使用了 LIKE 模式匹配表达式，"姓名 LIKE '张%'"表示查询姓张的同学。

【例 6-20】 求缺少了成绩的学生的学号和课程号。

```
SELECT  学号, 课程号
FROM  选课
WHERE  成绩  IS NULL
GO
```

解题说明：该题使用了含有 IS NULL 的操作表达式，它表示成绩为空。

【例 6-21】 将计算机类的书存入永久的计算机图书表，将借书日期在 1999 年以前的借阅记录存入临时的超期借阅表。

```
SELECT *   INTO  计算机图书
FROM  图书
WHERE  类别='计算机'
GO
SELECT *   INTO #超期借阅
FROM  借阅
WHERE  借阅日期<'1999-01-01'
GO
```

解题说明：INTO 子句具有创建表的功能，当创建的表为临时表时，在表名前要加"#"；关闭计算机后，临时表就不存在了。

2．连接查询

包含连接操作的查询语句称为连接查询。连接查询包括等值连接、自然连接、求笛卡儿积、一般连接、外连接、内连接、左连接、右连接和自连接等。由于连接查询涉及被连接和连接两个表，所以它的源表一般为多表。连接查询中的连接条件可以通过 WHERE 子句表达，也可以通过 FROM 子句表示。

（1）通过 WHERE 子句表达连接操作

连接查询中，通过 WHERE 子句表达连接条件的格式如下。

〔〈表名 1〉.〕〈列名 1〉〈比较运算符〉〔〈表名 2〉.〕〈列名 2〉

其中，比较运算符主要有=、>、<、>=、<= 和!=；连接谓词中的列名称为连接字段。连接条件中，连接字段类型必须是可比的，但连接字段不一定是同名的。

当连接运算符为"="时，该连接操作称为等值连接；否则，使用其他运算符的连接运算称为非等值连接。当等值连接中的连接字段相同，并且在 SELECT 子句中去除了重复字段时，则该连接操作为自然连接。

【例 6-22】 查询每个学生的情况及他（她）所选修的课程。

```
SELECT 学生.*, 选课.*
FROM 学生, 选课
WHERE 学生.学号=选课.学号
GO
```

解题说明：

1）该题的目标列中含学生表的全部属性和选课表的全部属性。

2）由于目标列中有学生学号和选课学号两个相同的属性名的属性，故它的连接操作是等值连接。如果在 SELECT 子句中将重复属性去掉，该操作即为自然连接操作。

3）连接操作的连接条件必须在 WHERE 子句中写出。如果使用了两个表查询，但 WHERE 子句中无连接条件，则结果为广义笛卡儿积操作结果。

【例 6-23】 求学生的学号、姓名、选修的课程名及成绩。

```
SELECT 学生.学号, 姓名, 课程名, 成绩
FROM 学生, 课程, 选课
WHERE 学生.学号=选课.学号 AND 课程.课程号=选课.课程号
GO
```

解题说明：该题有两个地方值得注意。

1）在描述字段时，如果源表中有重复字段，需要用"〈表名〉.〈字段名〉"说明，即在字段前加表名限定。对于不重复的字段，可直接写字段名。

2）该题用 AND 将两个连接条件结合，从而实现了 3 个表连接在一起的操作。

【例 6-24】 求选修 C1 课程且成绩为 90 分以上的学生学号、姓名及成绩。

```
SELECT 学生.学号, 姓名, 成绩
FROM 学生, 选课
WHERE 学生.学号=选课.学号 AND 课程号='C1' AND 成绩>90
GO
```

解题说明：该题的 WHERE 子句中既有连接条件，也有元组选择条件，在表达时，应把连接条件放在前面。

（2）在 FROM 子句中表示连接操作

FROM 子句中常用的连接操作表达式如下。

〈表名 1〉[INNER | {{LEFT|RIGHT|FULL}[OUTER]}] JOIN 〈表名 2〉
ON[〈表名 1〉.] 〈列名 1〉〈比较运算符〉[〈表名 2〉.] 〈列名 2〉

其中有 INNER（内连接）、LEFT [OUTER]（左外连接）、RIGHT [OUTER]（右外连接）和 FULL [OUTER]（完全外连接）4 种连接类型，所表达的语义如下。

- 内连接操作的结果集中，只保留了符合连接条件的元组，排除了两个表中没有对应的或匹配的元组。
- 左外部连接操作的结果集中，仅保留连接表达式左表中的非匹配记录。
- 右外部连接操作的结果集中，只保留连接表达式右表中的非匹配记录。
- 全外连接操作是在结果中，保留连接表达式两边表中的非匹配记录。外部连接中不匹配的分量用 NULL 表示。

【例 6-25】 求学生的学号、姓名、选修的课程名及成绩。

```
SELECT 学生.学号, 姓名, 课程名, 成绩
FROM 学生 INNER JOIN 选课 ON 学生.学号=选课.学号
        INNER JOIN 课程 ON 课程.课程号=选课.课程号
GO
```

【例 6-26】 求选修 C1 课程且成绩为 90 分以上的学生学号、姓名及成绩。

```
SELECT 学生.学号, 姓名, 成绩
FROM 学生 INNER JOIN 选课 on 学生.学号=选课.学号
WHERE  课程号='C1'  AND 成绩>90
GO
```

设有职工和部门两个基本表，数据如表 6-7 所示。

表 6-7 职工和部门表数据

		职工表					部门表	
职工号	姓名	性别	年龄	所在部门		部门号	部门名称	电话
1010	李勇	男	20	11		11	生产科	566
1011	刘晨	女	19			12	计划科	578
1012	王敏	女	22	12		13	一车间	467
1014	张立	男	21	13		14	科研所	

表中：1011 号职工刘晨因刚调入单位还没分配到具体部门，故对应所在部门为 NULL 值；而科研所因刚组建还没有人员。

【例 6-27】 用 T-SQL 表达职工表和部门表的内连接、左外部连接和右外部连接操作。

内连接：

```
SELECT 职工.*, 部门名称, 电话
FROM 职工 INNER JOIN 部门 ON 职工.所在部门= 部门.部门号
GO
```

左外部连接：

```
SELECT 职工.*, 部门名称, 电话
```

```
FROM 职工 LEFT JOIN 部门 ON 职工.所在部门 = 部门.部门号
GO
```

右外部连接：

```
SELECT 职工.*, 部门名称, 电话
FROM 职工 RIGHT JOIN 部门 ON 职工.所在部门 = 部门.部门号
GO
```

对它们进行内连接、左外部连接和右外部连接会产生不同的结果集，如表 6-8 所示。

表 6-8 职工和部门表各种连接的结果集对照表

内连接的结果集

职 工 号	姓 名	性 别	年 龄	所 在 部 门	部 门 名 称	电 话
1010	李勇	男	20	11	生产科	566
1012	王敏	女	22	12	计划科	578
1014	张立	男	21	13	一车间	467

左外部连接的结果集

职 工 号	姓 名	性 别	年 龄	所 在 部 门	部 门 名 称	电 话
1010	李勇	男	20	11	生产科	566
1011	刘晨	女	19			
1012	王敏	女	22	12	计划科	578
1014	张立	男	21	13	一车间	467

右外部连接的结果集

职 工 号	姓 名	性 别	年 龄	所 在 部 门	部 门 名 称	电 话
1010	李勇	男	20	11	生产科	566
1012	王敏	女	22	12	计划科	578
1014	张立	男	21	13	一车间	467
					科研所	

3. 嵌套查询

在 SQL 语言中，一个 SELECT…FROM…WHERE 语句称为一个查询块。将一个查询块嵌套在另一个查询块的 WHERE 子句或 HAVING 短语的条件中的查询称为嵌套查询。

在书写嵌套查询语句时，总是从上层查询块（也称外层查询块）向下层查询块书写，而在处理时则是由下层向上层处理，即下层查询结果集用于建立上层查询块的查找条件。

（1）使用 IN 操作符的嵌套查询

当 IN 操作符后的数据集需要通过查询得到时，就需要使用 IN 嵌套查询。

【例 6-28】 求选修了高等数学的学生学号和姓名。

```
SELECT 学号, 姓名
```

FROM 学生
WHERE 学号 IN(SELECT 学号 FROM 选课
                WHERE 课程号 IN(SELECT 课程号 FROM 课程
                            WHERE 课程名='高等数学'))

GO

解题说明:

1)该题的执行步骤是:首先在课程表中求出高等数学课的课程号,然后根据找出的课程号在选课表中找出学了这些课程的学号,最后根据学号在学生表中找出其姓名。

2)该题使用了两层嵌套。

3)该题也可以使用下面的连接查询表达。

SELECT 学生.学号, 姓名
FROM 学生, 课程, 选课
WHERE 学生.学号=课程.学号 AND 课程.课程号=选课.课程号 AND 课程.课程名='高等数学'
GO

(2)使用比较符的嵌套查询

IN 操作符用于一个值与多值比较,而比较符则用于一个值与另一个值之间的比较。当比较符后面的值需要通过查询才能得到时,就需要使用比较符嵌套查询。

【例 6-29】 求 C1 课程的成绩高于张三的学生学号和成绩。

SELECT 学号, 成绩 FROM 选课
WHERE 课程号='C1' AND 成绩>(SELECT 成绩 FROM 选课
                WHERE 课程号='C1'AND 学号= SELECT 学号
                      FROM 学生 WHERE 姓名='张三')

GO

解题说明:该题的执行顺序是首先在学生表中求出张三的学号,然后在选课中求出他的 C1 课成绩,最后在选课表中求出 C1 课成绩大于张三的学生学号和成绩。该题使用了两层嵌套,第一层嵌套使用>(大于)操作符,第二层嵌套使用=(等于)操作符。

(3)使用 ANY 或 ALL 操作符的嵌套查询

使用 ANY 或 ALL 操作符时必须与比较符配合使用,其格式如下。

〈字段〉〈比较符〉[ANY|ALL]〈子查询〉

ANY 和 ALL 与比较符结合及语义在表 6-9 中列出。

表 6-9 ANY 和 ALL 与比较符结合及其语意表

操 作 符	语 意
>ANY	大于子查询结果中的某个值,即表示大于查询结果中最小值
>ALL	大于子查询结果中的所有值,即表示大于查询结果中最大值
<ANY	小于子查询结果中的某个值,即表示小于查询结果中最大值
<ALL	小于子查询结果中的所有值,即表示小于查询结果中最小值
>=ANY	大于等于子查询结果中的某个值,即表示大于等于结果集中最小值

操 作 符	语 意
>=ALL	大于等于子查询结果中的所有值，即表示大于等于结果集中最大值
<=ANY	小于等于子查询结果中的某个值，即表示小于等于结果集中最大值
<=ALL	小于等于子查询结果中的所有值，即表示小于等于结果集中最小值
=ANY	等于子查询结果中的某个值，即相当于 IN
=ALL	等于子查询结果中的所有值（通常没有实际意义）
!= （或<>）ANY	不等于子查询结果中的某个值
!= （或<>）ALL	不等于子查询结果中的任何一个值，即相当于 NOT IN

【例 6-30】 求其他系中比计算机系某一学生年龄小的学生（即求年龄小于计算机系年龄最大者的学生）。

```
SELECT *
FROM 学生
WHERE 年龄 <ANY(SELECT 年龄   FROM 学生
                    WHERE 所在系='计算机系' )
            AND 所在系<>'计算机系'
GO
```

解题说明：

1）该查询在处理时，首先处理子查询，找出计算机系的学生年龄，构成一个集合；然后处理父查询，找出年龄小于集合中某一值且不在计算机系的学生。

2）该例的子查询嵌套在 WHERE 选择条件中，子查询后又有"所在系<> '计算机系'"选择条件。SQL 中允许表达式中嵌入查询语句。

【例6-31】 求其他系中比计算机系学生年龄都小的学生。

```
SELECT *
FROM 学生
WHERE 年龄 <ALL(SELECT 年龄   FROM 学生
                    WHERE 所在系='计算机系') AND 所在系<>'计算机系'
GO
```

解题说明：本例使用了<ALL 操作符，上例使用了<ANY。读者可通过这两个例子来体会这两种操作符的不同之处。

（4）使用 EXISTS 操作符的嵌套查询

EXISTS 代表存在量词∃。EXISTS 操作符后子查询的结果集中如果不为空，则产生逻辑真值"true"，否则产生假值"false"。

【例6-32】 求选修了 C2 课程的学生姓名。

```
SELECT 姓名   FROM 学生
WHERE  EXISTS(SELECT *  FROM 选课
            WHERE 学生.学号=学号  AND 课程号='C2')
GO
```

解题说明：

1）本查询涉及学生和选课两个关系。在处理时，先从学生表中依次取每个元组的学号值；然后用此值去检查选课表中是否有该学号且课程号为 C2 的元组；若有，则子查询的 WHERE 条件为真，该学生元组中的姓名应在结果集中。

2）在子查询的条件中，由于当前表为选课，故不需要用表名限定属性，而学生表（父查询中的源表）中的属性需要用表名限定。

3）该查询也可以用下面的连接查询实现。

```
SELECT  姓名
FROM  学生, 选课
WHERE  学生.学号=选课.学号  AND  课程号='C2'
GO
```

【例 6-33】 求没有选修 C2 课程的学生姓名。

```
SELECT  姓名  FROM  学生
WHERE NOT EXISTS (SELECT *   FROM  选课
                      WHERE  学生.学号=学号  AND  课程号='C2')
GO
```

解题说明：本例与例 6-32 的不同之处在于本例使用了 NOT EXISTS 操作符，而例 6-32 使用的是 EXISTS 操作符。由于 WHERE 子句中的条件是元组选择条件，例 6-32 可以使用连接查询表示，而本例不能使用下面的连接查询表示。

```
SELECT  姓名  FROM  学生, 选课
WHERE  学生.学号=选课.学号 AND 课程号<>'C2'
GO
```

T-SQL 语言可以把带有全称量词的谓词转换为等价的带有存在量词的谓词。

【例 6-34】 查询选修了全部课程的学生的姓名。

```
SELECT  姓名  FROM  学生
WHERE NOT EXISTS (SELECT *    FROM  课程
                      WHERE NOT EXISTS (SELECT *   FROM  选课
                          WHERE  学生.学号=学号 AND 课程.课程号=课程号))
GO
```

解题说明：由于 T-SQL 中没有全称量词的操作符，该题将意思转换为查询这样的学生：没有一门课他不选修。本例中使用了两个 NOT EXISTS 操作符，其中第一个 NOT EXISTS 表示不存在这样的课程记录，第二个 NOT EXISTS 表示该生没有选修的选课记录。

【例 6-35】 求选修了学号为"S2"的学生所选修的全部课程的学生学号和姓名。

```
SELECT  学号, 姓名  FROM  学生
WHERE NOT EXISTS (SELECT *   FROM  选课 选课 1
                      WHERE 选课 1.学号='S2' AND NOT EXISTS
                          (SELECT *   FROM  选课 选课 2
                              WHERE  学生.学号=选课 2.学号
                                  AND  选课 2.课程号=选课 1.课程号))
```

```
GO
```

解题说明:

1）本例表达的是蕴含运算。它的意义是:查询学生 X 选修的课程 Z 和 S2 学生选修的课程 Y,并要求 Z 中包括全部 Y。

2）与例 6-34 不同的是:例 6-34 的课程是课程表的全部课程,而本例的课程是选课表中 S2 学生所选修的课程。

3）本例使用了两次选课表,它们分别用别名"选课 1"和"选课 2"表示。

4．使用分组和函数查询

T-SQL 函数多数为统计函数,常用的函数是 COUNT（计数）、MAX（求最大值）、MIN（求最小值）、AVG（求平均值）和 SUM（求和值）等。函数可作为列标识符出现在 SELECT 子句的目标列,也可以出现在 HAVING 子句的条件中。在查询语句中,如果有 GROUP BY 分组子句,则语句中的函数为分组统计函数;如果没有 GROUP BY 分组子句,则语句中的函数为全部结果集的统计函数。

（1）不分组统计

【例 6-36】 求学生的总人数。

```
SELECT COUNT(*) FROM 学生
GO
```

解题说明:本例通过统计学生表的记录数求学生的总人数。

【例 6-37】 求选修了课程的学生人数。

```
SELECT COUNT(DISTINCT 学号)
FROM 选课
GO
```

解题说明:本例在学号前加 DISTINCT,使得统计学号时重复的学号只计一次;如果学号前不加 DISTINCT（为 ALL）,则重复的学号就会多次计数,假如一个学生选修了 5 门课程,就会统计 5 次,其意义就变成了求选课的人次数了。

（2）使用分组统计

【例 6-38】 求课程和选修该课程的人数。

```
SELECT 课程号, COUNT(学号) FROM 选课
GROUP  BY 课程号
GO
```

解题说明:

1）本例的查询过程分两步,先按课程号将选课记录分组,即同一课程号的选课记录分在一组中;再求出组内的学号数,即选修该课程的人数。

2）如果本例中无 GROUP BY 子句,则 COUNT（学号）的结果为全部记录的学号数。

【例 6-39】 求选修课超过 3 门课的学生学号。

```
SELECT 学号  FROM 选课
GROUP BY 学号  HAVING COUNT(*)>3
GO
```

解题说明：本例使用了 HAVING 子句，其语义为取组内记录大于 3 条的组。HAVING 子句中的内容为组选择的条件，其子句的条件中必须有 SQL 函数。换句话讲，如果条件中有 SQL 函数，必须放在 HAVING 子句中，且 HAVING 子句跟在 GROUP BY 后。该例题不能用下面的方法表示。

```
SELECT 学号  FROM 选课
WHERE COUNT(*)>3
GROUP BY 学号
GO
```

（3）GROUP BY ALL 与 GROUP BY 的区别

通过下面的例子，可以看出 GROUP BY ALL 与 GROUP BY 两者的不同之处。

【例 6-40】 求机械工业出版社出版的各类图书的平均定价。

用 GROUP BY 表示为

```
SELECT 类别, AVG(定价) 平均价 FROM 图书
WHERE 出版社='机械工业出版社'
GROUP BY 类别  ORDER BY 类别 ASC
```

用 GROUP BY ALL 表示为

```
SELECT 类别, AVG(定价) 平均价  FROM 图书
WHERE 出版社='机械工业出版社'
GROUP BY ALL 类别
ORDER BY 类别 ASC
```

解题说明：

1）SELECT 子句中使用了"平均价"的别名，输出时别名将会作为结果列名。

2）语句"GROUP BY"执行的结果集中仅包括机械工业出版社的图书类别和平均价记录；语句"GROUP BY ALL"执行的结果集中除包括机械工业出版社的记录（WHERE 条件指示的）外，还包括其他出版社出版的图书类别，这些记录的统计值（平均价）为 NULL。

5. 使用 COMPUTE 和 COMPUTE BY 查询

使用 COMPUTE 可建立一个汇总摘要，COMPUTE BY 可建立分组汇总摘要，具体使用方法可参照下面的例子。

【例 6-41】 列出计算机类图书的书号、名称及价格，求出册数和总价格。

```
SELECT 书号, 书名, 定价  FROM 图书
WHERE 类别='计算机类'
ORDER BY 书号 ASC
COMPUTE   COUNT(*), SUM(定价)
```

解题说明：本例执行的结果集中，后面以摘要形式列出一条 COUNT 和 SUM 的记录；COMPUTE 的统计不受 GROUP BY 的影响，但它仅统计能满足 WHERE 条件的记录。

【例 6-42】 列出计算机类图书的书号、名称及价格，并求出各出版社这类书的总价格，最后求出全部册数和总价格。

```
SELECT 书号, 书名, 定价  FROM 图书
```

```
WHERE  类别='计算机类'
ORDER BY 出版社
COMPUTE COUNT(*), SUM(定价) BY  出版社
COMPUTE COUNT(*), SUM(定价)
```

解题说明：使用了两个 COMPUTE 子句，前面的 COMPUTE BY 子句表明按出版社分类统计册数和总定价，后面的 COMPUTE 子句则统计总册数和总定价。

6．使用 UNION 组合查询

Transact-SQL 查询语言的组合操作符只有 UNION（并操作）一种，差操作和交操作则要通过"[NOT]EXISTS 〈子查询〉"嵌套查询完成。UNION 操作有两种：UNION 和 UNION ALL，后者是在并操作时保留重复的元组。

【例 6-43】 查询计算机类和机械工业出版社出版的图书。

```
SELECT *  FROM 图书 WHERE 类别='计算机类'
UNION ALL
SELECT *  FROM 图书  WHERE 出版社='机械工业出版社'
```

解题说明：本例使用了 UNION ALL 操作。假设表中有计算机类的图书 200 本，机械工业出版社出版的图书 200 本，则结果集中会有 400 条记录。如果某本书是机械工业出版社的计算机类书，它会在前面的计算机类图书中出现，同时也会在后面的机械工业出版社的图书记录中出现，这一点与使用 UNION（不加 ALL）的结果不同。

6.4.3 T-SQL 附加语句

Transact-SQL 附加语句是为编程增加的语言元素。这些附加语句的语言元素包括变量、运算符、函数、流程控制语言和注释，它们用于存储过程或触发器中。

1．变量的定义和使用

变量是语言的重要元素。Transact-SQL 的变量有两种：一种是用户自己定义的局部变量，其变量名字前加"@"；另一种是系统提供的全局变量，名字前要加"@@"。局部变量通过 DECLARE 语句定义，通过 SET 或 SELECT 语句赋值，通过 PRINT 语句输出。SQL Server 2017 还提供了许多重要的全局变量，需要时可引用它们，以获得必要的信息。

（1）局部变量的定义语句

局部变量只能在一个批处理或存储过程中使用。定义局部变量就是定义局部变量名及其数据类型。定义局部变量的语法如下。

```
DECLARE @〈变量名〉〈数据类型〉[,…n]
```

（2）局部变量的赋值语句

局部变量通过 SET 语句赋值，其语法形式如下。

```
SET   @〈变量名〉=〈表达式〉
```

SELECT 语句也可给局部变量赋值，其语法形式如下。

```
SELECT  @〈变量名〉=〈表达式〉[〈列表达式组〉]
[FROM…]
```

上式与一般的 SELECT 语句的不同之处是，它的列表达式中可以有变量赋值语句。该变量赋值语句执行的结果为：通过查询求出表达式值，并将值赋予指定的变量。

SELECT 在作为变量赋值语句时，可以没有 FROM 等其他子句，可单独使用。

（3）使用 PRINT 语句显示变量

PRINT 语句的语法如下。

```
PRINT '〈字符串〉' | @〈局部变量〉| @@〈全局变量〉
```

必须指出的是，PRINT 语句并不能输出表达式，它只能输出字符型数据（CHAR，VARCHAR）。如果输出的数据不是字符型数据，还需要通过函数将其类型转换为字符型数据。

（4）数据转换函数

SQL Server 2017 提供了两个数据转换函数 CONVER 和 CAST，CAST 函数和 CONVER 函数允许把一种数据类型转换为另一种数据类型。它们的语法如下。

```
CAST (〈表达式〉 AS 〈数据类型〉)
CONVERT (〈数据类型〉[(〈长度〉)], 〈表达式〉)
```

2．流程控制语句

（1）分支语句 IF…ELSE

IF…ELSE 语句是分支语句。该语句在执行时先判断〈条件〉的真假，条件为真执行 IF 后面的语句，否则执行 ELSE 后面的语句（如果有 ELSE 子句）。IF 语句的格式如下。

```
IF 〈条件表达式〉
    〈语句1〉| 〈语句块1〉
[ELSE
    〈语句2〉| 〈语句块2〉]
```

应当注意的是，IF 语句并没有类似于 ENDIF 的结束子句，它只与单语句关联，如果要执行语句组，则应通过 BEGIN…END 结构表示。

（2）块语句 BEGIN…END

BEGIN…END 的作用是说明一个语句块，这种结构形式在许多高级语言中都有，只是表示方法略有不同，BEGIN…END 的语法结构如下。

```
BEGIN
    〈语句〉| 〈语句块〉[…n]
END
```

下面举一个利用 IF 语句和 BEGIN…END 语句定义触发器的例子。

【例 6-44】 定义借阅表的插入触发器，要求当读者已经借过 5 本书时不能继续借书。

```
CREATE TRIGGER 借书限制 ON 借阅 FOR INSERT
AS IF (SELECT COUNT(*)
    FROM  INSERTED, 借阅
    WHERE  INSERTED.读者书证号=借阅.读者书证号)>=5
    BEGIN
        ROLLBACK TRANSACTION
```

```
        PRINT '借书已超过限额'
    END
```

（3）循环语句 WHILE

WHILE 循环语句的执行过程是这样的：系统在处理 WHILE 语句时，首先检测循环条件，当条件为真时执行循环体，否则跳过该 WHILE 语句；在执行完循环体后自动返回到开始处重新检测循环条件，如果条件仍然为真，则继续执行循环体；直到循环条件为假或者遇到 BREAK 语句为止。WHILE 语句的语法格式如下。

```
WHILE  〈条件表达式〉
       〈语句或语句块〉
```

其中，〈条件表达式〉为循环条件；〈语句或语句块〉为循环体。

在循环体中允许有与循环相关的两个特殊语句，即 BREAK 语句或者 CONTINUE 语句。BREAK 语句的功能为跳出循环，CONTINUE 语句的功能则是跳过下面的语句返回到 WHILE 开始处。

（4）注释语句

程序中的注释可以增加程序可读性。SQL Server 2017 有两种注释方式，即"——"和"/*"。注释语句的格式如下。

```
整块注释：*/ 〈注释块〉*/
整行注释：*/ 〈注释行〉
从行的后部分注释：〈语句〉—— 〈注释〉
```

（5）GOTO 语句

GOTO 语句的作用是转移。GOTO 语句要和标号语句配合才能使用。标号语句的作用是标明 GOTO 转移的位置。它们的语法如下。

```
〈标号〉：
         〈语句组〉
GOTO 〈标号〉
```

（6）RETURN 语句

RETURN 语句的功能是退出过程，它的语法如下。

```
RETURN [ 〈整数〉]
```

RETURN 后的整数为过程返回的状态值。状态值的含义为：0 表示过程运行成功；1～99 表示运行失败，其中的每个值代表一种出错代码。返回状态值还可以由用户定义（要求为正整数），以方便程序调试。

过程运行后，其返回状态值仍保留在系统中，用户可以通过 EXEC 语句将过程返回状态值赋给局部变量，以获得过程执行状态信息。指定局部变量获得返回状态值的语法如下。

```
EXEC @ 〈局部变量〉=〈过程名〉
```

【例 6-45】 使用过程返回状态值控制程序的示例。

```
DECLARE @status int
```

```
EXEC @status=PRO1
IF (@status=0)
    PRINT 'PRO1 过程执行成功'
ELSE
    PRINT 'PRO1 过程执行失败'
```

解题说明：本例的 PRO1 为已建立的过程，@status 为局部变量。本例将 PRO1 过程的返回状态值赋给 status 变量，并根据该变量值是否为零决定显示内容。

（7）CASE 表达式

Transact-SQL 的 CASE 是一种特殊的表达式，而不是一种语句。CASE 表达式可以在多个选项的基础上做出执行决定。CASE 表达式有如下两种表示形式。

形式 1：

```
CASE
WHEN  〈逻辑表达式 1〉  THEN  〈结果表达式 1〉
[…n]
ELSE  〈ELSE 结果表达式〉
END
```

形式 1 的意义为：如果〈逻辑表达式 1〉为真，表达式结果值为〈结果表达式 1〉，否则判断逻辑表达式 2，……如果 WHEN 后面的所有逻辑表达式都为假，则表达式结果为〈ELSE 结果表达式〉的值。

形式 2：

```
CASE  〈输入表达式〉
WHEN  〈简单表达式〉  THEN  〈结果表达式〉
[…n]
ELSE  〈ELSE 结果表达式〉
END
```

形式 2 的意义为：对于给定的输入表达式，如果它等于〈简单表达式〉，则该 CASE 的结果值为〈结果表达式 1〉的值，如果 WHEN 后的〈简单表达式〉的值均不等于输入表达式，则 CASE 表达式的结果为〈ELSE 结果表达式〉的值。

CASE 表达式经常和 SELECT 语句联用。

【例 6-46】 列出借阅表中长期不还书的记录，已借阅期限按借 1 年以上、2 年以上、3 年以上的形式表示。

```
SELECT 书号, 读者书证号, 已借阅期限=
    CASE YEAR(GETDATE( ))-YEAR(借阅日期)
    WHEN 1 THEN '借 1 年以上'
    WHEN 2 THEN '借 2 年以上'
    WHEN 3 THEN '借 3 年以上'
    ELSE '借时间太长'
    END
FROM  借阅
WHERE YEAR(GETDATE( ))-YEAR(借阅日期)>0
```

解题说明：本例使用了两个函数：GETDATE()为取当天日期；YEAR()为取日期的年份。本例用当天年份减去借阅年份表示已借书的时间。

6.5 视图和关系图的建立与维护

视图可以方便用户查询和保证系统数据安全，是根据数据库子模式建立的虚表。一个视图可以由一个基本表构造，也可以由多个基本表构造。利用企业管理器和视图创建向导，可以很容易地进行创建、查看和修改视图。

6.5.1 用 T-SQL 定义和维护视图

视图是根据子模式设计的关系，由一个或几个基本表（或已定义的视图）导出的虚表。合理地使用视图能够对系统的设计和用户的使用带来很多方便。

1．视图的优点

（1）视图能够简化用户的操作

若用户需要的数据通过基本表构造比较麻烦，则可以将需要的数据结构定义成视图，视图会使用户感到数据库的数据结构适合每个实际需要，使用起来非常方便。

（2）视图机制可以使用户以不同的方式看待同一数据

当多个用户共享同一个数据库的数据时，通过视图机制可以实现各个用户对数据的不同使用要求。

（3）视图对数据库的重构提供了一定程度的逻辑独立性

在关系数据库中，数据库的重构往往是不可避免的。最常见的重构数据库是将一个基本表"垂直"地或"水平"地分成多个基本表。例如，设原表为"学生(学号，姓名，性别，年龄，所在系)"，由于某种原因需要把它分为如下所示的两个表。

> SX(学号, 姓名, 年龄)
> SY(学号, 性别, 所在系)

利用视图方法可以使原学生表在使用中仍然有效。学生视图为 SX 表和 SY 表自然连接的结果，其定义语句如下。

> CREATE VIEW 学生(学号, 姓名, 性别, 年龄, 所在系)
> AS　SELECT SX.学号, SX.姓名, SX.性别, SY.年龄, SY.所在系
> FROM　SX, SY
> WHERE　SX.学号= SY.学号
> GO

以上举例中，尽管数据库的逻辑结构改变了，但由于视图机制，新建立的视图为应用程序提供了原来使用的关系，使数据库的外模式保持不变。原有的应用程序通过视图仍能查找到数据，所以应用程序不必修改仍可以正常运行。

实际上，视图只能提供一定程度的数据独立性，由于对视图的更新是有条件的，则对应用程序中的修改数据语句，会因基本表结构的改变而需要改变修改对象。

（4）视图可以对机密的数据提供安全保护

在设计数据库应用系统时，针对不同用户定义不同的视图。对于不应当看到机密数据的用户，在为他们设计的视图中不提供机密数据的列和元组，从而提供了对机密数据安全的保护保障。

2．视图定义的格式

SQL 语言定义视图的格式如下。

CREATE VIEW　〈视图名〉　[(列名组)]　AS　〈子查询〉
[WITH CHECK OPTION]

定义视图的格式中，有两点需要说明。

1）WITH CHECK OPTION 选项，表示在对视图进行 UPDATE、INSERT 和 DELETE 操作时，要保证操作的数据满足视图定义中的谓词条件。该谓词条件是视图子查询中的WHERE 子句的条件。

2）组成视图的列名全部省略或者全部指定。若省略了视图的列名，则该视图的列为子查询中的 SELECT 子句的目标列。必须明确指定组成视图的所有列名的 3 种情况是：某个目标列不是单纯的列名，而是集函数或列表达式；子查询中使用多个表（或视图），并且目标列中含有相同的列名；需要在视图中改用新的、更合适的列名。

【例 6-47】 建立计算机系学生的视图。

CREATE VIEW 计算机系学生
AS　SELECT 学号, 姓名, 年龄　FROM 学生
　　　WHERE 所在系='计算机系'
GO

解题说明：SELECT…FROM…WHERE 为 SQL 语言的查询语句，该语句在后面有详细介绍；本例中子查询的含义是在学生表中查询计算机系学生的学号、姓名和年龄；本例省略了视图的列名，该视图的列集由子查询中 SELECT 子句中的 3 个列名组成。

DBMS 在执行 CREATE VIEW 语句时，只是把视图的定义存入数据字典，并不执行其中的 SELECT 语句。视图定义后，就可以利用它进行数据查询操作了。当使用到视图时，DBMS 会按视图的定义执行其子查询操作，并将把从基本表中查到的结果集作为视图数据。

例 6-47 的视图是由一个基本表构造出的。视图还可以由多个基本表导出，也可以由统计操作或表达式操作得到，请看下面两个例子。

【例 6-48】 由学生、课程和选课 3 个表定义一个计算机系的学生成绩视图，其列包括学号、姓名、课程名和成绩。

CREATE VIEW 学生成绩(学号, 姓名, 课程名, 成绩) AS
SELECT 学生.学号, 学生.姓名, 课程.课程名, 选课.成绩
FORM　学生, 课程, 选课
WHERE 学生.学号=选课.学号 AND 课程.课程号=选课.课程号 AND 学生.所在系='计算机系'
GO

解题说明：本例是一个由 3 个基本表连接查询构造的视图；由于查询的结果列中有表名限定，所以结果列名不能作为视图的列名，因而在本例中视图名后指定了视图列名。

【例 6-49】 将学生的学号、总成绩、平均成绩定义成一个视图。

```
CREATE VIEW 学生成绩统计(学号, 总成绩, 平均成绩)
AS   SELECT 学号, SUM(成绩), AVG(成绩)
     FROM 选课
     GROUP BY 学号
     GO
```

解题说明: 本例是一个按学号分组统计的查询构造的视图; 由于查询结果中使用了统计函数, 因而本例必须定义视图列名。

3. 视图的删除

视图删除语句的一般格式如下。

```
DROP VIEW 〈视图名〉
```

视图删除后, 视图的定义将从数据字典中删除, 而由该视图导出的其他视图的定义却仍存在数据字典中, 但这些视图已失效。为了防止用户在使用时出错, 要用视图删除语句把那些失效的视图一一删除。同样, 在某个基本表被删除后, 由该基本表导出的所有视图虽然没有被删除, 但均已无法使用了。删除这些视图也需要使用 DROP VIEW 语句。

4. 视图的查询和维护

视图可以与基本表一样被查询, 其使用方法与基本表相同, 但利用视图进行数据增加、删除和修改操作, 会受到一定的限制。一般的数据库系统只允许对行列子集的视图进行更新操作。行列子集视图是指从单个基本表导出, 虽去掉了基本表的某些行和某些列但保留了码的视图。对行列子集视图进行数据增加、删除、修改操作时, DBMS 会把更新数据传到对应的基本表中。对下列几种情况的视图, 数据库系统不支持数据更新操作。

1) 由两个以上基本表导出的视图。

2) 视图的列来自列表达式函数。

3) 视图中有分组子句或使用了 DISTINCT 短语。

4) 视图定义中有嵌套查询, 且内层查询中涉及了与外层一样的导出该视图的基本表。

5) 在一个不允许更新的视图上定义的视图。

6.5.2 用 SSMS 定义和维护视图

在 SQL Server 2017 中, SSMS 通过可视化编程和 T-SQL 语句结合的方式实现视图的定义和维护。

1. 创建视图

假设在图书读者数据库中已经建立了图书、读者和借阅 3 个表, 它们的结构如下。

```
图书(书号, 类别, 出版社, 作者, 书名, 定价)
借阅(书号, 读者编号, 借阅日期)
读者(编号, 姓名, 单位, 性别, 电话)
```

如果要在上述 3 个表的基础上建立一个视图, 取名为读者_VIEW, T-SQL 语句如下。

```
CREATE VIEW 读者_VIEW
AS SELECT 图书.*, 借阅.*
```

FROM 图书，借阅，读者

WHERE 图书.书号=借阅.书号 AND 借阅.读者编号=读者.编号

下面利用 SQL Server 2017 中提供的视图创建向导，创建 VIEW_1 视图。

1）打开 SQL Server Management Studio 窗口，确认服务器，打开数据库文件夹，右击视图文件夹，弹出快捷菜单。

2）在快捷菜单中选择"新建视图"选项，如图 6-27 所示。随后，弹出"添加表"对话框。

3）在"添加表"对话框中，选择视图所包含的表（也可是视图、函数等），本例数据库包含 3 个表，如图 6-28 所示。在对话框中，选择表页中要在视图中添加的表，单击"添加"按钮；选择视图页中要添加的视图，单击"添加"按钮；完成后，单击"关闭"按钮。

图 6-27　新建视图选项

图 6-28　在添加表对话框中选择表

4）弹出"视图设计"对话框，如图 6-29 所示。

"视图设计"对话框中有 3 个区域：上面为表区，列出视图中表及关联信息；中部为属性区，列出视图中的列及约束；下面为 SQL 区，列出视图表达的 T-SQL 语句。

● 表区：设置各表中列名前的复选框，确定视图的列；设置表间连线确定表间关联。

● 属性区：设置列的别名、排序要求等。

● SQL 区：检查视图定义语句，直接补充修改语句。

5）单击屏幕上方的"保存"按钮，会弹出"选择名称"对话框，要求输入所建视图的标识名，如图 6-30 所示。输入视图名后，单击"确定"按钮。

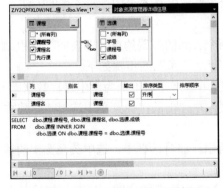

图 6-29　"视图设计"对话框

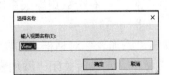

图 6-30　"选择名称"对话框

2．查看和修改视图

如果发现视图的结构不能很好地满足要求，还可以在 SQL Server Management Studio 中进行修改，具体操作方法如下。

1）在 SQL Server Management Studio 中，选择服务器、数据库、视图，并使视图展开，然后右击要修改的结构的视图，会弹出相关的视图功能菜单，如图 6-31 所示。

2）在弹出的菜单中选择"设计"选项后，会弹出一个"视图设计"对话框。该对话框与创建视图的对话框一样，当对其修改完毕后关闭窗口，新的视图结构就会取代原先的结构。

3）在弹出的菜单中选择"属性"选项后，会弹出"视图属性"对话框，如图 6-32 所示。对话框中包括"常规""权限""安全谓词"和"扩展属性"选项卡，其含义与基本表内容相似。

图 6-31　视图相关的快捷菜单

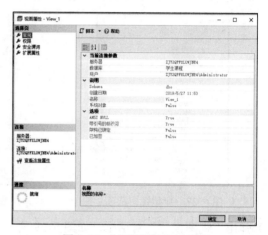

图 6-32　"视图属性"对话框

3．删除视图

在 SQL Server Management Studio 中，将鼠标指针指向数据库中的视图文件夹，选中要删除的视图后右击，在弹出的快捷菜单中选择"删除"选项，即可删除选中的视图。

6.5.3　数据库关系图的创建和维护

数据库关系图是 SQL Server DBMS 数据库的一个对象。关系图工具提供了可视化定义数据库中表间的约束方法，提供了形象的表示数据库中基本表的逻辑关系的方法。

1．创建数据库关系图

在学生课程数据库中，建立课程和选课两个表间的外码约束，即表间"课程.课号=选课.课号"关联，说明创建数据库关系图的方法。建立关系图的步骤如下。

1）展开服务器、数据库文件夹、相关的应用数据库（本例为学生课程数据库），选中数据库关系图文件夹；右击数据库关系图文件夹，在弹出的快捷菜单中选择"新建数据库关系图"选项，如图 6-33 所示。

2）弹出"添加表"对话框，如图 6-34 所示。在对话框中，选中关系图中的基本表后单击"添加"按钮，完成后关闭"添加表"对话框。

3）弹出新关系图编辑对话框，其中包含图表中的表结构图（注意：初始各表间已按原设置的外码关联连线；本例假设无定义外码，因而无连线），如图 6-35 所示。

图 6-33　关系图的快捷菜单

图 6-34　"添加表"对话框

4）在对话框中空白处右击会弹出快捷菜单，选择"添加表"选项可以在关系图中增加新的基本表；选择"显示关系标签"选项后图中连线旁会显示该关联的名称；右击关联线会弹出如图 6-36 所示的快捷菜单。

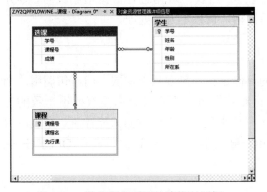

图 6-35　数据库关系图的编辑对话框

图 6-36　建立表间外码关系对话框

5）选择"从数据库中删除关系"选项则该连线会取消，相关的关联也被删除；选择"属性"选项会出现该关联的"属性"对话框，如图 6-37 所示。

6）在"属性"对话框中选择"表和列规范"选项，单击后面的按钮，会出现"表和列"对话框，如图 6-38 所示，在该对话框中可重新定义外键表及外键、主键表及主键。在"属性"对话框中，"INSERT 和 UPDATE"选项用于选择插入和更新规则；"强制外键约束"和"强制用于复制"选项用于设置规则。

图 6-37　"属性"对话框

图 6-38　"表和列"对话框

7）需要新建关联时，可以从外码表中的外码向主码表拉线，并在以后的对话框中定义关联和属性规则。

8）当关系表编辑完毕后，可关闭编辑窗口；随后出现命名的对话框，从中输入关系图名。

2. 修改或删除数据库关系图

要修改或删除一个数据库关系图，可以在 SSMS 中先选中它，再右击要编辑的关系图名，弹出的快捷菜单，如图 6-39 所示。如果要修改关系图，选择"修改"选项，则会弹出关系图编辑框；如果要删除关系图，选择"删除"选项。

图 6-39 关系图的快捷菜单

6.6 触发器的创建和维护

触发器是用于保证数据动态完整性的存储过程。当表中数据进行数据增删改时，SQL Server 会自动执行相应的触发器，比较更新前后数据，按预定方案处理。

6.6.1 用 T-SQL 创建和管理触发器

触发器用于实施复杂动态数据完整性约束的存储过程。触发器不需要专门语句调用，当对它所保护的数据进行修改时自动激活，以防止对数据进行不正确、未授权或不一致的修改。触发器分为 INSERT、UPDATE 和 DELETE 三种类型。一个触发器只能针对一个表，每个表最多只能有 3 个触发器，它们分别是 INSERT 触发器、UPDATE 触发器和 DELETE 触发器。

1. 创建触发器

创建触发器的语法如下。

```
CREATE TRIGGER  〈触发器名〉 ON 〈表名〉
[WITH ENCRYPTION]
FOR {[DELETE][, ][INSERT][, ][UPDATE]}
[WITH APPEND]
[NOT FOR REPLICATION]
AS  〈SQL 语句组〉
```

其中各选项的语义如下。

1）WITH ENCRYPTION：加密选项。

2）DELETE 选项：创建 DELETE 触发器。DELETE 触发器的作用是当对表执行 DELETE 操作时，将删除的元组放入 deleted 表（系统建立的特殊逻辑表）中，按触发器要求检查 deleted 表中的数据及相关表达式，并进行处理。

3）INSERT 选项：创建 INSERT 触发器。INSERT 触发器的作用是在对指定表中执行插入数据操作时，将表中的新数据复制并送入 inserted 表（系统建立的特殊逻辑表）中，检查触发器相关表达式并进行处理。

4）UPDATE 选项：创建 UPDATE 触发器。UPDATE 触发器的作用是在对指定表进行更新数据操作时，先把将要被更新的原数据移入 deleted 表中，再将更新后的数据的备份送入

inserted 表中，UPDATE 触发器根据定义对 deleted 表和 inserted 表进行检查和比较，决定如何处理。

5）NOT FOR REPLICATION 选项：说明当一个复制过程在修改一个触发器表时，与该表相关联的触发器不能被执行。

【例 6-50】 利用触发器来保证学生-选课库中选课表的参照完整性。

```
CREATE TRIGGER 选课插入 ON 选课
FOR INSERT
AS   IF( SELECT COUNT(*)   FROM 学生，inserted, 课程
            WHERE 学生.学号=inserted.学号 AND 课程.课程号=inserted.课程号)= 0
ROLLBACK TRANSACTION
```

解题说明：本例为选课表的 INSERT 触发器。当进行插入操作时，它要保证 inserted 表中的学号包含在学生表的学号中，同时要保证 inserted 表中的课程号包含在课程表中，如果条件不满足，则回滚事务（Rollback Transaction），数据恢复到 INSERT 操作前的情况。

【例 6-51】 设有职工（编号，姓名，性别，年龄，单位）、借书（编号，书号，日期）和预定书（编号，书号，日期）3 个基本表。通过触发器定义未还图书的职工不能从职工表中删除，且当删除职工时，该职工在预定书表中的记录也将全部被删除。

```
CREATE TRIGGER 职工删除   ON 职工
FOR DELETE
AS   IF(SELECT COUNT(*)   FROM 借书, deleted   WHERE 借书.编号=deleted.编号)>0
        ROLLBACK TRANSACTION
     ELSE
        DELETE 预定书   FROM 预定书, deleted   WHERE 预定书.编号= deleted.编号
```

解题说明：本例先判定要删的职工编号在借书表中是否有借书记录，如果其借书记录数大于零，则回滚该 delete 事务（不允许删除操作）；否则，执行在职工表中删除该职工的操作，同时也执行删除其预定书记录的操作。

2．删除触发器

删除触发器的语法如下。

```
DROP TRIGGER   〈触发器名组〉
```

6.6.2   在 SSMS 中创建触发器

在 SQL Server 2017 的 SQL Server Management Studio 中，触发器的创建方法如下。

1）在 SQL Server Management Studio 中，由服务器开始逐步扩展到表文件夹，选中表文件夹下属的触发器，右击触发器，弹出快捷菜单，如图 6-40 所示。

2）在弹出的快捷菜单中选择"新建触发器"选项，弹出触发器过程编辑框。在编辑框中输入相应的触发器 T-SQL 语句，如图 6-41 所示；完成后单击"执行"按钮；查看下面的消息栏，如果出现错误信息，要修改触发器 T-SQL，直到出现"命令已成功完成"。

3）完成后关闭触发器过程编辑框，并保存 SQL 文件。

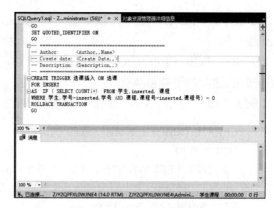

图 6-40　触发器右键快捷菜单　　　　　　　　　　图 6-41　触发器属性对话框

习题 6

一、简答题

1. 设职工-社团数据库有 3 个基本表，分别如下。

职工（职工号，姓名，年龄，性别）
社会团体（编号，名称，负责人，活动地点）
参加（职工号，编号，参加日期）

其中：

1）职工表的主码为职工号。

2）社会团体表的主码为编号；外码为负责人，被参照表为职工表，对应属性为职工号。

3）参加表的职工号和编号为主码；职工号为外码，其被参照表为职工表，对应属性为职工号；编号为外码，其被参照表为社会团体表，对应属性为编号。

试用 T-SQL 语句表达下列操作。

1）定义职工表、社会团体表和参加表，并说明其主码和参照关系。

2）查找参加唱歌队或篮球队的职工号和姓名。

3）查找没有参加任何社会团体的职工情况。

4）查找参加了全部社会团体的职工情况。

5）查找参加了职工号为"1001"的职工所参加的全部社会团体的职工号。

6）求每个社会团体的参加人数。

7）求参加人数最多的社会团体的名称和参加人数。

8）求参加人数超过 100 人的社会团体的名称和负责人。

9）建立下列两个视图。

社团负责人（编号，名称，负责人职工号，负责人姓名，负责人性别）
参加人情况（职工号，姓名，社团编号，社团名称，参加日期）

2. 设工程-零件数据库中有 4 个基本表，分别如下。

供应商（供应商代码，姓名，所在城市，联系电话）

工程（工程代码，工程名，负责人，预算）
　　零件（零件代码，零件名，规格，产地，颜色）
　　供应零件（供应商代码，工程代码，零件代码，数量）

试用 T-SQL 语句完成下列操作。

1）找出天津市供应商的姓名和电话。

2）查找预算在 50000～100000 元之间的工程信息，并将结果按预算降序排列。

3）找出使用供应商 S1 所提供零件的工程号码。

4）找出工程项目 J2 使用的各种零件名称及其数量。

5）找出上海厂商供应的所有零件号码。

6）找出使用上海产的零件的工程名称。

7）找出没有使用天津产零件的工程号码。

8）把全部红色零件的颜色改成蓝色。

9）将由供应商 S5 供给工程代码为 J4 的零件 P6 改为由 S3 供应，并做其他必要的修改。

10）从供应商关系中删除 S2 的记录，并从供应零件关系中删除相应的记录。

3．学生表 S、课程表 C 和学生选课表 SC，它们的结构如下，试用 T-SQL 完成下列操作。

　　S(S#, SN, SEX, AGE, DEPT)
　　C(C#, CN, TEACHER)
　　SC(S#, C#, GRADE)

其中，S#为学号，SN 为姓名，SEX 为性别，AGE 为年龄，DEPT 为系别，C#为课程号，CN 为课程名，TEACHER 为任课教师，GRADE 为成绩。

1）找出选修了"程军"老师教的所有课程的学生姓名。

2）找出"程序设计"课程成绩在 90 分以上的学生姓名。

3）检索所有比"王华"年龄大的学生姓名、年龄和性别。

4）检索选修课程"C2"的学生中成绩最高的学生的学号。

5）检索学生姓名及其所选修课程的课程号和成绩。

6）检索选修 4 门以上课程的学生总成绩（不统计不及格的课程），并要求按总成绩的降序排列出来。

7）检索全是女同学选修的课程的课程号。

8）检索不学 C6 课程的男学生的学号和姓名(S#, SN)。

9）把 SC 表中每门课程的平均成绩插到另一个已存在的表 SC_C(CNO, CNAME, AVG_GRADE)中。

10）从 SC 表中把吴老师的女学生选课元组删去。

11）从 SC 表中把数学课程中低于数学平均成绩的选课元组全部删去。

12）把吴老师的女同学选课成绩增加 4%。

4．设有下列的 3 个关系。

　　A(A#, ANAME, WQTY, CITY)
　　B(B#, BNAME, PMCE)
　　AB(A#, B#, QTY)

其中，各个属性的含义如下：A#（商店代号）、ANAME（商店名）、WQTY（店员人数）、CITY（所在城市）、B#（商品号）、BNAME（商品名称）、PMCE（价格）、QTY（商品数量）。试用 T-SQL 语言写出下列查询，并给出执行结果。

1）找出店员人数不超过 100 人或者在长沙市的所有商店的代号和商店名。

2）至少找出供应代号为 256 的商店所供应的全部商品的商店名和所在城市。

二、选择题

1．T-SQL 语言集数据查询、数据操作、数据定义和数据控制功能于一体，语句 INSERT、DELETE、UPDATE 实现_____功能。

    A．数据查询   B．数据操纵   C．数据定义   D．数据控制

2．下面列出的关于视图（View）的条目中，_____是不正确的。

    A．视图是外模式

    B．视图是虚表

    C．使用视图可以加快查询语句的执行速度

    D．使用视图可以简化查询语句的编写

3．在 T-SQL 语言的 SELECT 语句中，实现投影操作的是_____子句。

    A．SELECT   B．FROM   C．WHERE   D．GROUP BY

4．T-SQL 语言集数据查询、数据操纵、数据定义和数据控制功能于一体，语句 ALTER TABLE 实现_____功能。

    A．数据查询   B．数据操纵   C．数据定义   D．数据控制

5．在关系数据库系统中，为了简化用户的查询操作，而又不增加数据的存储空间，常用的方法是创建_____。

    A．另一个表   B．游标   C．视图   D．索引

6．T-SQL 语言具有____的功能。

    A．关系规范化、数据操纵、数据控制

    B．数据定义、数据操纵、数据控制

    C．数据定义、关系规范化、数据控制

    D．数据定义、关系规范化、数据操纵

7．T-SQL 语言的数据操作语句包括 SELECT、INSERT、UPDATE 和 DELETE，最重要的，也是使用最频繁的语句是_____。

    A．SELECT   B．INSERT   C．UPDATE   D．DELETE

8．下列 T-SQL 语句中，创建关系表的是_____。

    A．ALTER   B．CREATE   C．UPDATE   D．INSERT

9．T-SQL 语言是_____语言。

    A．层次数据库   B．网络数据库   C．关系数据库   D．非数据库

10．检索所有比"王华"年龄大的学生姓名、年龄和性别，正确的 SELECT 语句是_____。

    A．SELECT SN, AGE, SEX   FROM S   WHERE SN='王华'

    B．SELECT SN, AGE, SEX FROM S   WHERE AGE > (SELECT AGE FROM S   WHERE SN='王华')

C. SELECT SN, AGE, SEX FROM S WHERE AGE>(SELECT AGE WHERE SN='王华')

D. SELECT SN, AGE, SEX FROM SWHERE AGE>王华.AGE

11. 检索选修课程 "C2" 的学生中成绩最高的学生的学号，正确的 SELECT 语句是_____。

    A. SELECT S# FROM SC WHERE C#='C2' AND GRADE >= (SELECT GRADE FROM SC WHERE C#='C2')

    B. SELECT S# FROM SC WHERE C#='C2' AND GRADE IN (SELECT GRADE FROM SC WHERE C#='C2')

    C. SELECT S# FROM SC WHERE C#='C2' AND GRADE NOT IN (SELECT GRADE FROM SC WHERE C#='C2')

    D. SELECT S#FROM SC WHERE C#='C2' AND GRADE >= ALL (SELECT GRADE FROM SC WHERE C#='C2')

12. 检索学生姓名及其所选修课程的课程号和成绩，正确的 SELECT 语句是____。

    A. SELECT S.SN, SC.C#, SC.GRADE FROM S WHERE S.S#=SC.S#

    B. SELECT S.SN, SC.C#, SC.GRADE FROM SC WHERE S.S#=SC.GRADE

    C. SELECT S.SN, SC.C#, SC.GRADE FROM S, SC WHERE S.S#=SC.S#

    D. SELECT S.SN, SC.C#, SC.GRADE FROM S.SC

第7章　关系数据库理论

关系数据库以数学理论为基础。基于这种理论上的优势，关系模型可以设计得更加科学，关系操作可以更好地进行优化，关系数据库中出现的种种技术问题也可以更好地解决。本章介绍的关系数据理论包括两方面的内容：一方面是关系数据库设计的理论——关系规范化理论和关系模式分解方法；另一方面是关系数据库操作的理论——关系数据查询和优化的理论。这两方面的内容，构成了数据库设计和应用最主要的理论基础。

7.1　关系数据模式的规范化理论

在进行关系模式设计时，人们都想设计出好的关系模式。为了使关系模式设计的方法趋于完备，数据库专家研究了关系规范化理论。从 1971 年起，E. F. Codd 相继提出了第一范式（1NF）、第二范式（2NF）、第三范式（3NF），Codd 与 Boyce 合作提出了 Boyce-Codd 范式（BCNF）。在 1976—1978 年，Fagin、Delobe 及 Zaniolo 又定义了第四范式。到目前为止，已经提出了第五范式。

范式（Normal Form）是指规范化的关系模式。由于规范化的程度不同，就产生了不同的范式。满足最基本规范化的关系模式叫第一范式，第一范式的关系模式再满足另外一些约束条件就产生了第二范式、第三范式、BC 范式等。每种范式都规定了一些限制约束条件。

一个低一级的关系范式通过模式分解可以转换成若干高一级范式的关系模式的集合，这种过程叫关系模式的规范化（Normalization）。

7.1.1　关系模式规范化的必要性

关系数据库的设计主要是关系模式的设计。关系模式设计的好坏将直接影响到数据库设计的成败。将关系模式规范化，使之达到较高的范式，这是设计好关系模式的主要途径。

1．关系模式应满足的基本要求

好的关系模式除了能满足用户对信息存储和查询的基本要求外，还应当使它的数据库满足如下要求。

（1）元组的每个分量必须是不可分的数据项

关系数据库特别强调关系中的属性不能是组合属性，必须是基本项，并把这一要求规定为鉴别表格是否为"关系"的标准。如果表格结构的数据项都是基本项，则该表格为关系，它服从关系模式的第一范式，以后可以在此基础上进一步规范化。否则，如果表格结构中含有组合项，必须先使之转换为基本数据项。因为关系的一切数学理论都是基于关系服从 1NF 的基础上的。

换一种角度讲，假如关系中允许组合项，例如，允许"成绩"项中含有"数据结构、数据库、操作系统" 3 个基本项，会使关系结构变为多层次的混合结构。这将大大增加关系操作的表达、优化及执行的复杂度，使有些问题变得非常难处理，所以关系数据库中必须遵守这一规定。

（2）数据库中的数据冗余应尽可能少

数据冗余大是指重复的数据多。"数据冗余"是数据库最忌讳的毛病，数据冗余会使数据库中的数据量剧增，系统负担过重，并浪费大量的存储空间。数据冗余还可能造成数据的不完整，增加数据维护的代价。数据冗余还会造成数据查询和统计的困难，并导致错误的结果。

尽管关系数据是根据外码建立关系之间的连接运算的，外码数据是关系数据库不可消除的"数据冗余"，但在设计数据库时，应千方百计地将数据冗余控制在最小的范围内，不必要的数据冗余应坚决消除。

（3）关系数据库不能因为数据更新操作而引起数据不一致问题

如果数据模式设计得不好，就可能造成不必要的数据冗余，一个信息就会多次在多个地方重复存储。对于"数据冗余大"的关系数据库，当执行数据修改时，这些冗余数据就可能出现有些被修改、有些没有修改的情况，从而造成数据不一致问题。数据不一致问题影响了数据的完整性，使得数据库中数据的可信度降低。

（4）当执行数据插入操作时，数据库中的数据不能产生插入异常现象

所谓"插入异常"，是指希望插入的信息由于不能满足数据完整性的某种要求，而不能正常地被插入到数据库的问题。出现数据插入异常问题的主要原因是数据库设计时没有按"一事一地"的原则进行，多种信息混合放在一个表中，这就可能造成因一种信息被捆绑在其他信息上，而产生的信息之间相互依附存储的问题，这是使得信息不能独立插入的关键所在。

（5）数据库中的数据不能在执行删除操作时产生删除异常问题

"删除异常"是指在删除某种信息的同时把其他信息也删除了。删除异常也是数据库结构不合理产生的问题。和"插入异常"一样，如果关系中多种信息捆绑在一起，当被删除信息中含有关系的主属性时，由于关系要满足实体完整性，整个元组将全部从数据库中被删除，即出现"删除异常"。

（6）数据库设计应考虑查询要求，数据组织应合理

在数据库设计时，不仅要考虑到数据自身的结构完整性，还要考虑到数据的使用要求。为了使数据查询和数据处理高效简洁，特别是对那些查询实时性要求高、操作频度大的数据，有必要通过视图、索引和适当增加数据冗余的方法，来增加数据库的方便性和可用性。

2. 关系规范化可能出现的问题

如果一个关系没有经过规范化，可能会导致上述谈到的数据冗余大、数据更新造成不一致、数据插入异常和删除异常问题。下面举例说明上述问题。

例如，要求设计一个教学管理数据库，希望从该数据库中得到学生学号、学生姓名、年龄、性别、系别、系主任姓名、学生学习的课程和该课程的成绩信息。若将此信息要求设计为一个关系，则关系模式如下。

教学（学号，姓名，年龄，性别，系名，系主任，课程名，成绩）

可以推出此关系模式的码为（学号，课程）。

仅从关系模式上看，上述教学关系已经包括了系统需要的全部信息。但是，如果按此关系模式建立关系，就会发现其中的问题所在。下面通过具体实例，对该数据模式进行分析，找出不足之处，如表 7-1 所示。

表 7-1　不规范关系的实例——教学关系

学　号	姓　名	年　龄	性　别	系　名	系 主 任	课 程 名	成　绩
98001	李华	20	男	计算机系	王民	程序设计	88
98001	李华	20	男	计算机系	王民	数据结构	74
98001	李华	20	男	计算机系	王民	数据库	82
98001	李华	20	男	计算机系	王民	电路	65
98002	张平	21	女	计算机系	王民	程序设计	92
98002	张平	21	女	计算机系	王民	数据结构	82
98002	张平	21	女	计算机系	王民	数据库	78
98002	张平	21	女	计算机系	王民	电路	83
98003	陈兵	20	男	数学系	赵敏	高等数学	72
98003	陈兵	20	男	数学系	赵敏	数据结构	94
98003	陈兵	20	男	数学系	赵敏	数据库	83
98003	陈兵	20	男	数学系	赵敏	离散数学	87

从表 7-1 中的数据情况可以看出，该关系存在着如下问题。

（1）数据冗余大

每一个系名和系主任的名字存储的次数等于该系的学生人数乘以每个学生选修的课程门数，系名和系主任数据重复量太大。

（2）插入异常

一个新系没有招生时，系名和系主任名无法插入到数据库中，因为在这个关系模式中，主码是（学号，课程），而这时因没有学生而使得学号无值，所以没有主属性值，关系数据库无法操作，因此引起插入异常。

（3）删除异常

当一个系的学生都毕业了而又没招新生时，删除了全部学生记录，随之也删除了系名和系主任名。这个系依然存在，而在数据库中却无法找到该系的信息，即出现了删除异常。

（4）更新异常

若某系换系主任，数据库中该系的学生记录应全部修改。如有不慎，某些记录漏改了，则造成数据的不一致出错，即出现了更新异常。

由上述 4 条可见，教学关系尽管看起来很简单，但存在的问题比较多，它不是一个合理的关系模式。

3．模式分解是关系规范化的主要方法

对于有问题的关系模式，可以通过模式分解的方法使之规范化。

例如，上述的关系模式"教学"，可以按"一事一地"的原则分解成"学生""教学系"和"选课"3 个关系，其关系模式如下。

　　　学生（学号，姓名，年龄，性别，系名称）
　　　教学系（系名，系主任）
　　　选课（学号，课程名，成绩）

表 7-1 中的数据按分解后的关系模式组织，得到表 7-2。对照表 7-1 和表 7-2 会发现，分解后的关系模式克服了"教学"关系中的 4 个不足之处，更加合理和实用。

表 7-2　教学关系分解后形成的 3 个关系

学生

学　号	姓　名	年　龄	性　别	系　名
98001	李华	20	男	计算机系
98002	张平	21	女	计算机系
98003	陈兵	20	男	数学系

选课

学　号	课　程　名	成　绩
98001	程序设计	88
98001	数据结构	74
98001	数据库	82
98001	电路	65
98002	程序设计	92
98002	数据结构	82
98002	数据库	78
98003	高等数学	72
98003	数据结构	94
98003	数据库	83
98003	离散数学	87

教学系

系名	系主任
计算机系	王民
数学系	赵敏

7.1.2　函数依赖及其关系的范式

函数依赖是数据依赖的一种，函数依赖反映了同一关系中属性间一一对应的约束。函数依赖理论是关系的 1NF、2NF、3NF 和 BCNF 的基础理论。

1．关系模式的简化表示法

关系模式的完整表示是一个五元组，即

$$R \langle U, D, Dom, F \rangle \tag{7-1}$$

式中，R 为关系名；U 为关系的属性集合；D 为属性集 U 中属性的数据域；Dom 为属性到域的映射；F 为属性集 U 的数据依赖集。

由于 D 和 Dom 对设计关系模式的作用不大，在讨论关系规范化理论时可以把它们简化掉，从而关系模式可以用三元组表示为

$$R \langle U, F \rangle \tag{7-2}$$

从式（7-2）可以看出，数据依赖是关系模式的重要因素。数据依赖（Data Dependency）是同一关系中属性间的相互依赖和相互制约。数据依赖包括函数依赖（Functional Dependency，FD）、多值依赖（Multivalued Dependency，MVD）和连接依赖（Join Dependency），数据依赖是关系规范化的理论基础。

2．函数依赖的概念

定义 7-1：设 R〈U〉是属性集 U 上的关系模式，X、Y 是 U 的子集。若对于 R〈U〉的任意一个可能的关系 r，r 中不可能存在两个元组在 X 上的属性值相等，而 Y 上的属性值不等，则称 X 函数确定 Y 函数，或 Y 函数依赖于 X 函数，记作 X→Y。

例如，对于如下教学关系模式。

教学〈U，F〉
U={学号，姓名，年龄，性别，系名，系主任，课程名，成绩}
F={学号→姓名，学号→年龄，学号→性别，学号→系名，系名→系主任，
　（学号，课程名）→成绩}

函数依赖是属性或属性之间一一对应的关系，它要求按此关系模式建立的任何关系都应满足 F 中的约束条件。在理解函数依赖概念时，应当注意以下相关概念及表示。

1）$X \to Y$，但 $Y \nsubseteq X$，则称 $X \to Y$ 是非平凡的函数依赖。若不特别声明，总是讨论非平凡的函数依赖。

2）$X \to Y$，但 $Y \subseteq X$，则称 $X \to Y$ 是平凡的函数依赖。

3）若 $X \to Y$，则 X 叫作决定因素（Determinant），Y 叫作依赖因素（Dependent）。

4）若 $X \to Y$，$Y \to X$，则记作 $X \leftrightarrow Y$。

5）若 Y 不函数依赖于 X，则记作 $X \nrightarrow Y$。

定义7-2：在 $R \langle U \rangle$ 中，如果 $X \to Y$，并且对于 X 的任何一个真子集 X'，都有 $X' \nrightarrow Y$，则称 Y 对 X 完全函数依赖，记作：$X \xrightarrow{F} Y$；若 $X \to Y$，但 Y 不完全函数依赖于 X，则称 Y 对 X 部分函数依赖，记作：$X \xrightarrow{P} Y$。

例如，在教学关系模式中，学号和课程名为主码。在关系模式中，有些非主属性完全依赖于主码，另一些非主属性部分依赖于码，如（学号，课程名）$\xrightarrow{F}$ 成绩，（学号，课程名）$\xrightarrow{P}$ 姓名。

定义 7-3：在 $R \langle U \rangle$ 中，如果 $X \to Y$，$(Y \nsubseteq X)$，$Y \nrightarrow X$，$Y \to Z$，则称 Z 对 X 传递函数依赖。传递函数依赖记作 $X \xrightarrow{传递} Z$。

例如，在教学模式中，因为存在：学号→系名，系名→系主任；所以也存在：学号→系主任。

3．1NF 的定义

关系的第一范式是关系要遵循的最基本的范式。

定义 7-4：如果关系模式 R，其所有的属性均为简单属性，即每个属性都是不可再分的，则称 R 属于第一范式（First Normal Form，1NF），记作 $R \in 1NF$。

例如，教学模式中所有的属性都是不可再分的简单属性，即教学$\in 1NF$。

不满足第一范式条件的关系称之为非规范化关系。关系数据库中，凡非规范化的关系必须转化成规范化的关系。关系模式如果仅仅满足第一范式是不够的，尽管教学关系服从1NF，但它仍然会出现插入异常、删除异常、修改复杂及数据冗余大等问题。只有对关系模式继续规范，使之服从更高的范式，才能得到高性能的关系模式。

4．2NF 的定义

定义 7-5：若 $R \in 1NF$，且每一个非主属性完全依赖于码，则 $R \in 2NF$。

下面分析一下关系模式"教学"的函数依赖，看它是否服从 2NF。如果"教学"模式不服从 2NF，可以根据 2NF 的定义对它进行分解，使之服从 2NF。在教学模式中，有如下关系模式。

属性集={学号，姓名，年龄，系名，系主任，课程名，成绩}
函数依赖集={学号→姓名，学号→年龄，学号→性别，学号→系名，
　　　　　系名→系主任，（学号，课程名）→成绩}
主码 =（学号，课程名）
非主属性=（姓名，年龄，系名，系主任，成绩）
非主属性对码的函数依赖={（学号，课程名）$\xrightarrow{P}$姓名，（学号，课程名）$\xrightarrow{P}$年龄，
　　　　　　　　　（学号，课程号）$\xrightarrow{P}$性别，（学号，课程名）$\xrightarrow{P}$系名，
　　　　　　　　　（学号，课程名）$\xrightarrow{P}$系主任；（学号，课程名）$\xrightarrow{F}$成绩}

显然，教学模式不服从 2NF，即教学∉2NF。

根据 2NF 的定义，将教学模式分解为如下关系模式。

　　学生_系（学号，姓名，年龄，性别，系名，系主任）
　　选课（学号，课程名，成绩）

再用 2NF 的标准衡量学生_系和选课模式，会发现它们都服从 2NF，即学生_系∈2NF；选课∈2NF。

5．3NF 的定义

定义 7-6：关系模式 R〈U，F〉中若不存在这样的码 X、属性组 Y 及非主属性 Z（Z $\subseteq$ Y）使得 X→Y、Y↛X、Y→Z 成立，则称 R〈U，F〉∈3NF。

由定义 7-6 可以证明，若 R∈3NF，则每一个非主属性的部分函数不依赖于码，传递函数也不依赖于码。

3NF 是一个可用的关系模式应满足的最低范式。也就是说，一个关系模式如果不服从 3NF，实际上它是不能使用的。

考查学生_系关系，会发现由于学生_系的关系模式中存在：学号→系名，系名→系主任。则学号 $\xrightarrow{传递}$ 系主任。由于主码"学号"与非主属性"系主任"之间存在传递函数依赖，所以学生_系∉3NF。如果对学生_系关系按 3NF 的要求进行分解，分解后的关系模式如下。

　　学生（学号，姓名，年龄，性别，系名）
　　教学系（系名，系主任）

显然分解后的各子模式均属于 3NF。

6．BCNF 的定义

BCNF（Boyce Codd Normal Form）比上述的 3NF 又进了一步。通常认为 BCNF 是修正的第三范式，有时也称它为扩充的第三范式。

定义 7-7：关系模式 R〈U，F〉∈1NF。若 X→Y 且 Y $\subseteq$ X 时 X 必含有码，则 R〈U，F〉∈BCNF。

也就是说，关系模式 R〈U，F〉中，若每一个决定因素都包含码，则 R〈U，F〉∈BCNF。由 BCNF 的定义可以得到，一个满足 BCNF 的关系模式必须满足以下条件。

1）所有非主属性对每一个码都是完全函数依赖。

2）所有的主属性对每一个不包含它的码，也是完全依赖。

3）没有任何属性完全函数依赖于非码的任何一组属性。

如果 R 属于 BCNF，由于 R 排除了任何属性对码的传递依赖与部分依赖，所以 R 一定属于 3NF。但是，若 R∈3NF，则 R 未必属于 BCNF。

7．BCNF 和 3NF 的比较

BCNF 和 3NF 的区别主要反映在以下两点。

1）BCNF 不仅强调其他属性对码的完全直接依赖，还强调主属性对码的完全直接依赖，它包括 3NF，即 R∈BCNF，则 R 一定属于 3NF。

如果一个实体集中的全部关系模式都属于 BCNF，则实体集在函数依赖范畴已实现了彻底的分离，消除了插入异常和删除异常问题。

2）3NF 只强调非主属性对码的完全直接依赖，这样就可能出现主属性对码的部分依赖和传递依赖。

有些关系模式属于 3NF，但不属于 BCNF。例如，关系模式 STJ（S，T，J）中，S 表示学生，T 表示教师，J 表示课程。语义为：每位教师只能讲授一门课程，每门课程由若干教师讲授；每个学生选修某门课程对应一个固定的教师。由语义可以得到 STJ 模式的函数依赖为

$$F=\{(S, J) \rightarrow T, T \rightarrow J\}$$

显然，（S，J）和（T，S）都是关系的码；关系的主属性集为{S，T，J}，非主属性为 ∅（空集）。由于 STJ 模式中无非主属性，所以它属于 3NF；但因为存在 T→J，由于 T 不是码，故 STJ∉BCNF。那些不服从 BCNF 的关系模式仍然存在不合适的地方。非 BCNF 的关系模式可以通过分解的方法将其转换成 BCNF。例如，STJ 模式可以分解为 ST（S，T）和 JT（J，T）两个模式，其分解后的子模式都属于 BCNF。

7.1.3　多值依赖及关系的第四范式

前面讨论的是函数依赖范畴内的关系规范化的问题。根据函数依赖集 F，一个关系模式可以分解成若干个服从 BCNF 的子模式。但是即使一个关系模式服从 BCNF，还会存在一些弊端。为了改善其性能，还需要研究多值依赖及基于多值依赖的第四范式问题。

1．研究多值依赖的必要性

下面先通过一个具体实例来观察含有多值依赖的关系模式会出现什么问题。

例如，给定一个关系模式 JPW（产品，零件，工序），其中每种产品由多种零件构成，每个零件在装配时需要多道工序。设产品电视机需要的零件和工序如图 7-1 所示。

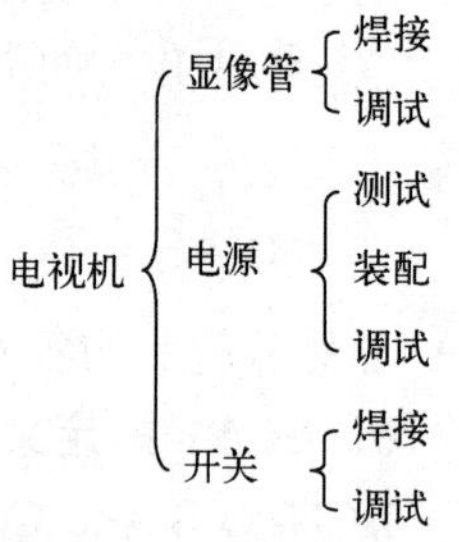

将图 7-1 中的数据输入到 JPW 关系中，如表 7-3 所示。可以看出，数据冗余十分明显。但该表由于不存在函数依赖，并且是全码，所以 JPW 属于 BCNF。这说明属于 BCNF 的关系仍然会存在一些问题。要想消除此类问题，需要研究多值依赖及相关的范式理论。

图 7-1　JPW 数据实例

表 7-3　JPW 的一个关系

产　品	零　件	工　序
电视机	显像管	焊接
电视机	显像管	调试
电视机	电源	测试
电视机	电源	装配
电视机	电源	调试
电视机	开关	焊接
电视机	开关	调试

2．多值依赖（Multivalued Dependency）的定义和性质

定义 7-8：设有关系模式 R〈U〉，U 是属性集，X、Y 是 U 的子集。如果 R 的任一关系，对于 X 的一个确定值，都存在 Y 的一组值与之对应，且 Y 的这组值又与 Z=U−X−Y 中

的属性值不相关，此时称 Y 多值依赖于 X，或 X 多值决定 Y，记为 X→→Y。

由多值依赖的定义可知，在上述的 JPW 关系模式中：产品→→零件；零件→→工序。

多值依赖具有以下性质：

1）多值依赖具有对称性。即若 X→→Y，则 X→→Z，其中 Z=U-X-Y。

从 JPW 模式容易看出，由于产品→→零件，必然有产品→→工序。

2）函数依赖可以看作是多值依赖的特殊情况。即若 X→Y，则 X→→Y。这是因为当 X→Y 时，对 X 的每一个值 x，Y 有一个确定的值 y 与之对应，所以 X→→Y。

3）在多值依赖中，若 X→→Y 且 Z=U-X-Y≠∅，则称 X→→Y 为非平凡的多值依赖，否则称为平凡的多值依赖。

多值依赖与函数依赖相比，具有以下两个基本的区别。

1）多值依赖的有效性与属性集的范围有关。

在关系模式 R 中，函数依赖 X→Y 的有效性仅仅决定于 X、Y 这两个属性集；在多值依赖中，X→→Y 在 U 上是否成立，不仅要检查 X、Y 上的值，而且要检查 Z=U-X-Y 上的值。因此，如果 X→→Y 在 W（W⊂U）上成立，则在 U 上则不一定成立。

2）多值依赖没有自反律。

如果函数依赖 X→Y 在 R 上成立，则对于任何 Y'⊂Y 均有 X→Y'成立，而对多值依赖 X→→Y 若在 R 上成立，却不能断言对于任何 Y'⊂Y 有 X→→Y'成立。

3．4NF 的定义

定义 7-9：关系模式 R〈U，F〉∈1NF，如果对于 R 的每个非平凡多值依赖 X→→Y（Y⊊X），X 必含有码，则称 R〈U，F〉∈4NF。

4NF 限制关系模式的属性之间不允许有非平凡且非函数依赖的多值依赖。根据定义，4NF 要求每一个非平凡的多值依赖 X→→Y，X 都含有候选码，则必然是 X→Y，所以 4NF 所允许的非平凡多值依赖实际上是函数依赖。显然，如果一个关系模式属于 4NF，则必然也属于 BCNF。

对于前面提到的 JPW 模式，由于它为全码且存在产品→→零件、零件→→工序，而产品和零件都不包含码，故 JPW∉4NF。如果将它分解为 JP（产品，零件）和 PW（零件，工序），则 JP∈4NF；PW∈4NF。

函数依赖和多值依赖是两种最重要的数据依赖。如果只考虑函数依赖，则 BCNF 是最高的关系模式范式；如果考虑多值依赖，则 4NF 是最高的关系范式。

数据依赖中除函数依赖和多值依赖外，还存在着连接依赖。连接依赖是与关系分解和连接运算有关的数据依赖，连接依赖是研究 5NF 的理论基础。

7.1.4 连接依赖及关系的第五范式

分解是关系规范化采用的主要手段，分解后的关系可以自然连接将关系合并。连接依赖是有关分解和自然连接的理论，第五范式是有关如何消除子关系的插入异常和删除异常的理论。

1．关系分解的无损连接性（Lossless Join）

设关系模式 R，如果把它分解为两个（或多个）子模式 R₁ 和 R₂，相应一个 R 关系中的数据就要被分成 R₁、R₂ 两个（或多个）子表。假如将这些子表自然连接，即进行 R₁▷◁R₂ 操作，得到的结果与原来关系中的数据一致，信息并没有丢失，则称该分解具有无损连接性，否则如果 $R \neq R_1 \bowtie R_2$，则称该分解不具有无损连接性。

2. 连接依赖（Join Dependency）的定义

定义 7-10：设 R〈U〉是属性集 U 上的关系模式，x_1，x_2，$\cdots$，x_n 是 U 的子集，并且 $\bigcup\limits_{i=1}^{n} x_i = U$，如果 $R = \bowtie\limits_{i=1}^{n} R[x_i]$ 对 R 的一切关系均成立，则称 R 在 x_1，x_2，$\cdots$，x_n 上具有 n 目连接依赖。记作：$\bowtie [x_1] [x_2] \cdots [x_n]$。

连接依赖也是一种数据依赖，它不能直接从语义中推出，只能从连接运算中反映出来。例如，设关系模式 SPJ（SNO，PNO，JNO），其中 SNO 表示供应者号，PNO 表示零件号，JNO 表示项目号。设有关系 SPJ，如果将 SPJ 模式分解为 SP、PJ 和 JS，并进行 $SP \bowtie PJ$ 及 $SP \bowtie PJ \bowtie JS$ 的自然连接，其操作数据及连接结果如表 7-4 所示。

表 7-4　连接依赖实例

SPJ

SNO	PNO	JNO
S1	P1	J2
S1	P2	J1
S2	P1	J1
S1	P1	J1

SP

SNO	PNO
S1	P1
S1	P2
S2	P1

PJ

PNO	JNO
P1	J2
P2	J1
P1	J1

JS

JNO	SNO
J2	S1
J1	S1
J1	S2

$SP \bowtie PJ$

SNO	PNO	JNO
S1	P1	J2
S1	P1	J1
S1	P2	J2
S1	P2	J1
S2	P1	J2
S2	P1	J1

$SP \bowtie PJ \bowtie JS$

SNO	PNO	JNO
S1	P1	J2
S1	P2	J1
S2	P1	J1
S1	P1	J1

从表 7-4 可以看出，SPJ 中存在连接依赖 $\bowtie [SP][PJ][JS]$。

3. 5NF 的定义

定义 7-11：如果关系模式 R 中的每一个连接依赖均由 R 的候选码所隐含，则称 $R \in 5NF$。

所谓"R 中的每一个连接依赖均由 R 的候选码所隐含"是指在连接时，所连接的属性均为候选码。上例中，因为它仅有的候选码（SNO，PNO，JNO）肯定不是它的 3 个投影 SP、PJ、JS 自然连接的公共属性，所以 $SPJ \notin 5NF$。

因为多值依赖是连接依赖的特殊情况，所以任何 5NF 的关系自然也都是 4NF 的关系。而且任何关系模式都能无损分解成等价的 5NF 的关系模式的集合。

关系模式如果不服从 5NF，在原表与分解后的子表间进行数据插入和删除时，为保持其无损连接性，会出现许多麻烦。例如，在 SPJ 和它的分解子表 SP、PJ 和 JS 中，如果 SPJ 如表 7-5a 所示，要插入一个元组（S2，P1，J1），SPJ 变为表 7-5b 的形式，此时，其相应的 SP、PJ、JS 分别如表 7-5c～表 7-5e 所示。要保证分解具有无损连接性，在 SPJ 插入上述元组后，还必须同时插入元组（S1，P1，J1），插入后的结果见表 7-5f。

表 7-5 关系不服从 5NF 出现问题的实例

SPJ 原表

SNO	PNO	JNO
S1	P1	J2
S1	P2	J1

a)

SPJ 插入元组后形成的表

SNO	PNO	JNO
S1	P1	J2
S1	P2	J1
S2	P1	J1

b)

SP 表

SNO	PNO
S1	P1
S1	P2
S2	P1

c)

PJ 表

PNO	JNO
P1	J2
P2	J1
P1	J1

d)

SJ 表

SNO	JNO
S1	J2
S1	J1
S2	J1

e)

SPJ 表

SNO	PNO	JNO
S1	P1	J2
S1	P2	J1
S2	P1	J1
S1	P1	J1

f)

7.1.5 关系规范化小结

在关系数据库中，对关系模式的基本要求是满足第一范式。在此基础上，为了消除关系模式存在插入异常、删除异常、修改复杂和数据冗余等问题，要对关系模式进一步规范化，使之逐步达到 2NF、3NF、BCNF、4NF 和 5NF。

对于一个已经满足 1NF 的关系模式，当消除了非主属性对码的部分函数依赖后，就属于 2NF 了；当消除了非主属性对码的部分和传递依赖函数，就属于 3NF 了；当消除了主属性对码的部分和传递函数依赖，就属于 BCNF；而当消除了非平凡且非函数依赖的多值依赖，就属于 4NF 了；最后，当消除了不是由候选关键字蕴含的连接依赖，就属于 5NF 了。

各种范式及规范化过程如图 7-2 所示。

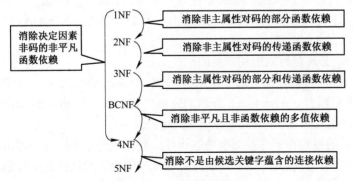

图 7-2　各种范式及规范化过程

关系模式的规范化过程是通过对关系模式的分解来实现的，模式分解的算法起着指导分解的作用。由于低一级的关系模式分解为若干个高一级关系模式的结果不是唯一的，所以有必要讨论分解后的关系模式与原关系模式"等价"的问题。

*7.2 关系模式的分解算法

对关系进行模式分解是规范化的主要方法。本节讨论关系模式分解的理论基础、模式分解的算法和模式分解的规范问题。

7.2.1 关系模式分解的算法基础

1974 年 W. W. Armstrong 提出了一套有效而完备的公理系统——Armstrong 公理，该公理后来成为关系模式分解的算法基础。

1. 函数依赖的逻辑蕴含

对于给定的一组函数依赖，要判断另外一些函数依赖是否成立，即能否从给定的函数依赖导出要判定的函数依赖的问题，是函数依赖的逻辑蕴含所要研究的内容。例如，F={A→B，B→C}，问 A→C 是否成立？就需要有关函数依赖的逻辑隐含知识。

定义 7-12：设 F 是模式 R〈U〉的函数依赖集，X 和 Y 是属性集 U 的子集。如果从 F 中的函数依赖能推出 X→Y，则称 F 逻辑蕴含 X→Y，或称 X→Y 是 F 的逻辑蕴含。

2. Armstrong 公理系统

（1）Armstrong 公理

设 U 为属性集，F 是 U 上的函数依赖集，于是有关系模式 R〈U，F〉。对 R〈U，F〉来说，有以下的推理规则。

1）自反律（Reflexivity）：若 Y⊆X⊆U，则 X→Y 为 F 所蕴含。

2）增广律（Augmentation）：若 X→Y 为 F 所蕴含，且 Z⊆U，则 XZ→YZ 为 F 所蕴含。

3）传递律（Transitivity）：若 X→Y 及 Y→Z 为 F 所蕴含，则 X→Z 为 F 所蕴含。

（2）Armstrong 公理的 3 个推理

根据 Armstrong 公理可以得到下面 3 条很有用的推理规则。

1）合并规则（Union Rule）：由 X→Y，X→Z，有 X→YZ。

2）伪传递规则（Pseudotransitivity Rule）：由 X→Y，WY→Z，有 XW→Z。

3）分解规则（Decomposition Rule）：由 X→Y 及 Z⊆Y，有 X→Z。

根据合并规则和分解规则，很容易得到这样一个重要事实：$X→A_1A_2\cdots A_k$ 成立的充分必要条件是 $X→A_i$ 成立（i=1，2，…，k）。

（3）Armstrong 公理是有效的和完备的

Armstrong 公理的有效性指的是，在 F 中根据 Armstrong 公理推导出来的每一个函数依赖一定为 F 所逻辑蕴含。Armstrong 公理的完备性指的是，F 所逻辑蕴含的每一个函数依赖，必定可以由 F 出发根据 Armstrong 公理推导出来。

建立公理体系的目的在于有效而准确地计算函数依赖的逻辑蕴含，即由已知的函数依赖推出未知的函数依赖。公理的有效性保证按公理推出的所有函数依赖都为真，公理的完备性保证了可以推出所有的函数依赖，这样就保证了计算和推导的可靠性和有效性。

3. 函数依赖集闭包 F^+ 和属性集闭包 X_F^+

（1）函数依赖集闭包 F^+ 和属性集闭包 X_F^+ 的定义

定义 7-13：在关系模式 R〈U，F〉中，为 F 所逻辑蕴含的函数依赖的全体叫作 F 的闭包，记作 F^+。

在一般情况下，$F \leqslant F^+$。如果 $F = F^+$，则称 F 是函数依赖的完备集。

定义 7-14：设有关系模式 R $\langle U, F \rangle$，X 是 U 的子集，称所有用公理从 F 推出的函数依赖集 $X \rightarrow A_i$ 中 A_i 的属性集为 X 的属性闭包，记作 X_F^+。即

$$X_F^+ = \{A_i | A_i \in U, \ X \rightarrow A_i \in F^+\} \tag{7-3}$$

由公理的自反性可知 $X \rightarrow X$，因此 $X \subseteq X_F^+$。

（2）属性集闭包 X_F^+ 的求法

求属性集 X 的子集闭包 X_F^+ 的步骤如下。

1）选 X 作为闭包 X_F^+ 的初值 $X_F^{(0)}$。

2）$X_F^{(i+1)}$ 是由 $X_F^{(i)}$ 并上集合 A 组成的，其中，A 为 F 中存在的函数依赖 $Y \rightarrow Z$，而 $A \subseteq Z$，$Y \subseteq X_F^{(i)}$。

3）重复步骤2）。一旦发现 $X_F^{(i)} = X_F^{(i+1)}$，则 $X_F^{(i)}$ 为所求 X_F^+。

【例 7-1】 已知关系 R $\langle U, F \rangle$，其中 U={A，B，C，D，E}，F={AB→C，B→D，C→E，EC→B，AC→B}，求 $(AB)_F^+$。

设 X=AB

因为 $X_F^{(0)}$=AB   ；AB 为闭包初值

          $X_F^{(1)}$=ABCD   ；由 AB→C，B→D 可得 CD 在闭包中

          $X_F^{(2)}$=ABCDE   ；由 C→E 可得 E 在闭包中

          $X_F^{(3)} = X_F^{(2)}$=ABCDE   ；进一步求的结果与上一步结果相同，结束

所示 $(AB)_F^+$=ABCDE={A，B，C，D，E}

4．函数依赖集的等价和覆盖

（1）函数依赖集的等价概念

定义 7-15：设 F 和 G 是两个函数依赖集，如果 $F^+ = G^+$，则称 F 和 G 等价。F 与 G 等价说明 F 覆盖 G，同时 G 也覆盖 F。

（2）判定两函数依赖集等价的方法

从定义可知，判断 F 和 G 是否等价就是要判断它们是否相互覆盖。既要检查是否 $F \subseteq G^+$，又要检查是否 $G \subseteq F^+$，如果两者都成立才能确定 F 和 G 等价。具体判断方法如下。

1）在 G 上计算 X_G^+，看是否 $Y \subseteq X_G^+$。若是，则说明 $X \rightarrow Y \in G^+$，于是继续检查 F 中的其他依赖，如果全部满足 $X \rightarrow Y \in G^+$，则 $F \subseteq G^+$。

2）如果在检查中发现有一个 $X \rightarrow Y$ 不属于 G^+，就可以判定 $F \subseteq G^+$ 不成立，于是 F 和 G 也就不等价。

3）如果经判断 $F \subseteq G^+$，则类似地重复上述做法，判断是否 $G \subseteq F^+$，如果成立，则可以断定 F 和 G 等价。

定理 7-1：$F^+ = G^+$ 的充分必要条件是 $F \subseteq G^+$ 且 $G \subseteq F^+$。

5．函数依赖集的最小化

（1）最小函数依赖集的定义

定义 7-16：如果函数依赖集 F 满足下列条件，则称 F 为一个极小函数依赖集。亦称为

最小依赖集或最小覆盖。

1）F 中任一函数依赖的右部仅含有一个属性。

2）F 中不存在这样的函数依赖 X→A，使得 F 与 F-{X→A}等价。

3）F 中不存在这样的函数依赖 X→A，X 有真子集 Z 使得 F-{X→A}∪{Z→A}与 F 等价。

在这个定义中：条件 1）说明，在最小函数依赖集中的所有函数依赖都应该是"右端没有多余的属性"的最简单的形式；条件 2）保证了最小函数依赖集中无多余的函数依赖；条件 3）要求，最小函数依赖集中的每个函数依赖的左端没有多余的属性。

（2）最小函数依赖集的求法

定理 7-2：每一个函数依赖集 F 均等价于一个极小函数依赖集 F_m，此 F_m 称为 F 的最小依赖集。

证明：这是一个构造性的证明，分三步对 F 进行极小化处理，找出 F 的一个最小依赖集。

1）逐一检查 F 中各函数依赖 X→Y，若 $Y=A_1A_2\cdots A_k$，k≥2，则用 $\{X→A_j|j=1, 2, \cdots, k\}$ 来取代 X→Y。

2）逐一检查 F 中各函数依赖 X→A，令 G=F-{X→A}，若 $A∈X_G^+$，则从 F 中去掉此函数依赖（因为 F 与 G 等价的充要条件是 $A∈X_G^+$）。

3）逐一取出 F 中各函数依赖 X→A，设 $X=B_1B_2\cdots B_m$，逐一检查 B_i（i=1, 2, $\cdots$, m），如果 $A∈(X-B_i)_F^+$，则以 $X-B_i$ 取代 X（因为 F 与 F-{X→A}∪{Z→A}等价的充要条件是 $A∈Z_F^+$，其中 $Z=X-B_i$）。

因为对 F 的每一次"改造"都保证了改造前后的两个函数依赖集等价，最后得到的 F 就一定是极小依赖集，并且与原来的 F 等价。

上述步骤，既是对定理 7-2 的证明，同时也是求最小函数依赖集的算法。

应当指出的是，F 的最小依赖集 F_m 不一定是唯一的，它与对各函数依赖及 X→A 中 X 各属性的处置有关。

【例 7-2】 设 F={A→BC，B→AC，C→A}，对 F 进行极小化处理。

解：

1）根据分解规则把 F 中的函数依赖转换成右部都是单属性的函数依赖集合，分解后的函数依赖集仍用 F 表示。

$$F=\{A→B, A→C, B→A, B→C, C→A\}$$

2）去掉 F 中冗余的函数依赖。

① 判断 A→B 是否冗余。

设 $G_1=\{A→C, B→A, B→C, C→A\}$，得 $A_{G1}^+=AC$。

因为 $B∉A_{G1}^+$，所以 A→B 不冗余。

② 判断 A→C 是否冗余。

设 $G_2=\{A→B, B→A, B→C, C→A\}$，得 $A_{G2}^+=ABC$。

因为 $C∈A_{G2}^+$，所以 A→C 冗余（以后的检查不再考虑 A→C）。

③ 判断 B→A 是否冗余。

设 $G_3=\{A{\rightarrow}B,\ B{\rightarrow}C,\ C{\rightarrow}A\}$，得 B_{G3}^+ =BCA。

因为 $A{\in}B_{G3}^+$，所以 B→A 冗余（以后的检查不再考虑 B→A）。

④ 判断 B→C 是否冗余。

设 $G_4=\{A{\rightarrow}B,\ C{\rightarrow}A\}$，得 B_{G4}^+ =B。

因为 $C{\notin}B_{G4}^+$，所以 B→C 不冗余。

⑤ 判断 C→A 是否冗余。

设：$G_5=\{A{\rightarrow}B,\ B{\rightarrow}C\}$，得 C_{G5}^+ =C。

因为 $A{\notin}C_{G5}^+$，所以 C→A 不冗余。

由于本例中的函数依赖表达式的左部均为单属性，因而它不需要进行第三步的检查。上述结果为最小函数依赖集，用 F_m 表示为

$$F_m=\{A{\rightarrow}B,\ B{\rightarrow}C,\ C{\rightarrow}A\}$$

【例 7-3】 求 $F=\{AB{\rightarrow}C,\ A{\rightarrow}B,\ B{\rightarrow}A\}$ 的最小函数依赖集 F_m。

解：

1）将 F 中的函数依赖都分解为右部为单属性的函数依赖。很显然，F 满足该条件。

2）去掉 F 中冗余的函数依赖。

① 判断 AB→C 是否冗余。

设 $G_1=\{A{\rightarrow}B,\ B{\rightarrow}A\}$，得 $(AB)_{G1}^+$ =AB。

因为 $C{\notin}(AB)_{G1}^+$，所以 AB→C 不冗余。

② 判断 A→B 是否冗余。

设 $G_2=\{AB{\rightarrow}C,\ B{\rightarrow}A\}$，得 A_{G2}^+ =A。

因为 $B{\notin}AB_{G2}^+$，所以 A→B 不冗余。

③ 判断 B→A 是否冗余。

设 $G_3=\{AB{\rightarrow}C,\ A{\rightarrow}B\}$，得 B_{G3}^+ =B。

因为 $A{\notin}B_{G3}^+$，所以 B→A 不冗余。

经过检验后的函数依赖集仍然为 F。

3）去掉各函数依赖左部冗余的属性。

本例只需考虑 AB→C 的情况。

方法 1：在决定因素中去掉 B，若 $C{\in}A_F^+$，则以 A→C 代替 AB→C。

求得：A_F^+ =ABC。

因为 $C{\in}A_F^+$，所以，以 A→C 代替 AB→C。

故 $F_m=\{A{\rightarrow}C,\ A{\rightarrow}B,\ B{\rightarrow}A\}$。

方法 2：也可以在决定因素中去掉 A，若 $C{\in}B_F^+$，则以 B→C 代替 AB→C。

求得：B_F^+ =ABC。

因为 $C{\in}B_F^+$，所以，以 B→C 代替 AB→C。

故 $F_m=\{B{\rightarrow}C,\ A{\rightarrow}B,\ B{\rightarrow}A\}$。

（3）码的定义和求码方法

定义 7-17：设 $R\langle A_1,\ A_2,\ \cdots,\ A_n\rangle$ 为一关系模式，F 为 R 所满足的一组函数依赖，X 为 $\{A_1,\ A_2,\ \cdots,\ A_n\}$ 的子集，如果 X 满足以下条件：

1）$X \rightarrow A_1$，A_2，$\cdots$，$A_n \in F^+$。

2）不存在 X 的真子集 Y，$Y \subset X$，$Y \rightarrow A_1$，A_2，$\cdots$，$A_n \in F^+$。

则称 X 是关系模式的码。

上述定义实际上也就是求关系模式码的方法。

7.2.2 极小化算法在数据库设计中的应用

在数据库的概念模型设计中，实体及属性的冗余可以通过分析确定，而联系冗余可以通过函数依赖集的极小化算法查出和消除。

利用函数依赖集最小化算法消除概念模型中联系冗余的步骤如下。

（1）把 E-R 图中的实体、联系和属性符号化

把实体、联系和属性符号化后，信息模型看起来比较简洁，化简起来也比较容易表达，运算起来也不容易出错。

（2）将实体之间的联系用实体主码之间的联系表示，并转换为函数依赖表达式

1）对于 1:1 联系，转化为两个函数依赖表达式。

例如，图 7-3 的 1:1 联系可转化为：$A.a \rightarrow B.b$，$B.b \rightarrow A.b$，实体集 A、B 的主码分别为 a 和 b。

2）对于 1:n 的联系，每个联系转化为一个函数依赖表达式，函数依赖表达式中的决定因素为联系的 n 方实体集，依赖因素为 1 方实体集。

例如，图 7-4 的 1:n 联系可转化为：$A.a \rightarrow B.b$，实体集 A、B 的主码分别为 a 和 b。

图 7-3　1:1 实体间联系的实例　　　　　　图 7-4　1:n 实体间联系的实例

3）对于 m:n 的联系，每个联系要转化为一个函数依赖表达式。函数依赖表达式中的决定因素为相关实体集的组合，依赖因素为联系的属性（当联系无属性时，依赖因素为联系名）。

例如，图 7-5a、b 可以转化为

$$(C.c，D.d) \rightarrow e$$
$$(C.c，D.d，F.f) \rightarrow e$$

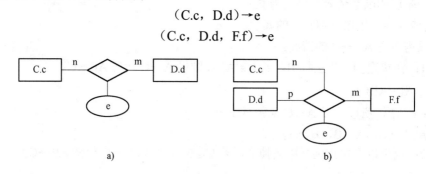

a)　　　　　　　　　　　　　b)

图 7-5　m:n 实体间联系的实例

（3）利用求函数依赖集的最小化算法进行极小化处理

在处理时应把重要的联系放在后面，以免冗余时被消除。

（4）重新确定函数依赖集

设原函数依赖表达式集合为 F，最小函数依赖集为 G，差集为 D，则 D=F-G。逐一考查

D 中每一个函数依赖表达式，根据实际情况确定是否应该去掉。最后得出一组函数依赖表达式。用新得出的函数依赖表达式形成新 E-R 图。

7.2.3 判定分解服从规范的方法

在介绍分解保持函数依赖和具有无损连接性前，先定义一个记号。

设 $\rho = \{R_1\langle U_1, F_1\rangle, R_2\langle U_2, F_2\rangle, \cdots, R_k\langle U_k, F_k\rangle\}$ 是 $R\langle U, F\rangle$ 的一个分解，r 是 $R\langle U, F\rangle$ 的一个关系。定义 $m_\rho(r) = \bowtie \pi_{R_i}(r)$，即 $m_\rho(r)$ 是 r 在 ρ 中各关系模式上投影的连接。这里 $\pi_{R_i}(r) = \{t.U_i \mid t \in r\}$。

1. 判断分解具有无损连接性的方法

判断一个分解具有无损连接性的方法如下。

设 $\rho = \{R_1\langle U_1, F_1\rangle, R_2\langle U_2, F_2\rangle, \cdots, R_K\langle U_K, F_K\rangle\}$ 是 $R\langle U, F\rangle$ 的一个分解，$U = \{A_1, A_2, \cdots, A_n\}$。

1）建立一张 n 列 k 行的表。每一列对应一个属性，每一行对应分解中的一个关系模式。若属性 A_j 属于 U_i，则在 j 列 i 行处填上 a_j，否则填上 b_{ij}。

2）根据 F 中每一个函数依赖（例如 $X \rightarrow Y$）修改表的内容。修改规则为：在 X 所对应的列中，寻找相同符号的那些行；在这些行上使属性 Y 所在列的 (j) 元素相同，若其中有 a_j，则全部改为 a_j，否则全部改为 b_{mj}；m 是这些行的行号最小值。

应当注意的是，若某个 b_{tj} 被更改，那么该表的 j 列中凡是 b_{tj} 的符号（不管它是否是开始找到的那些行）均应做相应的更改。

3）如果在某次更改之后，有一行成为 $a_1, a_2, \cdots, a_n$，则算法终止，ρ 具有无损连接性；否则 ρ 不具有无损连接性。对扫描前后进行比较，观察表是否有变化。如有变化，则返回第 2）步，否则算法终止。

【例 7-4】 设 $R\langle U, F\rangle$，$U = \{A, B, C, D, E\}$，$F = \{AB \rightarrow C, C \rightarrow D, D \rightarrow E\}$，R 的一个分解为 $\{R_1\langle A, B, C\rangle, R_2\langle C, D\rangle, R_3\langle D, E\rangle\}$。判断该分解是否具有无损连接性。

1）构造初始表，如表 7-6a 所示。

2）对 $AB \rightarrow C$，因各元素的第 1、2 列没有相同的分量，所以表不改变。由 $C \rightarrow D$ 可以把 b_{14} 改为 a_4，再由 $D \rightarrow E$ 可使 b_{15}，b_{25} 全改为 a_5。最后结果如表 7-6b 所示。表中第 1 行成为 a_1, a_2, a_3, a_4, a_5，所以该分解具有无损连接性。

表 7-6　分解具有无损连接的一个实例

a) 初始表

A	B	C	D	E
a_1	a_2	a_3	b_{14}	b_{15}
b_{21}	b_{22}	a_3	a_4	b_{25}
b_{31}	b_{32}	b_{33}	a_4	a_5

b) 结果表

A	B	C	D	E
a_1	a_2	a_3	a_4	a_5
b_{21}	b_{22}	a_3	a_4	a_5
b_{31}	b_{32}	b_{33}	a_4	a_5

2. 判断分解成两个关系具有无损连接性的方法

当一个关系 R 分解成 R₁ 和 R₂ 两个关系时，其分解具有无损连接性的判断可通过下面的定理实现。

定理 7-3：R〈U，F〉的一个分解ρ={R1〈U1，F1〉，R2〈U2，F2〉}具有无损连接性的充分必要条件如下。

$$U_1 \cap U_2 \to U_1 - U_2 \in F^+ \qquad\qquad (7-4)$$

或
$$U_1 \cap U_2 \to U_2 - U_1 \in F^+$$

3. 判断分解保持函数依赖的方法

设 R〈U，F〉的分解ρ={R₁〈U₁，F₁〉，R₁〈U₂，F₂〉，…，R_k〈U_K，F_K〉}，若$F^+ = (\cup F_i)^+$，则称分解ρ保持函数依赖。

【例 7-5】 关系模式 R={CITY，ST，ZIP}，其中 CITY 为城市，ST 为街道，ZIP 为邮政编码，F={(CITY，ST)→ZIP，ZIP→CITY}。如果将 R 分解成 R₁ 和 R₂，R₁={ST，ZIP}，R₂={CITY，ZIP}，检查分解是否具有无损连接和保持函数依赖。

解：

1）检查无损连接性。

求得：R₁∩R₂={ZIP}；R₂-R₁={CITY}。

因为（ZIP→CITY）$\in F^+$，所以，分解具有无损连接性。

2）检查分解是否保持函数依赖。

求得：π_{R_1}（F）=∅；π_{R_2}（F）={ZIP→CITY}。

因为 π_{R_1}（F）$\cup \pi_{R_2}$（F）={ZIP→CITY}$\neq F^+$，所以，该分解不保持函数依赖。

7.2.4 关系模式的分解方法

本节介绍 3 种模式分解的方法。

1. 将关系模式转化为 3NF 的保持函数依赖的分解

对于给定的关系模式 R〈U，F〉，将其转化为 3NF 保持函数依赖的分解算法如下。

1）对 R〈U，F〉中的 F 进行极小化处理，假设极小化处理后的函数依赖集仍为 F。

2）找出不在 F 中出现的属性，把这样的属性构成一个关系模式，并把这些属性从 U 中去掉。

3）如果 F 中有一个函数依赖涉及 R 的全部属性，则 R 不能再分解。

4）如果 F 中含有 X→A，则分解应包含模式 XA；如果 X→A₁，X→A₂，…，X→An 均属于 F，则分解应包含模式 XA₁A₂…Aₙ。

【例 7-6】 设关系模式 R〈U，F〉，U={C，T，H，R，S，G，X，Y，Z}，F={C→T，CS→G，HR→C，HS→R，TH→R，C→X}，将 R 分解为 3NF，且保持函数依赖。

解：设该函数依赖集已经是最小化的，则分解ρ为

ρ={YZ，CTX，CSG，HRC，HSR，THR}

2. 将关系转化为 3NF，且既具有无损连接性又能保持函数依赖的分解

对于给定的关系模式 R〈U，F〉，将其转换为 3NF，且既具有无损连接性又能保持函数依赖的分解算法如下。

1）设 X 是 R〈U，F〉的码，R〈U，F〉已分解为ρ={R₁〈U₁，F₁〉，R₂〈U₂，

$F_2\rangle$，…，$R_k\langle U_k,F_k\rangle\}$，令 $\tau=\rho\cup\{R^*\langle X,F_x\rangle\}$。

2）若有某个 U_i，$X\subseteq U_i$，将 $R^*\langle X,F_x\rangle$ 从 τ 中去掉，τ 就是所求的分解。

【例 7-7】 有关系模式 $R\langle U,F\rangle$，$U=\{C,T,H,R,S,G\}$，$F=\{C\to T,CS\to G,HR\to C,HS\to R,TH\to R\}$，将 R 分解为 3NF，且既具有无损连接性又能保持函数依赖。

解：可以求得关系模式 R 的码为 HS，它的一个保持函数依赖的 3NF 为

$$\rho=\{CT,CSG,HRC,HSR,THR\}$$

因为 HS$\subseteq$HSR

所以 $\tau=\rho=\{CT,CSG,HRC,HSR,THR\}$ 为满足要求的分解。

3．将关系模式转换为 BCNF 的无损连接的分解

对于给定的关系模式 $R\langle U,F\rangle$，将其转换为 BCNF 的无损连接分解算法如下。

1）令 $\rho=R\langle U,F\rangle$。

2）检查 ρ 中各关系模式是否均属于 BCNF。若是，则算法终止。

3）假设 ρ 中 $R_i\langle U_i,F_i\rangle$ 不属于 BCNF，那么必定有 $X\to A\in F_i+$（$A\notin X$），且 X 非 R_i 的码。因此，XA 是 U_i 的真子集。对 R_i 进行分解，得 $\sigma=\{S_1,S_2\}$，$U_{S1}=XA$，$U_{S2}=U_i-\{A\}$，以 σ 代替 $R_i\langle U_i,F_i\rangle$，返回第 2）步。

【例 7-8】 设有关系模式 $R\langle U,F\rangle$，$U=CTHRSG$，$F=\{C\to T,HR\to C,HT\to R,CS\to G,HS\to R\}$，试把 R 分解成具有无损连接的 BCNF。

解：令 $\rho=CTHRSG$。

1）由于 R 的码为 HS，选择 $CS\to G$ 分解。

得出：$\rho=\{S_1,S_2\}$。

其中，$S_1=CSG$，$F_1=\{CS\to G\}$；$S_2=CTHRS$，$F_2=\{C\to T,HR\to C,HT\to R,HS\to R\}$。

显然，S_2 不服从 BCNF，需要继续分解。

2）对 S_2 分解。S_2 的码为 HS，选择 $C\to T$ 分解。

得出：$\rho=\{S_1,S_3,S_4\}$。

其中，$S_3=CT$，$F_3=\{C\to T\}$；$S_4=CHRS$，$F_4=\{HC\to R,HR\to C,HS\to R\}$。

显然，S_4 不服从 BCNF，还需要继续分解。

3）对 S_4 分解。S_4 的码为 HS，选择 $HC\to R$ 分解。

得出：$\rho=\{S_1,S_3,S_5,S_6\}$。

其中，$S_5=HCR$，$F_5=\{HC\to R\}$；$S_6=CHS$，$F_6=\varnothing$。

4）最后的分解为 $\rho=\{CSG,CT,HCR,CHS\}$。

【例 7-9】 设关系模式 $R\langle U,F\rangle$，$U=\{$学号，课程号，成绩，教师名，教师所在系$\}$，$F=\{$（学号，课程号）$\to$成绩，课程号$\to$教师名，教师名$\to$教师所在系$\}$，将其分解为具有无损连接的 BCNF。

解：

1）初始化。

$\rho=\{$学号，课程号，成绩，教师名，教师所在系$\}$。

2）对 R 进行分解。

R 的码为（学号，课程号），选择"教师名$\to$教师所在系"分解。

得出：$\rho=\{R_1,R_2\}$。

其中，R_1={教师名，教师所在系}，F_1={教师名→教师所在系}；R_2={学号，课程号，成绩，教师名}，F_1={（学号，课程号）→成绩，课程号→教师名}。

显然，R_2需要进行再分解。

3）对R_2分解。

R_2码为（学号，课程号），选择"课程号→教师名"分解。

得出：ρ={R_1，R_3，R_4}。

其中，R_3={课程号，教师名}，F_3={课程号→教师名}；R_4={学号，课程号，成绩}，F_4={（学号，课程号）→成绩}。

显然R_3和R_4均属于 BCNF。

4）最终结果。

ρ={（教师名，教师所在系），（课程号，教师名），（学号，课程号，成绩）}。

4. 关于模式分解的重要结论

1）若要求分解保持函数依赖，则模式分解总可以达到 3NF，但不一定达到 BCNF。

2）若要求分解具有无损连接性，则分解一定可以达到 BCNF。

3）若要求分解既保持函数依赖，又具有无损连接性，那么模式分解一定可以达到 3NF，但不一定达到 BCNF。

*7.3 关系系统及查询优化技术

本节介绍关系系统的分类及关系系统中查询优化的原理和技术。

7.3.1 关系系统的定义和分类

笼统地讲，关系系统和关系模型是两个密切而又不同的概念，支持关系模型的数据库系统称为关系数据库系统，简称为关系系统。严格地讲，关系系统是满足一定条件的系统。根据关系系统所满足条件的情况，可以把关系系统分为表式系统、最小关系系统、关系完备系统和全关系系统。

1. 关系系统的定义

（1）关系系统应满足的条件

一个系统可定义为关系系统，当且仅当满足以下两个条件。

1）支持关系数据库（关系数据结构）。从用户观点看，数据库由表构成，并且只能有表这一种结构。

2）支持选择、投影和连接（自然）运算，对这些运算不必要求定义任何物理存取路径。

上述两个条件缺一不可。一个系统仅支持关系数据库而没有选择、投影和连接运算功能的，不能称为关系系统。一个系统虽然支持这 3 种运算，但要求定义物理存取路径，如要求用户建立索引才能按索引字段检索记录，也不能称为关系系统。

（2）对关系系统定义的解释

对以上定义的解释如下。

1）关系系统除了要支持关系数据结构外，还必须支持选择、投影和连接运算。因为不支持这 3 种关系运算的系统，用户使用仍不方便，不能提高用户的生产率，而提高用户生产率正是关系系统的主要目标之一。

2）关系系统要求选择、投影和连接运算不能依赖于物理存取路径。因为依赖物理存取路径来实现关系运算就降低或丧失了数据的物理独立性。不依赖物理存取路径来实现关系运算就要求关系系统自动地选择路径。为此，系统要进行查询优化，以获得较好的性能。这正是关系系统实施的关键技术。

3）由于选择、投影和连接运算是最有用的关系运算操作，它们能解决绝大部分的实际问题，所以要求关系系统必须支持这 3 种最主要的运算，而不要求关系系统支持关系代数的全部运算。

2．关系系统的分类

关系系统可以分为以下 4 类。

（1）表式系统

表式系统仅支持关系（即表）数据结构，不支持集合级的操作。表式系统不能算关系系统。倒排表列（Inverted List）系统就属于这一类。

（2）最小关系系统

最小关系系统能够支持关系数据结构，能够支持关系的选择、投影和连接 3 种运算。

（3）关系完备的系统

这类系统支持关系数据结构和所有的关系代数操作，能够支持关系的实体完整性和参照完整性。

（4）全关系系统

这类系统支持关系模型的所有特征。它不仅在关系上是完备的，而且支持数据结构中域的概念，支持实体完整性、参照完整性和所有用户完整性。现在使用的关系系统大都接近或达到了这个目标。

7.3.2 关系系统的查询优化理论与技术

关系模型是建立在数学基础上的。关系数学不仅是关系操作和关系规范化的理论基础，同时也是关系查询优化技术的基础。

1．一个实例

首先通过一个简单的例子来看一下查询优化的必要性。

设学生选课库的关系模式如下。

> 学生（学号，姓名，年龄，所在系）
> 选课（学号，课程号，成绩）

求选修了 C1 号课程的学生姓名，用 TSQL 语言表达如下。

```
SELECT 学生，姓名
FROM 学生，选课
WHERE 学生.学号=选课.学号 AND 选课.课程号='C1'
```

假定学生选课库中有 1000 个学生记录，10000 个选课记录，其中选修 C1 号课程的选课记录有 50 个。这个查询系统可以用多种等价的关系代数表达式来完成。

这里列出其中 3 种，分别如下。

$Q1=\pi_{\text{姓名}}$（$\sigma_{\text{学生.学号}=\text{选课.学号}\wedge\text{选课.课程号}='C1'}$（学生×选课））

$Q2=\pi_{\text{姓名}}$（$\sigma_{\text{选课.课程号}='C1'}$（学生 $\bowtie$ 选课））

$Q3=\pi_{\text{姓名}}$（学生 $\bowtie\sigma_{\text{选课.课程号}='C1'}$（选课））

下面分析这3种查询的策略，看看策略的不同会对查询的时间效率产生怎样的影响。

（1）第1种情况

1）计算广义笛卡儿积。

把学生和选课的每个元组连接起来。连接的做法一般是这样的：在内存中尽可能多地装入某个表（如学生表）的若干块元组，留出一块存储另一个表（如选课表）的元组。然后把选课中的每个元组和学生中的每个元组连接，连接后的元组装满一块后就写到中间文件上，再从选课中读入一块和内存中的学生元组连接，直到选课表处理完。这时再一次读入若干块学生元组，读入一块选课元组，重复上述处理过程，直到把学生表处理完。

设一个块能装10个学生元组或100个选课元组，在内存中存储5块学生元组和一块选课元组，则读取总块数为

$$\frac{1000}{10}+\frac{1000}{10\times5}\times\frac{10000}{100}=100+20\times100=2100\text{块}$$

其中，读学生表100块；读选课表20遍，每遍100块。若读写20块/s，则总计要花105s。

连接后的元组数为$10^3\times10^4=10^7$。设每块能装10个元组，则写出这些块要用5×10^4s。

2）进行选择操作。

依次读入连接后的元组，按照选择条件选取满足要求的记录。假定内存处理时间忽略。这一步读取中间文件花费的时间（同写中间文件一样）需5×10^4s。满足条件的元组假设仅50个，均可放在内存中。

3）进行投影操作。

把步骤2）的结果在姓名上作投影输出，得到最终结果。

因此第1种情况下执行查询的总时间$\approx105+2\times5\times10^4\approx10^5$s。这里，所有内存处理时间忽略不计。

（2）第2种情况

1）计算自然连接花费的时间。

执行自然连接仍需读取学生和选课表，因此读取块数仍为2100块，花费时间为105s。但自然连接的结果比广义笛卡儿积减少了很多，为10^4个，所以写出这些元组的时间为50s，仅为第一种情况的千分之一。

2）执行选择运算花费的时间。

执行选择运算花费的时间为50s。

3）把步骤2）的结果投影输出。

第2种情况总的执行时间$\approx105+50+50\approx205$s，比第一种情况大大减少。

（3）第3种情况

1）先对选课表作选择运算。

只需读一遍选课表，存取100块花费时间为5s，因为满足条件的元组仅50个，不必使用中间文件。

2）读取学生表。

把读入的学生元组和内存中的选课表进行连接。同样只需读一遍学生表共 100 块花费时间为 5s。

3）把连接结果投影输出。

第 3 种情况总的执行时间≈5+5≈10s，比第 2 种情况又减少了很多。

如果在选课表的课程号上建有索引，则步骤 1）就不必读取所有的选课元组而只需读取课程号='C1'的那些元组（50 个）。存取的索引块和选课表中满足条件的数据块共 3～4 块。如果学生表在学号上也建有索引，则步骤 2）也不必读取所有的学生元组，因为满足条件的选课记录只有 50 个，最多涉及 50 个学生记录，因此读取学生表的块数也可大大减少。总的存取时间将进一步减少到数秒。

2．查询优化的一般准则

下面介绍的优化策略能提高查询的效率，但它们不一定是最优的策略。实际上"优化"一词并不是很确切，用"改进"或"改善"或许更恰当些。

（1）选择运算尽可能先做

在优化策略中这是最重要、最基本的一条。因为选择运算一般使计算结果大大变小，常常使执行时间降低几个数量级。

（2）在执行连接前对关系适当地做预处理

预处理方法主要有两种，在连接属性上建立索引和对关系进行排序，然后执行连接。前者称为索引连接方法；后者称为排序合并连接方法。

假如要对学生表和选课表进行自然连接，用索引连接方法的步骤如下。

1）对选课表的学号建立索引。

2）对学生表中每一个元组，由学号值通过选课表的索引查找相应的选课元组。

3）把这些选课元组和学生元组连接起来。

这样学生表和选课表均只需扫描一遍。处理时间是两个关系大小的线形函数。

用排序合并连接方法的步骤如下。

1）首先对学生表和选课表按连接学号排序。

2）取学生表中的第一个学号，依次扫描选课中具有相同学号的元组，把他们连接起来。

3）当扫描到学号不相同的第 1 个选课元组时，返回学生表扫描下一个元组，再扫描选课表中具有相同学号的元组，把它们连接起来。

重复上述步骤直到学生表扫描完。

这样学生表和选课表也只要扫描一遍。当然，执行时间要加上对两个表的排序时间。即使这样，使用预处理方法执行连接的时间一般仍大大减少。

（3）把投影运算和选择运算同时进行

如有若干投影和选择运算，并且它们都对同一个关系操作，则可以在扫描此关系的同时完成所有的这些运算以避免重复扫描关系。

（4）把投影同其前或其后的双目运算结合起来

没有必要为了去掉某些字段而重复扫描一遍关系。

（5）把某些选择同在它前面要执行的笛卡儿积结合起来成为一个连接运算

连接运算特别是等值连接运算要比同样的笛卡儿积节省很多的时间。

（6）找出公共子表达式

如果这种重复出现的子表达式的结果不是很大的关系，并且从外存中读入这个关系比计算该子表达式的时间少得多，则先计算一次公共子表达式并把结果写入中间文件是合算的。当查询视图时，定义视图的表达式就是公共子表达式的情况。

3．关系代数等价变换规则

前面介绍的优化策略大都涉及了代数表达式的等价变换。两个关系表达式 E_1 和 E_2 是等价的，可记作 $E_1 \equiv E_2$。

常用的等价变换规则如下。

（1）连接、笛卡儿积交换率

设 E_1 和 E_2 是关系代数表达式，F 是连接运算的条件，则有

$$E_1 \times E_2 \equiv E_2 \times E_1$$
$$E_1 \bowtie E_2 \equiv E_2 \bowtie E_1 \tag{7-5}$$
$$E_1 \underset{F}{\bowtie} E_2 \equiv E_2 \underset{F}{\bowtie} E_1$$

（2）连接、笛卡儿积的结合律

设 E_1，E_2，E_3 是关系代数表达式，F_1 和 F_2 是连接运算的条件，则有

$$(E_1 \times E_2) \times E_3 \equiv E_1 \times (E_2 \times E_3)$$
$$(E_1 \bowtie E_2) \bowtie E_3 \equiv E_1 \bowtie (E_2 \bowtie E_3) \tag{7-6}$$
$$(E_1 \underset{F_1}{\bowtie} E_2) \underset{F_2}{\bowtie} E_3 \equiv E_1 \underset{F_1}{\bowtie} (E_2 \underset{F_2}{\bowtie} E_3)$$

（3）投影的串接定律

$$\pi_{A1,A2,\cdots,An}(\pi_{B1,B2,\cdots,Bm}(E)) \equiv \pi_{A1,A2,\cdots,An}(E) \tag{7-7}$$

其中，E 是关系代数表达式，Ai(i=1，2，…，n)，Bj(j=1，2，…，n)是属性名{A1，A2，…，An}构成{B1，B2，…，Bm}的子集。

（4）选择的串接定律

$$\sigma_{F1}(\sigma_{F2}(E)) \equiv \sigma_{F1 \wedge F2}(E) \tag{7-8}$$

其中，E 是关系代数表达式；F1、F2 是选择条件。选择的串接定律说明选择条件可合并。

（5）选择与投影的交换律

$$\sigma_F(\pi_{A1,A2,\cdots,An}(E)) \equiv \pi_{A1,A2,\cdots,An}(\sigma_F(E)) \tag{7-9}$$

这里，选择条件 F 只涉及属性 A1，A2，…，An。若 F 中有不属于 A1，A2，…, An 的属性 B1，B2，…，Bm，则有更一般的规则，即

$$\pi_{A1,A2,\cdots,An}(\sigma_F(E)) \equiv \pi_{A1,A2,\cdots,An}(\sigma_F(\pi_{A1,A2,\cdots,An,B1,B2,\cdots,Bm}(E))) \tag{7-10}$$

（6）选择与笛卡儿积的交换律

如果 F 中涉及的属性都是 E_1 中的属性，则

$$\sigma_F(E_1 \times E_2) \equiv \sigma_F(E_1) \times E_2 \tag{7-11}$$

如果 $F=F_1 \wedge F_2$，并且 F_1 只涉及 E_1 中的属性，F_2 只涉及 F_2 中的属性，则可推出：

$$\sigma_F(E_1 \times E_2) \equiv \sigma_{F1}(E_1) \times \sigma_{F2}(E_2) \tag{7-12}$$

若 F_1 只涉及 E_1 中的属性，F_2 涉及 E_1 和 E_2 两者的属性，则

$$\sigma_F(E_1 \times E_2) \equiv \sigma_{F2}(\sigma_{F1}(E_1) \times E_2) \tag{7-13}$$

该定律可使部分选择在笛卡儿积前先处理。

（7）选择与并的交换

设 $E = E_1 \cup E_2$，E_1 和 E_2 为可比属性，则

$$\sigma_F(E_1 \cup E_2) \equiv \sigma_F(E_1) \cup \sigma_F(E_2) \tag{7-14}$$

（8）选择与差运算的交换

若 E_1 和 E_2 为可比属性，则

$$\sigma_F(E_1 - E_2) \equiv \sigma_F(E_1) - \sigma_F(E_2) \tag{7-15}$$

（9）投影与笛卡儿积的交换

设 E_1 和 E_2 是关系代数表达式，A1，A2，…，An 是 E_1 的属性，B1，B2，…，Bm 是 E_2 的属性，则

$$\pi_{A1,A2,\cdots,An,B1,B2,\cdots,Bm}(E_1 \times E_2) \equiv \pi_{A1,A2,\cdots,An}(E_1) \times \pi_{B1,B2,\cdots,Bm}(E_2) \tag{7-16}$$

（10）投影与并的交换

若 E_1 和 E_2 为可比属性，则

$$\pi_{A1,A2,\cdots,An}(E_1 \cup E_2) \equiv \pi_{A1,A2,\cdots,An}(E_1) \cup \pi_{A1,A2,\cdots,An}(E_2) \tag{7-17}$$

4．关系代数表达式的优化算法

下面给出关系表达式的优化算法。

1）利用等价变换规则（4）把 $\sigma_{F1 \wedge F2 \wedge \cdots \wedge Fn}(E)$ 代数式变换为 $\sigma_{F1}(\sigma_{F2}(\cdots(\sigma_{Fn}(E))\cdots))$。

2）对每一个选择，利用等价变换规则（4）～（8）尽可能地移到树的叶端。

3）对每一个投影利用等价变换规则（3）、（9）、（10）和（5）中的一般形式，尽可能地移向树的叶端。值得注意的是，法则（3）会使一些投影消失，而一般形式的规则（5）会把一个投影分裂为两个，其中一个有可能被移向树的叶端。

4）利用规则（3）～（5）把选择和投影的串接合并成单个选择、单个投影或一个选择后跟一个投影，会使多个选择和投影能同时执行或在一次扫描中全部完成。尽管这种变换似乎违背"投影尽可能先做"的原则，但这样做效率更高。

5）把上述得到的语法树的内节点分组。每一双目运算（×，⋈，∪，−）和它所有的直接祖先为一组（这些直接祖先是 σ，π 运算），如果其后代直到叶子全部是单目运算，也可将它们并入该组。但当双目运算是笛卡儿积（×），而且其后的选择不能与它结合为等值连接时除外。把这些单目运算单独分为一组。

6）生成一个程序，每组节点的计算是程序中的一步。各步的顺序是任意的，但要保证任何一组的计算不会在它的后代组之前计算。

5．优化的一般步骤

（1）把查询转换成某种内部表示

通常用的内部表示是语法树。例如，对于 7.3.2 节中的学生选课实例，表示为如图 7-6 所示的语法树。为了使用关系代数表达式的优化法，不妨假设内部表示是关系代数语法树，如图 7-7 所示。

（2）把语法树转换成标准（优化）形式

利用优化算法，把原始的语法树转换成优化的形式。各个 DBMS 优化算法不尽相同，这里利用前面讨论的关系代数表达式的优化算法进行优化。

例如，利用规则（4）和（6），把选择 $\sigma_{\text{选课.课程号}='C1'}$ 移到叶端，图 7-7 所示的语法树就转换成图 7-8 所示的语法树。

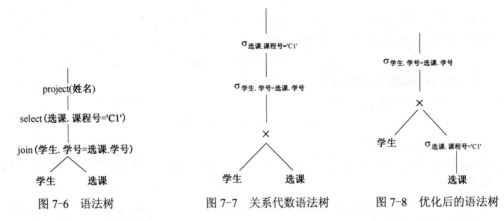

图 7-6　语法树　　　　图 7-7　关系代数语法树　　　图 7-8　优化后的语法树

（3）选择低层的存取路径

根据步骤（2）得到的优化后的语法树计算关系表达式值的时候，要充分考虑索引、数据的存储分布等存取路径，利用它们进一步改善查询效率。这就要求优化器去查找数据字典，获得当前数据库状态的信息。例如，选择字段上是否有索引，连接的两个表是否有序，连接字段上是否有索引等，然后根据一定的优化规则选择存取路径。如本例中若在选课表的课程号字段上建有索引，则应该利用该索引，而不必顺序扫描选课表。

（4）生成查询计划，选择代价最小的查询计划

查询计划是由一组内部过程组成的，这组内部过程可实现按某条存取路径计算关系表达式的值。常有多个查询计划可供选择。例如，在做连接运算时，若有两个表 R_1 和 R_2，均无序，连接属性上也没有索引，则可以有下面几种查询计划。

1）对两个表作排序预处理。

2）对 R_1 在连接属性上建索引。

3）对 R_2 在连接属性上建索引。

4）对 R_1、R_2 在连接属性上建索引。

对不同的查询计划计算代价，选择其中代价最小的一个。在计算代价时主要考虑磁盘读写的 I/O 数，内存、CPU 的处理时间在粗略计算时可不考虑。

习题 7

一、简答题

1．给出下列术语的定义，并加以理解。

函数依赖、部分函数依赖、完全函数依赖、传递函数依赖、候选关键字、主关键字、全关键字、1NF、2NF、3NF、BCNF、多值依赖、4NF、连接依赖、5NF。

2．在关系模式：选课（学号，课程号，成绩）中，"学号→→课程号"正确吗？为什么？

3．设有关系模式：R〈A, B, C〉，数据依赖集 F={AB→C, C→→A}，R 属于第几范式？为什么？

4．下面的结论哪些是正确的？哪些是错误的？对于错误的请给出一个反例说明。

1）任何一个二目关系是属于 3NF 的。

2）任何一个二目关系是属于 BCNF 的。

3）任何一个二目关系是属于 4NF 的。

4）当且仅当函数依赖 A→B 在 R 上成立，关系 R〈A, B, C〉等于投影 R_1〈A, B〉和 R_2〈A, C〉的连接。

5）若 R.A→R.B，R.B→R.C，则 R.A→R.C。

6）若 R.A→R.B，R.A→R.C，则 R.A→R.（B，C）。

7）若 R.B→R.A，R.C→R.A，则 R.（B，C）→R.A。

8）若 R.（B，C）→R.A，则 R.B→R.A，R.C→R.A。

5. 试证明"3NF 的模式也一定是 2NF 模式"这个结论。

6. 在分解具有无损分解时，系统具有什么特点？

7. 试述查询优化的一般步骤。

8. 试述查询优化的一般准则。

9. 现在要建立关于系、学生、班级、学会等信息的一个关系数据库。语义为：一个系有若干专业，每个专业每年只招一个班，每个班有若干学生，一个系的学生住在同一个宿舍区，每个学生可参加若干学会，每个学会有若干学生。

描述学生的属性有：学号、姓名、出生日期、系名、班号、宿舍区；

描述班级的属性有：班号、专业名、系名、人数、入校年份；

描述系的属性有：系名、系号、系办公室地点、人数；

描述学会的属性有：学会名、成立年份、地点、人数、学生参加某会有一个入会年份。

1）请写出关系模式。

2）写出每个关系模式的最小函数依赖集，指出是否存在传递依赖。在函数依赖左部是多属性的情况下，讨论函数依赖是完全依赖，还是部分函数依赖。

3）指出各个关系模式的候选关键字、外部关键字，有没有全关键字。

10. 设关系模式 R〈A, B, C, D〉，函数依赖集 F={A→C, C→A, B→AC, D→AC, BD→A}。

1）求出 R 的候选码。

2）求出 F 的最小函数依赖集。

3）将 R 分解为 3NF，使其既具有无损连接性又具有函数依赖保持性。

11. 设关系模式 R〈A, B, C, D, E, F〉，函数依赖集 F={AB→E, AC→F, AD→B, B→C, C→D}。

1）证明 AB、AC、AD 均是候选关键字。

2）证明主属性 C 传递依赖于关键字 AB 和 AD，但不传递依赖于关键字 AC。同时证明主属性 D 传递依赖于关键字 AB 和 AC，但不传递依赖于关键字 AD。

12. 设关系模式 R〈A, B, C, D, E, F〉，函数依赖集 F={AB→E, BC→D, BE→C, CD→B, CE→AF, CF→BD, C→A, D→EF}，求 F 的最小函数依赖集。

13. 判断下面的关系模式是不是 BCNF，为什么？

1）任何一个二元关系。

2）关系模式：选课（学号，课程号，成绩），函数依赖集 F={（学号，课程号）→成绩}。

3）关系模式 R〈A, B, C, D, E, F〉，函数依赖集 F={A→BC, BC→A, BCD→EF, E→C}。

14. 设关系模式 R〈A, B, C, D, E, F〉，函数依赖集 F={A→B, C→F, E→A, CE→A}，将 R 分解为 p_1={CE, BE, ECD, AB} 和 p_2={ABE, CDEF}。判断 p_1 和 p_2 是否为无损连接。

15. 设关系模式 R〈B, O, I, S, Q, D〉，函数依赖集 F={S→D, I→S, IS→Q, B→Q}。

1）找出 R 的主码。

2）把 R 分解为 BCNF，且具有无损连接性和函数依赖保持性。

16．设有关系模式 R〈A, B, C, D〉，数据依赖集 F={A→B, B→A, AC→D, BC→D, AD→C, BD→C, A→→CD, B→→CD}。

1）求 R 的主码。

2）R 是否为第 4 范式？为什么？

3）R 是否是 BCNF？为什么？

4）R 是否是 3NF？为什么？

17．由 Armstrong 公理证明合并规则：若 X→Z, X→Y, 则 X→YZ。

18．设有关系模式 R〈U, F〉，其中，U={E, F, G, H}，F={E→G, G→E, F→EG, H→EG, FH→E}。求 F 的最小依赖集。

19．设有关系 R 和函数依赖 F，其中，R（W, X, Y, Z），F = { X→Z, WX→Y}。试求：

1）关系 R 属于第几范式。

2）如果关系 R 不属于 BCNF，请将关系 R 逐步分解为 BCNF。

要求：写出达到每一级范式的分解过程，并指明消除什么类型的函数依赖。

20．设有关系模式 R〈U, F〉，其中，U={A, B, C, D, E}，F = {A→BC, CD→E, B→D, E→A}。

1）计算 B^+。

2）求 R 的所有候选码。

21．设有函数依赖集 F={D→G, C→A, CD→E, A→B}，计算闭包 D^+，$(AC)^+$，$(ACD)^+$。

22．设有关系 STUDENT〈S#, SNAME, SDEPT, MNAME, CNAME, GRADE〉，（S#, CNAME）为候选码，设关系中有如下函数依赖：（S#, CNAME）→（SNAME, SDEPT, MNAME），S#→（SNAME, SDEPT, MNAME），（S#, CNAME）→GRADE，SDEPT→MNAME。试求：

1）关系 STUDENT 属于第几范式。

2）如果关系 STUDENT 不属于 BCNF，请将关系 STUDENT 逐步分解为 BCNF。

要求：写出达到每一级范式的分解过程，并指明消除什么类型的函数依赖。

23．设有关系模式 R〈A, B, C, D〉，其上的函数依赖集：F={A→C, C→A, B→AC, D→AC}。

（1）求 F 的最小等价依赖集 F_C。

（2）将 R 分解为满足 3NF 且具有无损连接并保持函数依赖。

24．设有关系模式 R〈U, F〉，其中，U={C, T, H, R, S, G}，F={CS→G, C→T, TH→R, HR→C, HS→R}。请根据算法将 R 分解为满足 BCNF 且具有无损连接。

25．已知 R〈U, F〉，U={A, B, C, D, E}，F={ AB→C, C→D, D→E }，R 的一个分解 ρ={ R1（A, B, C），R2（C, D），R3（D, E）}。判断 ρ 是否为无损连接。

26．设工厂里有一个记录职工每天日产量的关系模式：R（职工编号，日期，日产量，车间编号，车间主任）。如果规定：每个职工每天只有一个日产量；每个职工只能隶属于一个车间；每个车间只有一个车间主任。试回答下列问题：

1）根据上述规定，写出模式 R 的基本 FD 和关键码。

2）说明 R 不是 2NF 的理由，并把 R 分解成 2NF 模式集。

3）进而再分解成 3NF 模式集，并说明理由。

27．设关系模式 R（车间编号，零件编号，数量，仓库编号，仓库地址）。如果规定：每个车间每需要一种零件只有一个数量；每种零件只存放在一个仓库里；每个仓库只有一个地址。

1）试根据上述规定，写出模式 R 的基本 FD 和关键码。

2）说明 R 不是 2NF 的理由，并把 R 分解成 2NF 模式集。

3）再进而分解成 3NF 模式集，并说明理由。

28. 设有关系模式 R 〈U, F〉，其中，U={A, B, C, D, E}，F={A→D, E→D, D→B, BC→D, DC→A}。

1）计算 D_F^+、$(DC)_F^+$、$(BC)_F^+$ 及 $(CE)_F^+$。

2）求 R 的所有候选码，并说明理由。

3）R 最高满足第几范式？为什么？

4）若 R 不属于 BCNF，试改进该关系数据库设计，使它满足 BCNF。

29. 设有关系模式 R 〈U, F〉，其中，U={A, B, C, D, E}，F={A→B, BC→E, ED→AB}。

1）计算 A_F^+、$(AB)_F^+$、$(ABC)_F^+$ 及 $(BCD)_F^+$。

2）求 R 的所有候选码，并说明理由。

3）R 最高满足第几范式？为什么？

4）若 R 不属于 BCNF，试改进该关系数据库设计，使它满足 BCNF。

二、选择题

1. 有关系模式 A 〈C, T, H, R, S〉，其中各属性的含义是：C 为课程；T 为教员；H 为上课时间；R 为教室；S 为学生。根据语义有如下函数依赖集：F={C→T,（H, R）→C,（H, T）→R,（H, S）→R}。现将关系模式 A 分解为两个关系模式 A1 〈C, T〉，A2 〈H, R, S〉，则其中 A1 的规范化程度达到_____。

    A. 1NF   B. 2NF   C. 3NF   D. BCNF

2. 有关系模式 A 〈C, T, H, R, S〉，其中各属性的含义是：C 为课程；T 为教员；H 为上课时间；R 为教室；S 为学生。根据语义有如下函数依赖集：F={C→T,（H, R）→C,（H, T）→R,（H, S）→R}。关系模式 A 的规范化程度最高达到_____。

    A. 1NF   B. 2NF   C. 3NF   D. BCNF

3. 有关系模式 A 〈C, T, H, R, S〉，其中各属性的含义是：C 为课程；T 为教员；H 为上课时间；R 为教室；S 为学生。根据语义有如下函数依赖集：F={C→T,（H, R）→C, (H, T)→R,（H, S）→R}。关系模式 A 的码是_____。

    A. C   B.（H, R）   C.（H, T）   D.（H, S）

4. 下面关于函数依赖的叙述中，不正确的是_____。

    A. 若 X→Y，Y→Z，则 X→YZ   B. 若 XY→Z，则 X→Z，Y→Z

    C. 若 X→Y，Y→Z，则 X→Z   D. 若 X→Y，Y'包含 Y，则 X→Y'

5. 下面关于函数依赖的叙述中，不正确的是_____。

    A. 若 X→Y，X→Z，则 X→YZ   B. 若 XY→Z，则 X→Z，Y→Z

    C. 若 X→Y，WY→Z，则 XW→Z   D. 若 X→Y，则 XZ→YZ

6. 关系规范化中的删除操作异常是指_____。

    A. 不该删除的数据被删除   B. 不该插入的数据被插入

    C. 应该删除的数据未被删除   D. 应该插入的数据未被插入

7. 关系规范化中的插入操作异常是指_____。

    A. 不该删除的数据被删除   B. 不该插入的数据被插入

    C. 应该删除的数据未被删除   D. 应该插入的数据未被插入

8. 消除了部分函数依赖的 1NF 关系模式，必定是_____。

A．1NF   B．2NF   C．3NF   D．4NF

9．属于 BCNF 的关系模式_____。

A．已消除了插入、删除异常

B．已消除了插入、删除异常和数据冗余

C．仍然存在插入、删除异常

D．在函数依赖范畴内，已消除了插入和删除的异常

10．关系数据库设计中的陷阱（pitfalls）是指_____。

A．信息重复和不能表示特定信息   B．不该插入的数据被插入

C．应该删除的数据未被删除   D．应该插入的数据未被插入

11．关系数据库规范化是为解决关系数据库中_____问题而引入的。

A．数据冗余   B．提高查询速度

C．减少数据操作的复杂性   D．保证数据的安全性和完整性

12．支持关系数据结构、选择、投影和（自然）连接运算，且对这些运算不必要求定义任何物理存取路径的关系系统称为_____。

A．表式系统   B．最小关系系统

C．关系完备的系统   D．全关系系统

13．关系数据库规范化是为解决关系数据库中_____问题而引入的。

A．插入、删除和数据冗余   B．提高查询速度

C．减少数据操作的复杂性   D．保证数据的安全性和完整性

14．当 B 属性函数依赖于 A 属性时，属性 A 与 B 的联系是_____。

A．1 对多   B．多对 1   C．多对多   D．以上都不是

15．3NF_____规范为 4NF。

A．消除非主属性对码的部分函数依赖

B．消除非主属性对码的传递函数依赖

C．消除主属性对码的部分和传递函数依赖

D．消除非平凡且非函数依赖的多值依赖

16．设关系模式 R〈A，B，C，D〉，F 是 R 上成立的 FD 集，F={A→C，BC→D}，那么 ρ={ABD，AC} 相对于 F_____。

A．是无损联接分解，也是保持 FD 的分解

B．是无损联接分解，但不保持 FD 的分解

C．不是无损联接分解，但保持 FD 的分解

D．既不是无损联接分解，也不保持 FD 的分解

17．设有关系模式 R〈A，B，C，D〉，R 上成立的 FD 集 F={A→C，B→C}，则属性集 BD 的闭包$(BD)^{+}$为_____。

A．BD   B．BCD   C．ABD   D．ABCD

18．在 R〈U〉中，如果 X→Y，并且对于 X 的任何一个真子集 X'，都有 X'→Y，则_____。

A．Y 函数依赖于 X   B．Y 对 X 完全函数依赖

C．X 为 U 的候选码   D．R 属于 2NF

19. 属于 BCNF 的关系模式_____。

    A. 已消除了插入、删除异常

    B. 已消除了插入、删除异常、数据冗余

    C. 仍然存在插入、删除异常

    D. 在函数依赖范畴内，已消除了插入异常和删除异常

20. 设 $R \langle U \rangle$ 是属性集 U 上的关系模式。X, Y 是 U 的子集。若对于 $R \langle U \rangle$ 的任意一个可能的关系 r，r 中不可能存在两个元组在 X 上的属性值相等，而在 Y 上的属性值不等，则称_____。

    A. Y 函数依赖于 X   B. Y 对 X 完全函数依赖

    C. X 为 U 的候选码   D. R 属于 2NF

21. 多值依赖的问题在于_____。

    A. 插入异常   B. 删除异常

    C. 数据冗余太大   D. 插入异常、删除异常、数据冗余太大

第 8 章　数据库保护技术

数据库管理系统必须提供统一的数据保护功能，以保护数据库中数据的安全可靠和正确有效。数据库的保护功能主要包括确保数据的安全性、完整性、并发控制和数据库恢复等方面的内容。SQL Server 2017 提供了比较完善的数据库保护功能。

8.1　数据库安全性及 SQL Server 的安全管理

数据库的安全性是指保护数据库，以防止不合法的使用造成的数据泄密、更改或破坏。不合法的使用是指不具有数据操作权的用户进行了越权的数据操作。数据库管理系统通过种种防范措施以防止用户越权使用数据库，其安全保护措施是否有效是数据库系统的主要性能指标之一。

8.1.1　数据库安全性控制的一般方法

在一般计算机系统中，安全措施是层层设置的，图 8-1 是常见的计算机系统安全模型。

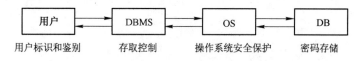

图 8-1　计算机系统安全模型

在图 8-1 所示的安全模型中，要求进入计算机系统时，系统首先根据用户输入的用户标识进行身份鉴定，只有合法的用户才准许进入计算机系统；对已进入的用户，DBMS 还要进行存取控制，只允许用户执行合法操作；操作系统也会提供相应的保护措施；数据最后还可以以密码形式存储到数据库中。有关操作系统的安全保护措施可参考操作系统的书籍，这里不再详述。这里只讨论与数据库有关的用户标识和鉴定、存取控制、视图及密码存储等安全技术。

上面介绍的数据保护措施是由计算机系统设置的。除此之外，数据保护措施还包括加强保安工作，防止在通信线路上窃听和盗窃物理存储设备等。

1. 用户标识与鉴别

用户标识和鉴别（Identification & Authentication）是系统提供的最外层安全保护措施。要求用户进入系统时都要输入用户标识，系统进行核对后，对于合法的用户才提供机器使用权。获得了机器使用权的用户不一定具有数据库的使用权，数据库管理系统还要进一步进行用户标识和鉴定，以拒绝没有数据库使用权的用户（非法用户）进行数据库数据的存取操作。用户标识和鉴定的方法非常多，常用的用户标识和鉴定方法有下列几种。

（1）用输入用户名来标明用户身份

系统内部记录着所有合法用户的标识。系统对输入的用户名（用户标识）与合法用户名对照，鉴别此用户是否为合法用户。若是，则可以进入下一步的核实；若不是，则不能使用计算机系统。

（2）通过回答口令标识用户身份

为了进一步核实用户，系统要求用户输入口令（Password），口令正确才能进入系统。为保密起见，口令由合法用户自己定义并可以随时变更。为防止口令被人窃取，用户在终端上输入口令时，不把口令的内容显示在屏幕上，而用字符"*"替代其内容。

（3）通过回答对随机数的运算结果表明用户身份

鉴别用户身份时系统提供一个随机数，用户根据预先约定的计算过程或计算函数进行计算，并将计算结果输出到计算机。系统根据用户计算结果判定用户是否合法。

2．存取控制

DBMS 的存取控制机制是数据库安全的一个重要保证，它确保具有数据库使用权的用户访问数据库，同时令未被授权的人员无法接近数据。

（1）存取机制的构成

存取控制机制主要包括两部分。

1）定义用户权限，并将用户权限登记到数据字典中。

用户权限是指用户对于数据对象能够执行的操作种类。用户权限定义包括系统必须提供有关定义用户权限的语言，该语言称为数据控制语言 DCL；具有授权资格的用户使用 DCL描述授权决定，并把授权决定告知计算机；计算机分析授权决定，并将编译后的授权决定存储在数据字典中。

2）系统进行权限检查，拒绝用户的非法操作。

每当用户发出存取数据库的操作请求后，DBMS 首先查找数据字典，进行合法权限检查。如果用户的操作请求没有超出其数据操作权限，则准予执行其数据操作；否则，系统将拒绝执行此操作。

（2）存取机制的类别

当前的 DBMS 一般都支持自主存取控制（DAC），有些大型的 DBMS 同时还支持强制存取控制（MAC）。

1）自主存取控制。

在自主存取控制（DAC）方法中，用户对于不同的对象有不同的存取权限；不同的用户对同一对象的存取权限也各不相同；用户可将自己拥有的存取权限转授给其他用户。很明显，自主存取控制比较灵活。

2）强制存取控制。

在强制存取控制方法（MAC）中，每一个数据对象被标以一定的密级；每一个用户也被授予某一个级别的许可证；对于任意一个对象，只有具有合法许可证的用户才可以存取。与自主存取控制比较起来，强制存取控制比较严格。

3．自主存取控制方法

SQL 对自主存取控制提供了支持，其 DCL 主要是 GRANT（授权）语句和 REVOKE（收权）语句。

（1）关系中的用户权限

用户权限主要包括数据对象和操作类型两个要素。定义用户的存取权限称为授权，即通过授权规定用户可以对哪些数据进行什么样的操作。

在关系系统中，数据库管理员 DBA 可以把建立基本表和修改基本表的权限授予用户，用户一旦获得此权限后就可以建立和修改基本表，同时还可以创建所建表的索引和视图。关系系统中存取控制的数据对象不仅包括数据（如表、属性列等），还包括数据的结构（如逻辑模式、外模式和内模式等）。表 8-1 中列出了关系系统中的存取权限。

表 8-1　关系系统中的用户存取权限

类型	数据对象	操作类型
关系模式	逻辑模式	建立、修改、检索
	外模式	建立、修改、检索
	内模式	建立、修改、检索
数据	基本表	查找、插入、修改、删除
	属性	查找、插入、修改、删除

（2）T-SQL 的数据控制功能

1）数据对象的创建者自动获得对于该数据对象的所有操作权限。例如，学生表的创建者自动获得对该表的 SELECT，INSERT，UPDATE 和 DELETE 等权限。

2）获得数据操作权的用户可以通过 GRANT 语句把权限转授给其他用户。例如：

> GRANT SELECT，INSERT ON 学生
> TO 张勇
> WITH GRANT OPTION

执行结果是将学生表的 SELECT 和 INSERT 权限授予给了用户张勇，同时张勇还获得了"授权"权限，即可以把得到的权限继续授予其他用户。

3）当用户将某些权限授给其他用户后，有时还需要把权限收回。收权需要使用 REVOKE 语句，例如：

> REVOKE INSERT ON 学生 FROM 张勇

执行结果是将学生表的 INSERT 权限从张勇处收回。

（3）授权机制的性能

1）用户权限定义中数据对象范围越小授权系统就越灵活。授权粒度越细，授权子系统就越灵活，但系统定义与检查权限的开销也会相应地增大。

2）用户权限定义中能够谓词的授权系统比较灵活。

3）用户权限定义中能够谓词且存取谓词中能够引用系统变量的授权系统更加灵活。由于系统变量能够表达诸如日期、时间、设备及用户名等信息，通过它可以控制用户只能在某段时间内、某台终端上存取有关数据。

（4）自主存取控制的不足之处

自主存取控制能够通过授权机制有效地控制用户对敏感数据的存取，但也存在着一定的缺陷，其主要问题是系统对权限的授予状况无法进行有效的控制，因而可能造成数据的无意

泄露。例如，甲将自己权限范围内的某些数据存取权限授权给乙，甲的意图是只允许乙本人操作这些数据。但甲的这种安全性要求并不能得到保证，因为乙一旦获得了对数据的权限，就可以将数据备份，获得自身权限内的副本，并在不征得甲同意的前提下传播副本。造成这一问题的根本原因就在于，这种机制仅仅通过对数据的存取权限来进行安全控制，而数据本身并无安全性标记。强制存取控制方法可以有效地解决这一问题。

4. 强制存取控制方法

强制存取控制方法（MAC）是系统所采取的存取检查手段，不是用户能直接感知或进行控制的。MAC 适用于那些数据有严格而固定密级分配的部门，如军事部门或政府部门。

（1）主体、客体及敏感度标记

在 MAC 中，DBMS 所管理的全部实体被分为主体和客体两大类。主体是系统中的活动实体，它既包括 DBMS 所管理的实际用户，也包括代表用户的各进程。客体是系统中的被动实体，它是受主体操纵的。客体包括文件、基表、索引和视图等。对于主体和客体，DBMS 为它们每个实例（值）设置了一个敏感度标记（Label）。

敏感度标记被分成若干级别，例如绝密（Top Secret）、机密（Secret）、可信（Confidential）和公开（Public）等。主体的敏感度标记称为许可证级别（Clearance Level），课题的敏感度标记称为密级（Security Classification）。MAC 机制就是通过对比主体的 Label 和客体的 Label，最终决定主体是否能够存取客体。

（2）主体对客体的存取规则

当某一用户（或某一主体）以标记 Label 注册入系统时，系统要求他对任何客体的存取必须遵循如下规则。

1）仅当主体的许可证级别大于或等于客体的密级时，该主体才能读取相应的客体。

2）仅当主体的许可证级别等于客体的密级时，该主体才能写相应的客体。

规则 1）的意义是明显的；而规则 2）的意义在不同系统中其解释有些差别。有些系统规定：仅当主体的许可证级别小于或等于客体的密级时，该主体才能写相应的客体，即用户可以为写入的数据对象赋予高于自己的许可证级别的密级。这样一旦数据被写入，该用户自己也不能再读该数据对象了。这两种规则的共同点在于它们均禁止了拥有高许可证级别的主体更新低密级的数据对象，从而防止了敏感数据的泄露。

强制存取控制（MAC）对数据本身进行密级标记，无论数据如何复制，标记与数据是不可分的整体，只有符合密级标记要求的用户才可以操纵数据，从而提供了更高级别的安全性。

（3）由 DAC 和 MAC 共同构成的安全机制

在实现 MAC 时要首先实现 DAC，即 DAC 与 MAC 共同构成 DBMS 的安全机制，如图 8-2 所示。系统在安全检查时，首先进行自主存取控制检查，然后进行强制存取控制检查，两者都通过后，用户才能执行其数据存取操作。

图 8-2　DAC+MAC 安全检查示意图

5. 视图机制

视图的一个优点就是可以对机密的数据提供安全保护。在 SQL Server 数据库系统中，可以为不同的数据库客户定义不同的视图，通过视图把数据对象限制在一定范围内，把要保密的数据对无权存取的用户隐藏起来，从而自动地对数据提供一定程度的安全保护。

视图机制间接地实现了支持存取谓词的用户权限定义。例如,学生张勇只能浏览数学系学生的信息,这就要求系统提供具有存取谓词的授权语句。在不直接支持存取谓词的系统中,可以先建立数学系学生的视图,然后在该视图上定义存取权限。

6. 审计

所谓审计(Audit)就是把用户对数据库的所有操作自动记录下来放入审计日志(Audit Log)中,这样,一旦发生数据被非法存取,DBA 可以利用审计跟踪的信息,重现导致数据库现有状况的一系列事件,找出非法存取数据的人、时间和内容等。由于任何系统的安全保护措施都不可能完美无缺,蓄意盗窃、破坏数据的人总是想方设法打破控制,因此审计功能在维护数据安全、打击犯罪方面是非常有效的。

由于审计通常是很费时间和空间的,因此 DBMS 往往都将其作为可选功能,允许 DBA 根据应用对安全性的要求,灵活打开或关闭审计功能。

7. 数据加密

对于高度敏感数据,例如,财务数据、军事数据、国家机密,除以上安全性措施外,还可以采用数据加密技术。数据加密是防止数据库中的数据在存储和传输中失密的有效手段。加密的基本思想是根据一定的算法将原始数据(术语为明文,Plain text)变换为不可直接识别的格式(术语为密文,Cipher text),从而使得不知道解密算法的人无法获得数据的内容。

加密方法主要有以下两种。

(1)替换方法

该方法使用密钥(Encryption Key)将明文中的每一个字符转换为密文中的字符。

(2)置换方法

该方法仅将明文的字符按不同的顺序重新排列。

单独使用这两种方法的任意一种都是不够安全的。但是将这两种方法结合起来就能提供相当高的安全程度。

目前有些数据库产品提供了加密例行程序,可根据用户的要求自动对存储和传输的数据进行加密处理。还有一些数据库产品虽然本身未提供加密程序,但提供了接口,允许用户用其他厂商的加密程序对数据加密。由于数据加密与解密也是比较费时的操作,而且数据加密与解密程序会占用大量系统资源,因此数据加密通常也被作为是系统的可选功能,系统允许用户自由选择,只对高度机密的数据加密。

8.1.2 SQL Server 的安全体系结构

SQL Server 2017 DBMS 提供了比较健全的数据库安全机制,它为数据库及应用程序设置了 4 层安全防线。用户要想获得 SQL Server 数据库数据及其对象,必须通过这 4 层安全防线。SQL Serve 2017 DBMS 为 SQL 服务器提供有两种安全认证模式,系统管理员可选择合适的安全认证模式。

1. SQL Server 的安全体系结构

以 Windows NT 系统为例,SQL Server 提供以下 4 层安全防线。

(1)Windows NT 操作系统的安全防线

Windows NT 网络管理员负责建立用户组,设置账号并注册,同时决定不同的用户对不

208

同系统资源的访问级别。用户只有拥有了一个有效的 Windows NT 登录账号才能对网络系统资源进行访问。

（2）SQL Server 的运行安全防线

SQL Server 通过另一种账号设置来创建附加安全层。SQL Server 具有标准登录和集成登录两种用户登录方式，用户只有登录成功，才能与 SQL Server 建立一次连接。

（3）SQL Server 数据库的安全防线

SQL Server 的特定数据库都有自己的用户和角色（用户组），该数据库只能由它的用户或角色访问，其他用户无权访问其数据。数据库系统可以通过创建和管理特定数据库的用户和角色来保证数据库不被非法用户访问。

（4）SQL Server 数据库对象的安全防线

SQL Server 2017 DBMS 能够很好地管理权限，Transact-SQL 的 DCL 保证合法用户即使进入了数据库也不能有超越权限的数据存取操作，即合法用户必须在自己的权限范围内进行数据操作。

2．SQL Server 的安全认证模式

SQL Server 的安全认证是指数据库系统对用户访问数据库系统时所输入的账号和口令进行确认的过程。安全认证的内容包括确认用户的账号是否有效、能否访问系统、能访问系统中的哪些数据等。安全认证模式是指系统确认用户的方式。SQL Server 有两种安全认证模式，即 Windows 安全认证模式（集成安全模式）以及 Windows 和 SQL Server 的混合安全认证模式。

（1）Windows 安全认证模式

Windows 安全认证模式通过使用 Windows 网络用户的安全性控制用户对 SQL 服务器的登录访问，它允许一个网络用户登录到一个 SQL 服务器上时不必再提供一个单独的登录账号及口令，从而实现 SQL 服务器与 Windows 登录的安全集成。Windows 安全认证模式只允许可信任连接的网络系统采用。

（2）混合安全认证模式

混合安全认证模式允许使用 Windows 安全认证模式或 SQL Server 安全认证模式。在混合安全模式下，如果用户网络协议支持可信任连接，则可使用 Windows 安全模式；否则，在 Windows 安全认证模式下会登录失败，SQL Server 安全认证模式将有效。SQL Server 安全认证模式要求用户必须输入有效的 SQL Server 登录账号及口令。

3．设置 SQL Server 的安全认证模式

安全认证模式的设置要通过 SQL Server Management Studio（SQL Server 集成管理平台）进行，具体步骤如下。

1）进入 SQL Server Management Studio，在"对象资源管理器"面板中，扩展 SQL 服务器组；选中需要设置的 SQL 服务器并右击，在弹出的快捷菜单中选择"属性"选项，如图 8-3 所示。

2）在弹出的 SQL "服务器属性"对话框中，选择"安全性"选项卡，如图 8-4 所示。

3）在"安全性"选项卡的"服务器身份认证"选项组中，选中"SQL Server 和 Windows 身份验证模式（S）"单选按钮为选择混合安全认证模式；选中"Windows 身份验证模式（W）"单选按钮则为选择集成安全认证模式。

图 8-3　SQL 服务器右键快捷菜单　　　　　　图 8-4　"服务器属性"对话框的"安全性"选项卡

8.1.3　SQL Server 的用户和角色管理

SQL Server 2017 DBMS 的安全防线中突出两种管理：一种是对用户或角色的管理，即控制合法用户使用数据库；另一种是对权限管理，即控制具有数据操作权的用户进行合法的数据存取操作。用户是具有合法身份的数据库使用者，角色是具有一定权限的用户组合。SQL Server 的用户或角色分为两级：一级为服务器级用户（登录名）或角色（服务器角色）；另一级为数据库级的用户或角色。

1. 登录的管理

登录（即 SQL 服务器用户）通过账号和口令访问 SQL Server 的服务器。SQL Server 2017 有一些已经建好的登录。其中 sa 和 Administors 最重要，sa 是系统管理员的简称，Administors 是 Windows 管理员的简称，它们是特殊的登录账号，拥有 SQL Server 系统上所有数据库的全部操作权。

SQL Server 对服务器用户（登录名）的管理主要包括新建登录名、删除已有的登录名、将登录加入到服务器角色中、将一个登录从服务器角色中移除、查看登录属性及操作权限等。

（1）创建一个新登录

1）进入 SQL Server Management Studio，打开 SQL 服务器、安全性文件夹后，可以看到登录名文件夹和服务器角色文件夹。右击登录名文件夹，弹出如图 8-5 所示的快捷菜单。在弹出的快捷菜单中选择"新建登录名"选项，就会出现一个"登录名-新建"对话框。在对话框中有常规、服务器角色、用户映射、安全对象和状态选项卡。

图 8-5　登录文件夹及弹出菜单

2）选择"常规"选项卡，如图 8-6 所示。在"常规"选项卡中，直接在"登录名"文本框中输入新登录名；选择该用户的安全认证模式（默认选择 Windows 身份验证，如果使用 SQL Server 身份验证模式，需要在下面的文本框中输入登录密码）；选择默认数据库和默认语言等。

3）选择"服务器角色"选项卡，如图 8-7 所示。"服务器角色"选项卡中列出了系统服务器角色，它们的左端有相应的复选框。选择某个复选框，该登录用户就成为相应的服务器角色成员了。

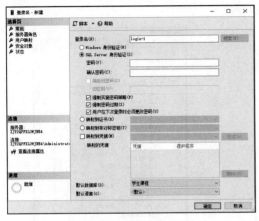

图 8-6 "常规"选项卡

图 8-7 "服务器角色"选项卡

4）选择"用户映射"选项卡，如图 8-8 所示。

"用户映射"选项卡中有两个列表框，"映射到此登录名的用户"列表框中列出了该 SQL 服务器中全部的数据库，单击某个数据库左侧的复选框，表示允许该登录用户访问相应的数据库，它右边为该登录用户在数据库中使用的用户名，可以对其进行修改；"数据库角色成员身份"列表框为当前被选中的数据库角色清单，选中某个数据库角色左侧的复选框，表示使该登录用户成为它的一个成员。

5）选择"安全对象"选项卡，如图 8-9 所示。该页面有上下两个列表框，上面列表框列出了登录的安全对象；下面列表框列出了该对象的权限，可以设置后面复选框的状态。

图 8-8 "用户映射"选项卡

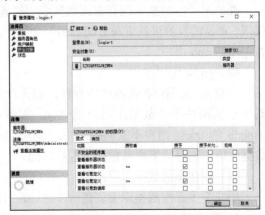

图 8-9 "安全对象"选项卡

6）选择"状态"选项卡，如图 8-10 所示。在该选项卡中可以设置是否允许连接数据库引擎，设置是否启用登录名。

（2）管理登录

1）进入 SSMS 平台，打开 SQL 服务器、安全性文件夹和登录文件夹，选中要指定的登录名并右击，弹出快捷菜单，如图 8-11 所示。

2）要删除登录，就在弹出的快捷菜单中选择"删除"选项；要改登录名，就在弹出的快捷菜单中选择"重命名"选项；要修改登录属性，就在弹出的快捷菜单中选择"属性"选项，弹出"登录属性"对话框，修改对话框中的内容。

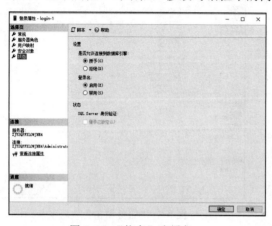

图 8-10 "状态"选项卡

图 8-11 登录的快捷菜单

3）操作完成后，单击"确定"按钮，即完成了创建登录用户的工作。

2. 数据库用户的管理

登录用户只有成为数据库用户（Database User）后才能访问数据库。每个数据库的用户信息都存储在系统表 sysusers 中，通过查看 sysusers 表可以看到该数据库所有用户的情况。SQL Server 的任一数据库中都有两个默认用户：dbo（数据库拥有者用户）和 guest（客户用户）。通过系统存储过程或 SQL Server Management Studio 可以创建新的数据库用户。

（1）dbo 用户

dbo 用户即数据库拥有者或数据库创建者，dbo 在其所拥有的数据库中拥有所有的操作权限。dbo 的身份可被重新分配给另一个用户，系统管理员 sa 可以作为其所管理系统的任何数据库的 dbo 用户。

（2）guest 用户

如果 guest 用户在数据库中存在，则允许任意一个登录用户作为 guest 用户访问数据库，其中包括那些不是数据库用户的 SQL 服务器用户。除系统数据库 master 和临时数据库 tempdb 的 guest 用户不能被删除外，其他数据库都可以将自己的 guest 用户删除，以防止非数据库用户的登录用户对数据库进行访问。

（3）创建新的数据库用户

要在学生课程数据库中创建一个"User_1"数据库用户，可以按下面的步骤进行。

1）在 SQL Server Management Studio 中扩展 SQL 服务器、数据库及安全性文件夹。右击用户文件夹，弹出快捷菜单，如图 8-12 所示。在弹出快捷菜单中选择"新建用户"选项，弹出如图 8-13 所示的"数据库用户-新建"对话框，该对话框包含常规、拥有的架构、成员身份、安全对象和扩展属性等选项卡。

图 8-12 数据库用户的快捷菜单

图 8-13 "数据库用户-新建"对话框

2）选择"常规"选项卡，设置用户类型；输入用户名（本例为"User_1"）；单击"登录名"文本框后的按钮，弹出"选择登录名"对话框，如图 8-14 所示；在"选择登录名"对话框中，单击"对象类型"按钮，在弹出的对话框中选择对象类型（本例为登录名）；单击"浏览"按钮，在弹出的对话框中选择一个登录用户名。

3）选择"拥有的架构"选项卡，在列出的架构中选择此用户拥有的架构，如图 8-15 所示。

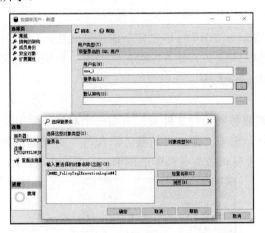

图 8-14 "数据库用户-新建"对话框的
"常规"选项卡

图 8-15 "数据库用户-新建"对话框的
"拥有的架构"选项卡

4）选择"成员身份"选项卡，在列出的数据库角色中选择该用户所加入的数据库角色，如图 8-16 所示。

5）选择"安全对象"选项卡，单击"搜索"按钮，弹出"选择对象"对话框；在"选择对象"对话框中选择对象类型后，单击"浏览"按钮，选择对象名称，如图 8-17 所示。

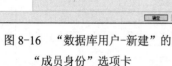

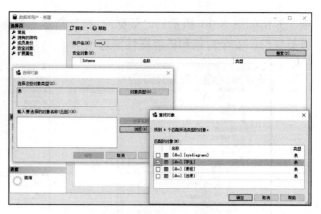

图 8-16 "数据库用户-新建"的　　　　　图 8-17 "数据库用户-新建"的
　　　　"成员身份"选项卡　　　　　　　　　　　"安全对象"选项卡

6）完成以上操作后，单击"确定"按钮。

（4）用户其他操作

在 SSMS 中展开 SQL 服务器、数据库、安全性和用户文件夹，右击相关用户文件夹，弹出快捷菜单，如图 8-18 所示。

1）在弹出的快捷菜单中选择"删除"选项，该用户被删除。

2）在弹出的快捷菜单中选择"重命名"选项，可以修改该用户名。

3）在弹出的快捷菜单中选择"属性"选项，弹出"用户属性"对话框，可以在该对话框中查看或修改用户属性。

3. 服务器级角色的管理

服务器级角色建立在 SQL 服务器上。SQL Server 2017 可以创建新服务器角色，但用户一般不用创建新的服务器级角色，只选择合适系统预定义的服务器级角色即可。系统预定义的服务器角色的信息存储在系统库 master 的 syslogins 表中。

（1）新建服务器角色

1）在 SSMS 中展开 SQL 服务器、安全性和服务器角色文件夹，右击一个对象，弹出快捷菜单，如图 8-19 所示。选择"新服务器角色"选项，弹出"新服务器角色"对话框，如图 8-20 所示。"新服务器角色"对话框有常规、成员和成员身份等选项卡。

图 8-18 数据库用户快捷菜单　　　　　图 8-19 服务器角色的快捷菜单

2）在"常规"选项卡中，输入新角色名称，选择安全对象，定义相关的权限。

3）在"成员"选项卡中，单击"添加"按钮，弹出"选择服务器登录名或角色"对话框，在对话框中选择新角色成员，如图 8-21 所示。

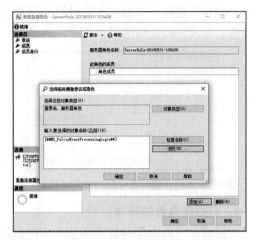

图 8-20 "新服务器角色"对话框的"常规"选项卡　　图 8-21 "新服务器角色"对话框的"成员"选项卡

4）在"成员身份"选项卡中，选择服务器角色成员身份，如图 8-22 所示。

5）完成以上操作后，单击"确定"按钮。

（2）登录加入服务器角色

登录用户可以通过两种方法加入到服务器角色中，一种方法是在创建登录时，通过服务器角色页面中的服务器角色选项，确定登录用户应属于的角色，这种方法在前面已经介绍过；另一种方法是对已有登录，通过参加或移出服务器角色。

使登录用户加入服务器角色的具体步骤如下。

1）在 SSMS 中，扩展指定的 SQL 服务器、安全性文件夹。单击服务器角色后，就会在下边显示已定义的服务器级角色。选中一个服务器级角色，例如 dbcreators，然后右击，弹出快捷菜单，如图 8-19 所示。

2）在弹出的快捷菜单中选择"属性"选项，弹出"服务器角色属性"对话框，如图 8-23 所示。在"服务器角色属性"对话框中，只有一个"成员"选项卡。

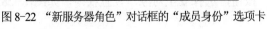

图 8-22 "新服务器角色"对话框的"成员身份"选项卡　　图 8-23 "服务器角色属性"对话框

3）在"服务器角色属性"对话框中，单击"添加"按钮，弹出如图 8-24 所示的"选择服务器登录名或角色"对话框，在该对话框中，单击"浏览"按钮，弹出如图 8-25 所示的"查找对象"对话框。在"查找对象"对话框中，选中相应的登录名称左侧的复选框，然后单击"确定"按钮。然后，新选的登录名就会出现在"常规"对话框中。如果要从服务器角色中移去登录，则先选中登录用户，再单击"删除"按钮即可。

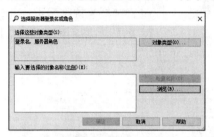

图 8-24　"选择服务器登录名或角色"对话框

图 8-25　"查找对象"对话框

4. 数据库角色的管理

数据库角色的类型有标准角色和应用程序角色两种。标准角色用于正常的用户管理，它可以包括成员；而应用程序角色是一种特殊角色，需要指定口令，是一种安全机制。具有数据库同样操作权的用户同属于一个角色。一个用户可以属于多个角色，对用户的授权/收权操作，可以通过添加或去掉角色实现。使用角色可以使授权/收权操作简化，对角色赋予操作权限后，角色中的全部用户都可以拥有角色的操作权。

（1）创建新的数据库角色

1）在 SSMS 中，打开服务器、数据库文件夹、特定的数据库文件夹、角色文件夹和数据库角色文件夹，右击任意角色，弹出快捷菜单，如图 8-26 所示。

2）在弹出的快捷菜单中选择"新建数据库角色"选项，打开"数据库角色-新建"对话框，如图 8-27 所示。在对话框的"常规"选项卡中，输入新角色名称；单击"所有者"文本框后的"…"按钮，选择角色的所有者；在"此角色的成员"列表中，增加或移去角色中的用户。

图 8-26　数据库角色快捷菜单

图 8-27　新建数据库角色的常规选项卡

3）在"安全对象"选项卡中，单击"搜索"按钮，选择安全对象，设置权限，如图 8-28

所示。

4）单击“确定”按钮完成数据库角色的创建。

（2）在数据库角色中增加或移去用户

1）展开数据库角色文件夹后，选中角色，例如，选中 db_owner 角色并右击，在弹出的快捷菜单中选择“属性”选项，打开“数据库角色属性”对话框，如图 8-29 所示。

2）在“数据库角色属性”对话框中，单击“添加”按钮后打开“选择数据库用户”对话框，选择出要加入角色的用户，单击“确定”按钮；关闭“选择数据库用户”对话框后，会发现新选的用户名已出现在“数据库角色属性”对话框中了。

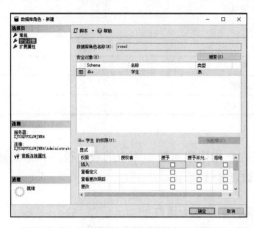

图 8-28　“数据库角色-新建”对话框的
　　　　　　　“安全对象”选项卡

图 8-29　“数据库角色属性”对话框

3）如果在数据库角色中要移走一个用户，要先在“角色成员”列表中选中它，然后单击“删除”按钮。

4）单击“确定”按钮，完成在数据库中增加或移去用户的操作。

8.1.4　SQL Server 的权限管理

SQL Server 的 4 类用户对应不同的权限系统层次：系统管理员（sa）对应 SQL 服务器层次级权限；数据库拥有者（dbo）对应数据库层次级权限；数据库对象拥有者（dboo）对应数据库对象层次级权限；数据库对象的一般用户对应数据库对象用户层次级权限。SQL Server 通过使用权限来确保数据库的安全性。

1. SQL Server 权限种类

SQL Server 的数据库操作权限有隐含特权、系统特权和对象特权 3 种。

（1）隐含特权

隐含特权是系统内置权限，是用户不需要进行授权就可拥有的数据操作权。用户拥有的隐含特权与自己的身份有关，例如，数据库管理员 dba 可进行数据库内的任何操作，数据库拥有者 dbo 可以对自己的数据库进行任何操作，而数据库对象的拥有者 dboo 能够在对象中进行任何操作。

（2）系统特权

系统特权又称为语句特权，它相当于数据定义语句 DLL 的语句权限。系统特权是允许用户在数据库内部实施管理行为的特权，它主要包括创建或删除数据库、创建或删除用户、删除或修改数据库对象等。不同的数据库系统规定的系统权限不同，SQL Server 2017 DBMS 中的系统特权如表 8-2 所示。

表 8-2　系统权限的 SQL 语句和权限说明

Transact-SQL 语句	权 限 说 明
CREATE DATABASE	创建数据库，只能由 sa 授予 SQL 服务器用户或角色
CREATE DEFAULT	创建默认
CREATE PROCEDURE	创建存储过程
CREATE RULE	创建规则
CREATE TABLE	创建表
CREATE VIEW	创建视图
BACKUP DATABASE	备份数据库
BACKUP LOG	备份日志文件

（3）对象特权

对象特权类似于数据库操作语言 DML 的权限，指用户对数据库中的表、视图和存储过程等对象的操作权限。SQL Server 中的对象特权如表 8-3 所示。

表 8-3　对象权限的数据库对象和 SQL 语句

Transact-SQL	数据库对象
SELECT（查询）	表、视图、表和视图中的列
UPDATE（修改）	表、视图、表的列
INSERT（插入）	表、视图
DELETE（删除）	表、视图
EXECUTE（调用过程）	存储过程

无论是对象权限还是系统权限，都可以使用 Transact-SQL 的 DCL，即 GRANT 和 REVOKE 语句实现管理。Transact-SQL 的 DCL 的语法格式已在前面的章节中介绍过，本节介绍如何使用 SQL Server 的 SQL Server Management Studio 来管理权限。

2．系统权限的管理

在 SQL Server 2017 的 SQL Server Management Studio 中，还提供了管理语句权限的方法。管理语句权限的操作步骤如下。

1）展开一个 SQL 服务器和相应的数据库文件夹，右击指定的数据库文件夹，例如，学生课程数据库，在弹出的快捷菜单中选择"属性"选项，如图 8-30 所示。随后，打开"数据库属性"对话框。

2）在"数据库属性"对话框中，选择"权限"选项卡，出现管理数据库语句权限的选项，如图 8-31 所示。

在对话框的"用户或角色"列表中，单击"搜索"按钮，选择要管理的目标；然后，在"显示"选项卡中，单击列表中的各复选框可分别对各用户或角色授予、撤销和废除数据库的语句操作权限。复选框内的"√"表示授予权限，空白表示撤销权限。

3）单击"确定"按钮，完成管理语句权限的操作。

图 8-30　数据库的快捷菜单

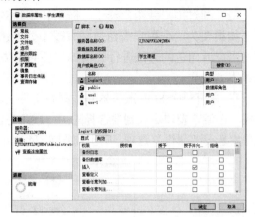

图 8-31　"数据库属性"对话框

3．对象权限的管理

对象权限的管理可以通过两种方法实现：一种是通过对象管理它的用户及操作权；另一种是通过用户管理对应的数据库对象及操作权。具体使用哪种方法要视管理的方便性来决定。

（1）通过对象授予、撤销和废除用户权限

如果要一次为多个用户（角色）授予、撤销和废除对某一个数据库对象的权限时，可通过对象的方法实现。实现对象权限管理的操作步骤如下。

1）展开 SQL 服务器、数据库文件夹和数据库，选中一个数据库对象，例如，选中学生课程数据库中的表文件夹中的学生表，然后右击并弹出快捷菜单，如图 8-32 所示。

2）在弹出的快捷菜单中选择"属性"选项，打开"表属性"对话框，选择"权限"选项卡，就可以设置对象权限，如图 8-33 所示。

图 8-32　数据库对象的快捷菜单

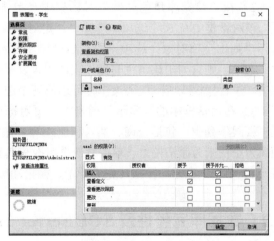

图 8-33　"权限"选项卡

3）在"权限"选项卡的"用户或角色"列表中，单击"搜索"按钮，选择要管理的目标。

4）"权限"选项卡下面是数据库用户和角色所对应的权限表，列表中权限用复选框表示。复选框有两种状态："√"为授权；空为撤权。在列表中可以对各用户或角色的各种对象操作权（查看、查看定义、更新、删除及引用等多种）进行授予或撤销。

5）单击"确定"按钮，完成授予、撤销和废除用户权限操作。

（2）通过用户或角色授予、撤销和废除对象权限

如果要为一个用户或角色同时授予、撤销或者废除多个数据库对象的使用权限，则可以通过用户或角色的方法进行。例如，要对学生课程数据库中的 roles1 角色进行授权操作，可执行下列操作。

1）展开一个 SQL 服务器和数据库文件夹，展开安全性和角色文件夹，单击数据库角色文件夹。在细节窗口中找到要选择的用户或角色，例如，选择 roles1 角色并右击，在弹出的快捷菜单中选择"属性"选项，打开如图 8-34 所示的"数据库角色属性"对话框。

图 8-34 "数据库角色属性"对话框

2）在"数据库角色属性"对话框中，单击"搜索"按钮，则弹出"添加对象"对话框，该对话框中有 3 个选项，选择"特定对象"选项，则列出用户自己选择的数据库对象；选择"列出全部对象"选项，则列出全部数据库对象；选择"仅列出该角色具有权限的对象"选项，则只列出该角色有操作权的对象。显然，要进行授权操作时应选第一个或第二个选项，进行撤权或废除权限操作时可选第三个选项。

3）在对话框中的"显示"列表中，可对每个对象进行授权、撤销权和废除权的操作。在"权限"列中，包括查询、插入和删除等。在相应的复选框中，如果为"√"则为授权，如果为空白则为撤销权力。单击复选框可改变其状态。

4）单击"确定"按钮，完成授予、撤销和废除对象权限操作。

8.2 数据库完整性及 SQL Server 的完整性控制

数据库的完整性是指数据的正确性和相容性。例如，学校的学生学号必须是唯一的；性别只能为男或女；学生所在的系必须是学校已开设的系等；在岗职工的年龄必须低于 60 岁；职工的工资不得高于厂长的工资等。数据库是否具备完整性涉及数据库系统中的数据是否正确、可信和一致，保持数据库的完整性是非常重要的。为了保证数据库的完整性，DBMS 必须提供定义、检查和控制数据完整性的机制，并把用户定义的数据库完整性约束条

件作为模式的一部分存入数据库中。作为数据库用户或数据库管理员 DBA，必须了解数据库完整性的内容和 DBMS 的数据库完整性控制机制，掌握定义数据完整性的方法。

8.2.1 完整性约束条件及完整性控制

数据完整性约束可以分为表级约束、元组级约束和属性级约束。表级约束是若干元组间、关系中及关系之间联系的数据约束；元组级约束则是元组中的字段组和字段间联系的约束；属性级约束是针对列的数据类型、取值范围、精度、排序等而制定的约束条件。

根据约束条件所涉及对象的状态不同，完整性约束可分静态约束和动态约束。静态约束是数据库确定状态时数据对象应满足的约束条件；动态约束是数据库从一种状态转变为另一种状态时，新旧值之间所应满足的约束条件。数据库完整性约束条件可用表 8-4 概括。

表 8-4　完整性约束条件

粒度 状态	列　级	元　组　级	表　级
静态	列定义：类型、格式、值域、空值等	元组应满足的条件	实体完整性约束 参照完整性约束 函数依赖约束 统计约束
动态	改变列定义或列值时应满足的条件	元组修改时，新旧值之间应满足的约束条件	关系在修改时，新旧状态应满足的约束条件

1. 静态级约束

（1）静态列级约束

静态列级约束是对一个列的取值域的说明，这是最常用的，也是最容易实现的一类完整性约束。静态列级约束包括以下几个方面。

1）对数据类型的约束。对数据类型的约束包括数据的类型、长度、单位和精度等。例如，学生数据库中学生姓名的数据类型规定为字符型，长度为 8；职工数据库中工资的数据类型为货币型。

2）对数据格式的约束。例如，规定职工号的前两位为参加工作年份，中间两位表示部门的编号，后三位为顺序编号。

3）对取值范围或取值集合的约束。例如，规定职工性别的取值集合必须为{男，女}，基本工资的范围为 500～2500 元，年龄必须为 18～60 岁。

4）对空值的约束。空值表示未定义或未知的值，它与零值和空格不同。有的列允许有空值，有的列则不允许有空值。例如，职工的职工号不能取空值，而联系电话则可以取空值。

5）其他约束。例如，关于列的排序说明等。

（2）静态元组级约束

一个元组是由若干个属性值组成的。静态元组级约束是对元组的属性组值的限定，即规定了属性之间的值或结构的相互制约关联。例如，订货关系中包含发货量和定货量等，规定发货量不得超过定货量；职工关系中包含工龄和工龄工资等，规定职工的工龄工资为：工龄×10 元。

（3）静态表级约束

在一个关系的各个元组之间或者若干关系之间常常存在各种关联或制约约束，这种约束称为静态关系约束。常见的静态关系约束有：实体完整性约束、参照完整性约束、函数依赖约束和统计约束。

实体完整性约束和参照完整性约束是关系模型的两个非常重要的约束，它们称为关系的两个不变性约束。统计约束是字段值与关系中多个元组的统计值之间的约束关系。例如，规定职工表中厂长的工资不得低于该厂全部职工平均工资的 2 倍，但不能高于该厂职工平均工资的 4 倍。这里，全部职工的平均工资是一个统计值。

2．动态级约束

（1）动态列级约束

动态列级约束是指修改列定义或修改列值时必须满足的约束条件。

1）修改列定义时的约束。例如，将允许空值的列改为不允许空值时，如果该列目前已存在空值，则拒绝这种修改。

2）修改列值时的约束。修改列值有时需要参照其旧值，并且新旧值之间需要满足某种约束条件。例如，职工的工龄只能增加，职工的工资不得低于原来的工资等。

（2）动态元组级约束

动态元组级约束是指修改元组的值时元组中字段组或字段间需要满足某种约束。例如，职工表中有职称和工资字段，规定工资调整时高级工程师的工资不得低于 2000 元。

（3）动态表级约束

动态表级约束是加在关系变化前后状态上的限制条件。例如，事务一致性、原子性等约束均属于动态表级约束。

3．完整性控制机制的功能及执行约束

（1）完整性控制机制应具有的功能

DBMS 的数据库完整性控制机制应具有 3 个方面的功能。

1）定义完整性功能，即提供定义完整性约束条件的机制。

2）检查完整性功能，即检查用户发出的操作请求，看其是否违背了完整性约束条件。

3）控制完整性功能，即监视数据操作的整个过程，如果发现有违背了完整性约束条件的情况，则采取一定的动作来保证数据的完整性。

（2）立即执行约束和延迟执行约束

根据完整性检查的时间不同，可把完整性约束分为立即执行约束（Immediate Constraints）和延迟执行约束（Deferred Constraints）。如果要求是在有关数据操作语句执行完后立即进行完整性检查，则称这类约束为立即执行约束；如果要求在整个事务执行结束后，再进行完整性检查，称这类约束为延迟执行约束。例如，银行数据库中"借贷总金额应平衡"的约束就应该是延迟执行的约束，从账号 A 转一笔钱到账号 B 为一个事务，从账号 A 转出去钱后就不平衡了，必须等转入账号 B 后账才能重新平衡，这时才能进行完整性检查。

对于立即执行约束，如果发现用户操作请求违背了完整性约束条件，系统将拒绝该操作；对于延迟执行的约束，系统将拒绝整个事务，把数据库恢复到该事务执行前的状态。

4．完整性规则的数学表示

一条完整性规则可以用一个五元组（D，O，A，C，P）来表示，说明如下。

1）D（Data）表示约束作用的数据对象。

2）O（Operation）表示完整性检查的数据库操作，即当用户发出什么操作请求时需要检查该完整性规则，是立即检查还是延迟检查。

3）A（Assertion）为数据对象必须满足的断言或语义约束，这是规则的主体。

4）C（Condition）为选择 A 作用的数据对象值的谓词。

5）P（Procedure）为违反完整性规则时触发的过程。

在关系系统中，最重要的完整性约束是实体完整性和参照完整性，其他完整性约束则可以归入用户定义的完整性。目前许多关系数据库管理系统都提供了定义和检查实体完整性、参照完整性和用户定义的完整性的功能。对于违反实体完整性和用户定义的完整性的操作一般都采用拒绝执行的方式进行处理；而对于违反参照完整性的操作，并不都是简单地拒绝执行，有时要根据应用语义执行一些附加的操作。

5．实现参照完整性要考虑的几个问题

（1）外码能够接受空值的问题

在实现参照完整性时，系统除了应该提供定义外码的机制，还应提供定义外码是否允许空值的机制。

（2）在被参照关系中删除元组的问题

当删除被参照关系的某个元组后，由于在参照关系组中存在若干元组，它们的外码值可能与被参照关系删除元组的主码值相同，该参照完整性可能会受到破坏。要保持关系的参照完整性，就需要对参照表的相应元组进行处理，其处理策略有 3 种：级联删除、受限删除或置空值删除。例如，在学生课程库中，学生表和选课表之间是被参照和参照关系。要删除被参照关系的学生表中的"学号='98001'"的元组，而选课关系中又有 3 个元组的"学号都等于'98001'"，可以按下面 3 种方法之一处理参照关系选课表中的数据。

1）级联删除（CASCADES）。将参照关系中所有外码值与被参照关系中要删除的元组主码值相同的元组一起删除。如果参照关系同时又是另一个关系的被参照关系，则这种删除操作会继续级联下去。例如，如果采用级联删除方法，要删除学生关系中的"学号='98001'"的元组，选课关系中 3 个"学号='98001'"的元组将被一起删除。

2）受限删除（RESTRICTED）。仅当参照关系中没有任何元组的外码值与被参照关系中要删除元组的主码值相同时，系统才执行删除操作，否则拒绝此删除操作。例如，如果采用受限删除方法，要删除学生关系中的"学号='98001'"的元组，就要求选课表中没有与"学号='98001'"相关的元组。否则，系统将拒绝删除学生关系中"学号='98001'"的元组。

3）置空值删除（NULLIFIES）。删除被参照关系的元组，并将参照关系中相应元组的外码值置空值。例如，如果采用置空值删除方法，要删除学生关系中的"学号='98001'"的元组，系统会将选课关系中所有"学号='98001'"的元组的学号值置为空值。

这 3 种处理方法究竟需要选择哪一种，要根据具体的应用环境的语义来确定。

（3）在参照关系中插入元组时的问题

当向参照关系插入某个元组，而被参照表中不存在主码与参照表外码相等的元组时，为了保证关系的参照完整性，可使用受限插入或递归插入的两种处理策略。例如，向参照关系选课表中插入（"99001"，C1，90)元组，而被参照关系学生表中没有"学号='99001'"的学生，系统有以下两种解决方法。

1）受限插入。仅当被参照关系存在相应的元组，其主码值与参照关系插入元组的外码值相同时，系统才执行插入操作，否则拒绝此操作。例如，对于上面的情况，如果是采用受限插入策略，系统将拒绝向选课关系插入（"99001"，C1，90)元组。

2）递归插入。该策略首先在被参照关系中插入相应的元组，其主码值等于参照关系插入元组的外码值，然后向参照关系插入元组。例如，还是向参照关系选课表中插入元组（"99001"，C1，90），如果采用递归插入策略，系统将首先向学生关系插入 "学号='99001'" 的元组，然后向选课关系插入 （"99001"，C1，90）元组。

（4）修改关系的主码问题

1）不允许修改主码。例如，不能用 UPDATE 语句将学号 "98001" 改为 "98002"。如果需要修改主码值，只能先删除该元组，然后再把具有新主码值的元组插入到关系中。

2）允许修改主码。但必须保证主码的唯一性和非空性，否则拒绝修改。

（5）修改表是被参照关系的问题

当修改被参照关系的某个元组时，如果参照关系存在若干个元组，其外码值与被参照关系修改元组的主码值相同，这时可有以下 3 种处理策略。

1）级联修改。如果要修改被参照关系中的某个元组的主码值，则参照关系中相应的外码值也作相应的修改。例如，如果采用级联修改策略，若将学生关系中的学号 "98001" 修改成 "98002"，则选课关系中所有的 "98001" 都修改成 "98002"。

2）拒绝修改。如果参照关系中，有外码值与被参照关系中要修改的主码值相同的元组，则拒绝修改。

3）置空值修改。修改被参照关系的元组，并将参照关系中相应元组的外码值置空值。

从上面的讨论可以看出，DBMS 的参照完整性除了主码、外码机制外，还需要提供不同的策略供用户选择。

8.2.2　SQL Server 的数据库完整性及实现方法

SQL Server 使用约束、默认、规则和触发器 4 种方法定义和实施数据库完整性功能。

1．SQL Server 的数据完整性的种类

（1）域完整性

域完整性为列级和元组级完整性。它为列或列组指定一个有效的数据集，并确定该列是否允许为空。

（2）实体完整性

实体完整性为表级完整性，它要求表中所有的元组都应该有一个唯一的标识符，这个标识符就是平常所说的主码。

（3）参照完整性

参照完整性是表级完整性，它维护参照表中的外码与被参照表中主码的相容关系。如果在被参照表中某一元组被外码参照，那么这一行既不能被删除，也不能更改其主码。

2．SQL Server 数据完整性的两种方式

SQL Server 使用声明数据完整性和过程数据完整性两种方式实现数据库完整性控制。

（1）声明数据完整性

声明数据完整性通过在对象定义中定义、系统本身自动强制来实现。声明数据完整性包括各种约束、默认和规则。

（2）过程数据完整性

过程数据完整性通过使用脚本语言（主语言或 Transact-SQL）定义，系统在执行这些语

言时强制完整性实现。过程数据完整性包括触发器和存储过程等。

3. SQL Server 实现数据完整性的具体方法

SQL Server 实现数据完整性的主要方法有约束、默认、规则和触发器，实现数据约束方法要通过数据库对象的定义和管理。下面主要对 SQL Server 的数据完整性的功能和性能进行综合对比、分析。

（1）SQL Server 2017 约束的类型

约束通过限制列中的数据、行中的数据和表之间数据来保证数据完整性。表 8-5 列出了 SQL Server 2017 约束的 5 种类型和其完整性功能。

表 8-5 约束类型和完整性功能

完整性类型	约束类型	完整性功能描述
域完整性	DEFAULT（默认）	插入数据时，如果没有明确提供列值，则用默认值作为该列的值
	CHECK（检查）	指定某个列或列组可以接受值的范围，或指定数据应满足的条件
实体完整性	PRIMARY KEY（主码）	指定主码，确保主码值不重复，并不允许主码为空值
	UNIQUE（唯一值）	指出数据应具有唯一值，防止出现冗余
参照完整性	FOREIGN KEY（外码）	定义外码、被参照表和其主码

（2）声明数据完整性约束的定义

声明数据完整性约束可以在创建表（CREATE TABLE）和修改表（ALTER TABLE）语句中定义。

约束分列级约束和表级约束两种：列级约束定义时，直接跟在列后，与列定义子句之间无 "，" 分隔；元组级约束和表级约束要作为语句中的单独子句，与列定义子句或其他子句之间用 "，" 分隔。

使用 CREATE 语句创建约束的语法形式如下。

```
CREATE TABLE  〈表名〉（〈列名〉  〈类型〉[〈列级约束〉][,…n]
[,〈表级约束〉[,…n]])
```

其中：

```
〈列级约束〉::= [CONSTRAINT〈约束名〉]
    { PRIMARY KEY [CLUSTERED| NONCLUSTERED]
    | UNIQUE [CLUSTERED| NONCLUSTERED]
    | [FOREIGN KEY] REFERENCES〈被参照表〉[（〈主码〉）]
    | DEFAULT  〈常量表达式〉| CHECK〈逻辑表达式〉}
〈表级约束〉::= CONSTRAINT〈约束名〉
    {{ PRIMARY KEY [CLUSTERED| NONCLUSTERED]（〈列名组〉）
    | UNIQUE [CLUSTERED| NONCLUSTERED]（〈列名组〉）
    | FOREIGN KEY （〈外码〉）REFERENCES  〈被参照表〉（〈主码〉）
    | CHECK (〈约束条件〉)}
```

（3）默认和规则

默认（DEFAULT）和规则（RULE）都是数据库对象。当它们被创建后，可以绑定到一列或几列上，并可以反复使用。当使用 INSERT 语句向表中插入数据时，如果向绑定有 DEFAULT 的列指定数据，系统就会将 DEFAULT 指定的数据插入；如果向绑定有 RULE 的列插入数据，则所插入的数据必须符合 RULE 的要求。

默认和规则与约束相比，功能较低但开支大。所以如果默认和规则可以使用约束方法表示，要尽可能采用约束数据完整性方法处理。

（4）触发器

触发器是一种高功能、高开支的数据完整性方法。触发器具有 INSERT、UPDATE 和 DELETE 三种类型，分别针对数据插入、数据更新和数据删除 3 种情况。一个表可以具有多个触发器，但它们之间不能出现数据矛盾。

触发器的用途是维护行级数据的完整性，它不能返回结果集。与 CHECK 约束相比，触发器能强制实现更加复杂的数据完整性，执行操作或级联操作，实现多行数据间的完整性约束，维护非正规化的数据。

触发器是一个特殊的存储过程。在创建触发器时通过 CREATE TRIGGER 语句定义触发器对应的表、执行的事件和触发器的指令。当发生事件后，会引发触发器执行，通过执行其指令，保证数据完整性。

8.3 数据库并发控制及 SQL Server 并发控制机制

数据库是可供多个用户共享的信息资源。允许多个用户同时使用数据库的系统称为多用户数据库系统。例如，火车订票数据库系统、银行数据库系统等都是多用户数据库系统。在这样的数据库系统中，在同一时刻并行运行的用户事务可达数百个。当多个用户并发地存取数据库时，就会产生多个事务同时存取同一数据的情况。若对并发操作不加控制就可能会出现存取不正确数据的情况，它将破坏数据库的一致性，因而数据库管理系统必须提供并发控制机制。数据库的并发控制就是控制数据库，防止多用户并发使用数据库时造成数据错误和程序运行错误，保证数据的完整性。SQL Server 支持多用户并发使用数据库，并提供了可靠和便利的并发控制机制。

8.3.1 事务及并发控制的基本概念

事务是多用户系统的一个数据操作基本单元。由于多用户数据库的事务非常多，如果事务串行执行，即每个时刻只有一个用户程序运行，而其他用户程序必须等到这个用户程序结束以后才能运行，这样就会浪费大量的系统资源。虽然，一个事务在执行过程中需要不同的资源，但是它不可能同时占有系统的全部资源，而事务串行执行时总会有许多系统资源处于空闲状态。因此，为了充分利用系统资源，发挥数据共享资源的特点，应该允许多个事务并行地执行。对并发执行的事务的控制也就称为并发控制。

1．事务的概念和特征

（1）事务的概念

所谓事务（Transaction）是用户定义的一个数据库操作序列，这些操作要么全做，要么全不做，是一个不可分割的工作单位。例如，在关系数据库中，一个事务可以是一条 SQL 语句、一组 SQL 语句或整个程序。事务和程序是两个概念。一般地讲，一个程序中包含多个事务。

事务的开始与结束可以由用户显式控制。如果用户没有显式地定义事务，则由 DBMS

按默认自动划分事务。在 SQL 语言中，定义事务的语句有以下 3 条。

> BEGIN TRANSACTION
> COMMIT
> ROLLBACK

事务通常是以 BEGIN TRANSACTION 开始，以 COMMIT 或 ROLLBACK 结束。COMMIT 的作用是提交，即提交事务的所有操作。事务提交是将事务中所有对数据的更新写回物理数据库中去，事务正常结束。ROLLBACK 的作用是回滚，即在事务运行的过程中发生了某种故障，事务不能继续执行，系统将事务中对数据库的所有已完成的操作全部撤销，回滚到事物开始时的状态。

（2）事务的特性

事务具有 4 个特性：原子性（Atomicity）、一致性（Consistency）、隔离性（Isolation）和持续性（Durability）。这 4 个特性也简称为 ACID 特性。

1）事务的原子性（Atomicity）。

事务是数据库的逻辑工作单位，事务中包括的诸操作要么全做，要么一个也不做。

2）事务的一致性（Consistency）。

事务执行的结果必须是使数据库从一个一致性状态变到另一个一致性状态。因此当数据库中只包含成功事务提交的结果时，就说数据库处于一致性状态。如果数据库系统运行中发生故障，有些事务尚未完成就被迫中断，这些未完成事务对数据库所做的修改有一部分已写入物理数据库，这时数据库就处于一种不正确的状态，或者说是不一致状态，数据库系统必须确保事务的一致性。

3）事务的隔离性（Isolation）。

隔离性说明一个事务的执行不能被其他事务干扰，即一个事务内部的操作及使用的数据对其他并发事务是隔离的，并发执行的各个事务之间不能互相干扰。

4）事务的持续性（Durability），也称永久性（Permanence）。

持续性是指一个事务一旦提交，它对数据库中数据的改变就是永久性的，接下来的其他操作或故障不应该对其执行结果有任何影响。

（3）事务特性遭破坏的原因

保证事务 ACID 特性是事务处理的重要任务。事务 ACID 特性可能遭到破坏的原因如下。

1）多个事务并行运行时，不同事务的操作交叉执行。

2）事务在运行过程中被强行停止。

在原因 1）下，数据库管理系统必须保证多个事务的交叉运行不影响这些事务的原子性。在原因 2）下，数据库管理系统必须保证被强行终止的事务对数据库和其他事务没有任何影响。这些都是数据库管理系统中并发控制机制和恢复机制的责任。

2．事务并发操作可能产生的数据不一致问题

下面以火车订票系统为例，说明并发操作带来的数据不一致问题。

假如火车订票系统中有这样一个活动序列，如图 8-35a 所示。

1）甲售票点（甲事务）读出某车次的车票余额 A，设 A=20。

2）乙售票点（乙事务）读出同一车次的车票余额 A，也为 20。

3）甲售票点卖出一张车票，修改余额 A←A-1，所以 A 为 19，把 A 写回数据库。

4）乙售票点也卖出一张车票，修改余额 A←A-1，所以 A 为 19，把 A 写回数据库。

T_1	T_2	T_1	T_2	T_1	T_2
1）读 A=20		1）读 A=50 读 B=100 求和=150		1）读 C=100 C←C*2 写回 C	
2）	读 A=20				
3）A←A-1 写回 A=19		2）	读 B=100 B←B*2 写回 B=200	2）	读 C=200
4）	A←A-1 写回 A=19 （A 少减一次）	3）读 A=50 读 B=200 和=250 （验算不对）		3）ROLLBACK C 恢复为 100	（错误的 C 值 已读出）
a)		b)		c)	

图 8-35　3 种数据不一致性的实例

a) 丢失数据　b) 不可重复读　c) 读"脏"数据

这时就出现了一个问题，明明卖出了两张车票，而数据库中车票的余额只减少了 1。这种情况就称为数据库的不一致问题，它是由于并发操作而引起的。在并发操作情况下，对甲、乙两个事务的操作序列的调度是随机的。若按上面的调度序列执行，甲事务的修改就被丢失。这是由于第 4)步中乙事务修改 A 并写回后覆盖了甲事务的修改。

事实上并发操作带来的数据不一致性包括 3 类：丢失修改（Lost Update）、不可重复读（Non-Repeatable Read）和读"脏"数据（Dirty Read），图 8-35 以火车订票系统为例，列出了 3 个活动序列造成的 3 种数据不一致情况。

（1）丢失修改

两个事务 T_1 和 T_2 读入同一数据并进行修改，T_2 提交的结果破坏了 T_1 提交的结果，导致 T_1 的修改被丢失，如图 8-35a 所示。

（2）不可重复读

不可重复读是指事务 T_1 读取数据后，事务 T_2 执行更新操作，使 T_1 无法再现前一次读取结果。具体地讲，不可重复读包括 3 种情况。

1）事务 T_1 读取某一数据后，事务 T_2 对其做了修改，当事务 T_1 再次读该数据时，得到与前一次不同的值。例如，在图 8-26b 中，T_1 读取 B=100 进行运算，T_2 读取同一数据 B，对其进行修改后将 B=200 写回数据库。T_1 为了对数据取值校对，重读 B，已为 200，与第一次读取值不一致。

2）事务 T_1 按一定条件从数据库中读取了某些数据记录后，事务 T_2 删除了其中部分记录，当 T_1 再次按相同条件读取数据时，发现某些记录神秘地消失了。

3）事务 T_1 按一定条件从数据库中读取某些数据后，事务 T_2 插入了一些记录，当 T_1 再次按相同条件读取数据时，发现多了一些记录。

后两种不可重复读问题有时也称为幻影（Phantom Row）现象。

（3）读"脏"数据

读"脏"数据是指事务 T_1 修改某一数据，并将其写入物理数据库，事务 T_2 读取同一数据后，T_1 由于某种原因被撤销，T_1 这时已将修改过的数据恢复原值，T_2 读到的数据就与数据库中的数据不一致，则 T_2 读到的数据就为脏数据，也就是说不正确的数据。例如，在图 8-35c 中 T_1 将 C 值修改为 200，T_2 读到 C 为 200。而 T_1 由于某种原因撤销其修改，使之作废，C 就恢复原值 100。这种变化不影响 T_2，其 C 值还为 200，与数据库内容不一致，这就是"脏"数据。

产生上述 3 类数据不一致的主要原因是并发操作并没有保证事务的隔离性。并发控制就是要用正确的方式调度并发操作，使一个用户事务的执行不受其他事务的干扰，从而避免造成数据的不一致性。

并发控制的主要方法是封锁（Locking）。例如，在火车订票例子中，甲事务要修改 A，若在读出 A 前先锁住 A，其他事务就不能再读取和修改 A 了，直到甲修改并写回 A 后解除了对 A 的封锁为止。这样就不会丢失甲的修改。

8.3.2 封锁及封锁协议

封锁机制是并发控制的重要手段。封锁是使事务对它要操作的数据有一定的控制能力。封锁具有 3 个环节：首先是申请加锁，即事务在操作前要对它将使用的数据提出加锁请求；然后是获得锁，即当条件成熟时，系统允许事务对数据加锁，从而使事务获得数据的控制权；最后是释放锁，即完成操作后事务放弃数据的控制权。为了达到封锁的目的，在使用时事务应选择合适的锁，并要遵从一定的封锁协议。

1．锁的类型

基本的封锁类型有两种：排它锁（Exclusive Locks，X 锁）和共享锁（Share Locks，S 锁）。

（1）排它锁

排它锁也称为独占锁或写锁。一旦事务 T 对数据对象 A 加上排它锁（X 锁），则只允许 T 读取和修改 A，其他任何事务既不能读取和修改 A，也不能再对 A 加任何类型的锁，直到 T 释放 A 上的锁为止。

（2）共享锁

共享锁又称读锁。如果事务 T 对数据对象 A 加上共享锁（S 锁），其他事务只能再对 A 加 S 锁，不能加 X 锁，直到事务 T 释放 A 上的 S 锁为止。

2．封锁协议

仅仅知道对数据加 X 锁和 S 锁并不能保证事务的一致性。在对数据对象加锁时，还需要约定一些规则。例如，何时申请 X 锁或 S 锁、持锁时间、何时释放等。这些规则称为封锁协议（Locking Protocol）。对封锁方式规定不同的规则，就形成了各种不同的封锁协议。封锁协议分三级，各级封锁协议对并发操作带来的丢失修改、不可重复读取和读"脏"数据等不一致问题，可以在不同程度上予以解决。

（1）一级封锁协议

一级封锁协议是事务 T 在修改数据之前必须先对其加 X 锁，直到事务结束才释放。

一级封锁协议可有效地防止丢失修改，并能够保证事务 T 的可恢复性。一级封锁由于没有对读数据进行加锁，所以不能保证可重复读和不读"脏"数据。

例如，图 8-36a 中使用一级封锁协议解决了图 8-35a 中的丢失修改问题。图 8-36a 中，事务 T_1 在读 A 进行修改之前先对 A 加 X 锁，当 T_2 再请求对 A 加 X 锁时被拒绝，T_2 只能等待 T_1 释放 A 上的锁后 T_2 获得对 A 的 X 锁，这时它读到的 A 已经是 T_1 更新过的值 19，在按此新的 A 值进行运算，并将结果值 A=18 送回到物理数据库。这样就避免丢失 T_1 的更新。

（2）二级封锁协议

二级封锁协议是事务 T 对要修改数据必须先加 X 锁，直到事务结束才释放 X 锁；对要读取的数据必须先加 S 锁，读完后即可释放 S 锁。二级封锁协议不但能够防止丢失修改，还可进一步防止读"脏"数据。

T_1	T_2	T_1	T_2	T_1	T_2
1）Xlock A 获得		1）Slock A Slock B		1）Xlock C 读 C=100	
2）读 A=20		读 A=50 读 B=100 A+B=150		C←C*2 写回 C=200	
	Xlock A 等待				
3）A←A-1 写回 A=19 Commit Unlock A	等待 等待 等待	2）	Xlock B 等待 等待	2）	Slock C 等待 等待
4）	获得 Xlock A 读 A=19 A←A-1 写回 A=18 Commit Unlock	3）读 A=50 读 B=100 A+B=150 Commit Unlock A Unlock B	等待 等待	3）ROLLBACK （C 恢复为100） Unlock C	等待 等待
		4）	获得 Xlock 读 B=100 B←B*2 写回 B=200 Commit Unlock B	4）	获得 Slock C 读 C=100 Commit C Unlock C
	a)		b)		c)

图 8-36　用封锁机制解决 3 种数据不一致性的例子

a) 没有丢失修改　b) 可重复读　c) 不读"脏"数据

例如，图 8-36c 中使用二级封锁协议解决了图 8-35c 中的读"脏"数据问题。在图 8-36c 中，事务 T_1 在对 C 进行修改之前，先对 C 加上 X 锁，修改其值后写回物理数据库。这时 T_2 请求在 C 上加 S 锁，因 T_1 已在 C 上加了 X 锁，T_2 只能等待。T_1 因某种原因撤销了修改后的 C 值，C 就恢复为原值 100。T_1 释放 C 上的 X 锁后 T_2 获得 C 上的 S 锁，读 C=100。这就避免了 T_2 读"脏"数据。

（3）三级封锁协议

三级封锁协议是事务 T 在读取数据之前必须先对其加 S 锁，在要修改数据之前必须先对其加 X 锁，直到事务结束后才释放所有锁。

由于三级封锁协议强调即使事务读完数据 A 之后也不释放 S 锁，从而使得别的事务无法更改数据 A。三级封锁协议不但防止了丢失修改和不读"脏"数据，而且防止了不可重复读。

例如，图 8-36b 中使用三级封锁协议解决了图 8-35b 中的不可重复读问题。图 8-36b 中，事务 T_1 在读 A、B 之前，先对 A、B 加 S 锁。这样，其他事务只能对 A、B 加 S 锁，而不能加 X 锁，即其他事务只能读 A、B，而不能修改它们。所以当 T_2 为修改 B 而申请对 B 的 X 锁时被拒绝，只能等待 T_1 释放 B 上的锁。T_1 为验算再读 A、B，这时读出的 B 仍是 100，求和结果仍为 150，即可重复读。T_1 结束才释放 A、B 上的 S 锁。T_2 才获得对 B 的 X 锁。

上述 3 种协议的主要区别在于什么操作需要申请何种封锁及何时释放封锁（即持锁时间）。3 个级别的封锁协议可以总结为表 8-6。

表 8-6　不同级别的封锁协议

	X 锁		S 锁		一致性保证		
	操作结束释放	事务结束释放	操作结束释放	事务结束释放	不丢失修改	不读"脏"数据	可重复读
一级封锁协议		√					
二级封锁协议		√	√		√	√	
三级封锁协议		√		√	√	√	√

8.3.3　封锁出现的问题及解决方法

事务使用封锁机制后，会产生活锁、死锁和不可串行化调度等问题，使用一次封锁法、顺序封锁法和二段锁协议可以有效避免这些问题。

1. 活锁和死锁

（1）活锁

举一个活锁的例子来说明什么是活锁。

如果事务 T_1 封锁了数据 R，T_2 事务又请求封锁 R，于是 T_2 等待。T_3 也请求封锁 R，当 T_1 释放了 R 上的封锁之后系统首先批准了 T_3 的要求，T_2 仍然等待。然后 T_4 又请求封锁 R，当 T_3 释放了 R 上的封锁之后系统又批准了 T_4 的请求，……T_2 又可能永远等待。这种在多个事务请求对同一数据封锁时，总是使某一用户等待的情况称为活锁。

解决活锁的方法是采用先来先服务的方法，即对要求封锁数据的事务排队，使前面的事务先获得数据的封锁权。

（2）死锁

再举一个例子说明什么是死锁。

如果事务 T_1 和 T_2 都需要数据 R_1 和 R_2，它们在操作时：T_1 封锁了数据 R_1，T_2 封锁了数据 R_2；然后 T_1 又请求封锁 R_2，T_2 又请求封锁 R_1；因 T_2 已封锁了 R_2，故 T_1 等待 T_2 释放 R_2 上的锁，同理，因 T_1 已封锁了 R_1，故 T_2 等待 T_1 释放 R_1 上的锁；由于 T_1 和 T_2 都没有获得全部必要的数据，所以它们不会结束，只能继续等待。这种多事务交错等待的僵持局面称为死锁。数据库中解决死锁问题主要有两种方法：一种方法是采用一定措施来预防死锁的发生；另一种方法是允许发生死锁，然后采用一定手段定期诊断系统中有无死锁，若有则解除之。

数据库系统中诊断死锁的方法与操作系统类似，一般使用超时法或事务等待图法。DBMS 的并发控制子系统一旦检测到系统中存在死锁，就要设法解除。通常采用的方法是选择一个处理死锁代价最小的事务，将其撤销，释放此事务持有的所有的锁，使其他事务得以继续运行下去。当然，对撤销的事务所执行的数据修改操作必须加以恢复。

在数据库中，产生死锁的原因是两个或多个事务都已封锁了一些数据对象，然后又都请求对已为其他事务封锁的数据对象加锁，从而出现死等待。根据这种情况可以采取破坏产生死锁条件的方法来防止死锁的发生。

（3）预防死锁方法

1）一次封锁法。要求每个事务必须一次将所有要使用的数据全部加锁，否则该事务不能继续执行。例如，如果事务 T_1 将数据对象 R_1 和 R_2 一次加锁，T_1 就可以执行下去，而 T_2 等待。T_1 执行完后释放 R_1 和 R_2，T_2 继续执行。这样就不会发生死锁。

2）顺序封锁法。预先对数据对象规定一个封锁顺序，所有事务都按这个顺序实行封锁。例如，在 B 树结构的索引中，可规定封锁的顺序必须是从根结点开始，然后是下一级的子女结点，逐级封锁。

2. 并发调度的可串行性

计算机系统对并发事务中并发操作的调度是随机的，而不同的调度可能会产生不同的结果，如何判断哪个结果是正确的呢？

如果一个事务运行过程中没有其他事务同时运行，即没有受到其他事务的干扰，那么就可以认为该事务的运行结果是正常的。如果多个事务并发执行的结果与按串行执行的结果相同，这种调度策略称为可串行化（Serializable）的调度，反之称为不可串行化调度。可串行性（Serializability）是并发事务正确性的准则。为了保证并发操作的正确性，DBMS 的并发控制机制必须提供一定的手段来保证调度是可串行化的。两段锁（Two-Phase Locking，2PL）协议就是保证并发调度可串行性的封锁协议。

3. 两段锁协议

所谓两段锁协议是指所有事务必须分两个阶段对数据项进行加锁和解锁。

1）在对任何数据进行读、写操作之前，首先要申请并获得对该数据的封锁。

2）在释放一个封锁之后，事务不再申请并获得对该数据的封锁。

两段锁的含义是很明显的，即每个事务分为两个阶段，第一阶段是申请和获得封锁，也称为扩展阶段。在这阶段，事务可以申请获得任何数据项上的任何类型的锁，但是不能释放任何锁。第二阶段是释放封锁，也称为收缩阶段。在这阶段，事务可以释放任何数据项上的任何类型的锁，但是不能再申请任何锁。

可以证明，若并发执行的所有事务均遵守两段锁协议，则对这些事务的任何调度并发策略都是可串行化的。

需要指出的是，事务遵守两段锁协议是可串行化调度的充分条件，并不是必要条件。即如果并发事务都遵守两段锁协议，则对这些事务的任何并发调度策略都是可串行化的；但是如果对并发事务的一个调度是可串行化的，这些事务并不都一定符合两段锁协议。

另外值得注意的是，两段锁协议和防止死锁的一次封锁法是不同的。一次封锁法要求每个事务必须一次将所有要使用的数据全部加锁，否则就不能继续执行，因此一次封锁法遵守两段锁协议；但是两段锁协议并不要求事务必须一次将所有使用的数据全部加锁，因此遵守两段锁协议的事务可能发生死锁。

4. 封锁的粒度

（1）封锁粒度

封锁粒度（Granularity）是指封锁对象的大小。封锁对象可以是逻辑单元，也可以是物理单元。以关系数据库为例，封锁对象可以是这样一些逻辑单元，例如，属性值、属性值的集合、元组、关系直至整个数据库；也可以是一些物理单元，如页（数据页或索引项）、块等。

封锁粒度与系统的并发度和并发控制的开销密切相关。封锁的粒度越小，并发度越高，系统开销也越大；封锁的粒度越大，并发度越低，系统开销也越小。

（2）多粒度封锁

一个系统应同时支持多种封锁粒度供不同的事务选择，这种封锁方法称为多粒度封锁（Multiple Granularity Locking）。选择封锁粒度时应该综合考虑封锁开销和并发度两个因素，选择适当的封锁粒度以求得最优的效果。通常，需要处理大量元组的事务可以以关系为封锁粒度；需要处理多个关系的大量元组的事务可以以数据库为封锁粒度；而对于一个处理少量元组的用户事务，以元组为封锁粒度就比较合适了。

图 8-37　三级粒度树

多粒度树的根结点是整个数据库，表示最大的数据粒度。叶结点表示最小的数据粒度。图 8-37 给出了一个三级粒度树。根结点为数据库，数据库的子结点为关系，关系的子结点为元组。

多粒度封锁协议允许多粒度树中的每个结点被独立地加锁。对于每一个结点加锁意味着这个结点的所有后裔结点也被加以同样类型的锁。在多粒度封锁中，一个数据对象可能以显式封锁和隐式封锁两种方式封锁。显式封锁是事务直接加到数据对象上的封锁；隐式封锁是该数据对象并没有事务对它加锁，但是由于其上级结点加锁而使该数据对象也加上了锁。

（3）显式封锁和隐式封锁

多粒度封锁方法中，虽然存在着显式封锁和隐式封锁，但它们的效果是一样的。因此系统检查封锁冲突时，不仅要检查显式封锁还要检查隐式封锁。如果要对某个数据对象加锁，系统要进行 3 种检查：要检查该数据对象上有无显式封锁与之冲突；要检查其所有上级结点，看本事务的显式封锁是否与该数据对象上的隐式封锁（即由于上级结点已加的封锁造成的）冲突；要检查其所有下级结点，看上面的显式封锁是否与本事务的隐式封锁（将加到下级结点的封锁）冲突。只有通过这 3 种检查后，事务才能获得数据的封锁。

例如，事务 T 要对关系 R_1 加 X 锁，系统必须搜索其上级结点数据库、关系 R_1 及 R_1 中的每一个元组，如果其中某一个数据对象已经加了 X 锁，则 T 必须等待。显然，这样的检查方法效率很低。为此人们引进了一种新型锁，称为意向锁。

5. 意向锁

（1）意向锁（Intention Lock）的含义

如果对一个结点加意向锁，则说明该结点的下层结点正在被加锁；对任一结点加锁时，必须先对它的上层结点加意向锁。根据意向锁的含义可知，如果要对任一元组加锁，必须先对它所在的关系加意向锁。

这样，事务 T 要对关系 R_1 加 X 锁时，系统只需检查根结点数据库和关系 R_1 是否已加了不相容的锁，而不再需要搜索和检查 R_1 中的每一个元组是否加了 X 锁。

（2）3 种常用的意向锁

1）意向共享锁（Intent Share Lock，IS 锁）。如果对一个数据对象加 IS 锁，表示它的后裔结点拟加 S 锁。例如，要对某个元组加 S 锁，则要首先对关系和数据库加 IS 锁。

2）意向排它锁（Intent Exclusive Lock，IX 锁）。如果对一个数据对象加 IX 锁，则表示它的后裔结点拟（意向）加 X 锁。例如，要对某个元组加 X 锁，则要首先对关系和数据库加 IX 锁。

3）共享意向排它锁（Share Intent Share Lock，SIX 锁）。如果对一个数据对象加 SIX 锁，表示对它加 S 锁，再加 IX 锁，即 SIX=S+IX。例如，对某个表加 SIX 锁，则表示该事务要读整个表（所以要对该表加锁），同时会更新个别元组（所以要对该表加 IX 锁）。

（3）意向锁加锁方法

具有意向锁的多粒度封锁方法中，任意事务 T 要对一个数据库对象加锁，必须先对它的上层结点加意向锁。申请封锁时应该按自上而下的次序进行；释放封锁时则应该按自下向上的次序进行。具有意向锁的多粒度封锁方法提高了系统的并发度，减少了加锁和解锁的开销，它已经在实际的数据库管理系统产品中得到了广泛应用，例如，SQL Server 数据库系统就采用了这种封锁方法。

8.3.4　SQL Server 的并发控制机制

事务和锁是并发控制的主要机制，SQL Server 通过支持事务机制来管理多个事务，保证事务的一致性，并使用事务日志保证修改的完整性和可恢复性。SQL Server 利用锁来防止其他用户修改另一个还没有完成的事务中的数据。SQL Server 具有多种锁，允许事务锁定不同的资源，并能自动使用与任务相对应的等级锁来锁定资源对象，以使锁的成本最小化。

1．SQL Server 的事务类型

SQL Server 的事务分为两种类型：系统提供的事务和用户定义的事务。系统提供的事务是指在执行某些语句时，一条语句就是一个事务，它的数据对象可能是一个或多个表（视图），可能是表（视图）中的一行数据或多行数据；用户定义的事务以 BEGIN TRANSACTION 语句开始，以 COMMIT（事务提交）或 ROLLBAK（回滚）结束。对于用户定义的分布式事务，其操作会涉及多个服务器，只有每个服务器的操作都成功时，其事务才能被提交，否则，即使只有一个服务器的操作失败，整个事务也得回滚结束。

2．SQL Server 的空间管理及锁的级别

锁是为防止其他事务访问指定的资源，实现并发控制的主要手段。要加快事务的处理速度并缩短事务的等待时间，就要使事务锁定的资源最小。SQL Server 2017 为使事务锁定资源最小化提供了多种方法。

（1）行和行级锁

表中的行可以是锁定的最小空间资源。行级锁是指事务操作过程中，锁定一行或若干行数据。由于行级锁占用的数据资源最少，它避免了数据被占用但不使用的现象，因而行级锁是最优锁。

（2）页和页级锁

在 SQL Server 中，除行外的最小数据单位是页。一个页有 8KB，所有的数据、日志和索引都放在页上。为了管理方便，表中的行不能跨页存储，一行的数据必须在同一个页上。

页级锁是指在事务的操作过程中，无论事务处理多少数据，每一次都锁定一页。当使用页级锁时，会出现数据浪费的现象，即在同一个页上会出现数据被占用却没有使用的现象，但数据浪费最多不超过一个页。

（3）簇和簇级锁

页之上的空间管理单位是簇，一个簇有 8 个连续的页。簇级锁指事务占用一个簇，这个簇不能被其他事务占用。簇级锁是一种特殊类型的锁，只能用在一些特殊的情况下。例如在创建数据库和表时，系统用簇级锁分配物理空间。由于系统是按照簇分配空间的，系统分配空间时使用簇级锁，可防止其他事务同时使用一个簇。当系统完成空间分配之后，就不再使用这种簇级锁。当涉及对数据操作的事务时，一般不使用簇级锁。

（4）表级锁

表级锁是一种主要的锁。表级锁是指事务在操纵某一个表的数据时锁定了这些数据所在的整个表，其他事务不能访问该表中的数据。当事务处理的数量比较大时，一般使用表级锁。表级锁的特点是使用比较少的系统资源，但占用比较多的数据资源。与行级锁和页级锁相比，表级锁占用的系统资源（如内存）较少，但占用的数据资源最多。在使用表级锁时，会浪费大量数据，因为表级锁可锁定整个表，其他事务不能操纵表中的数据，这样会延长其他事务的等待时间，降低系统的并发性能。

（5）数据库级锁

数据库级锁是指锁定整个数据库，防止其他任何用户或者事务对锁定的数据库进行访问。这种锁的等级最高，因为它控制整个数据库的操作。数据库级锁是一种非常特殊的锁，它只用于数据库的恢复操作。只要对数据库进行恢复操作，就需要将数据库设置为单用户模式，这样，系统就能防止其他用户对该数据库进行各种操作。

3．SQL Server 锁的类型

基本锁是共享锁（S 锁）和排它锁（X 锁）。SQL Server 还有意向锁、修改锁和模式锁 3 种特殊锁：意向锁有意向共享锁（IS 锁）、意向排它锁（IX 锁）和共享意向排它锁（SIX 锁）；修改锁是为修改操作提供的页级排它锁；模式锁包括模式稳定锁和模式修改锁，是为保证系统模式（表和索引结构）不被删除和修改而设置的锁；模式稳定锁确保不会删除锁定的资源，模式修改锁确保不会修改锁定资源。SQL Server 能自动提供以下加锁功能。

1）当用 SELECT 语句访问数据库时，系统能自动用共享锁访问数据；在使用 INSERT、UPDATE 和 DELETE 语句增加、修改和删除数据时，系统会自动给使用数据加排它锁。

2）系统可用意向锁使锁之间的冲突最小化。意向锁建立一个锁机制的分层结构，其结构按行级锁层、页级锁层和表级锁层设置。

3）当系统修改一个页时，会自动加修改锁。修改锁与共享锁兼容，而当修改了某页后，修改锁会上升为排它锁。

4）当操作涉及参考表或者索引时，SQL Server 会自动提供模式稳定锁和模式修改锁。

8.4 数据库恢复技术与 SQL Server 数据恢复机制

尽管数据库系统中采取了各种保护措施来保证数据库的安全性和完整性不被破坏，保证并发事务能够正确执行，但是计算机系统中硬件的故障、软件的错误、操作员的失误及恶意的破坏仍然是不可避免的。这些故障轻则造成运行事务非正常中断，影响数据库中数据的正确性；重则破坏数据库，使数据库中全部或部分数据丢失。因此，数据库管理系统必须具有把数据库从错误状态恢复到某一已知的正确状态的能力，这就是数据库的恢复功能。数据库系统采用的恢复技术是否行之有效，不仅对系统的可靠程度起着决定性作用，而且对系统的运行效率也有很大影响，它是衡量系统性能优劣的重要指标。

8.4.1 故障的种类

数据库系统中发生的故障是多种多样的，大致可以归结为以下几类。

1．事务内部的故障

事务内部的故障有的是可以通过事务程序本身发现的，但是更多的则是非预期的，它们不能由事务处理程序处理。例如，运算溢出、并发事务发生死锁而被选中撤销该事务、违反了某些完整性限制等。

事务故障意味着事务没有达到预期的终点（COMMIT 或显式的 ROLLBACK），因此数据库可能处于不正确状态。恢复程序的任务就是在不影响其他事务运行的情况下，强行回滚（ROLLBACK）该事务，即撤销该事务已经做出的任何对数据库的修改，使得该事务好像根本没有启动一样。这类恢复操作称为事务撤销（UNDO）。

2．系统故障

系统故障是指造成系统停止运转的任何事件，从而使得系统必须重新启动。例如，特定类型的硬件错误（CPU 故障）、操作系统故障、DBMS 代码错误、数据库服务器出错以及其他自然原因，如停电等。这类故障影响正在运行的所有事务，但是并不破坏数据库。这时主存内容，尤其是数据库缓冲区中的内容都被丢失，所有事务都非正常终止。系统故障主要有以下两种情况。

1）发生故障时，一些尚未完成的事务的部分结果已送入物理数据库，从而造成数据库可能处于不正确的状态。为保证数据一致性，需要清除这些事务对数据库的所有修改。在这种情况下，恢复子系统必须在系统重新启动时让所有非正常终止的事务回滚，强行撤销（UNDO）所有未完成的事务。

2）发生系统故障时，有些已完成的事务有一部分甚至全部留在缓冲区，尚未写回物理数据库中。系统故障使得这些事务对数据库的修改部分或全部丢失，这也会使数据库处于不一致状态，因此应将这些事务已提交的结果重新写入数据库。在这种情况下，系统重新启动后，恢复子系统除了需要撤销所有未完成的事务外，还需要重做（REDO）所有已提交的事务，将数据库真正恢复到一致状态。

3．介质故障

前面介绍的故障为软故障（Soft Crash），介质故障又称为硬故障（Hard Crash）。介质故障指外存故障，例如，磁盘损坏、磁头碰撞、瞬时磁场干扰等。这类故障会破坏数据库或部分数据库，并影响正在存取这部分数据的所有事务。介质故障虽然发生的可能性较小，但是它的破坏性却是最大的，有时会造成数据的无法恢复。

4．计算机病毒

计算机病毒是一种人为的故障或破坏，它是由一些恶意的人编制的计算机程序。这种程序与其他程序不同，它可以像微生物学所称的病毒一样进行繁殖和传播，并造成对计算机系统包括数据库系统的破坏。

5．用户操作错误

在某些情况下，由于用户有意或无意的操作也可能删除数据库中有用的数据或加入错误的数据，这同样会造成一些潜在的故障。

8.4.2　数据恢复的实现技术

恢复机制涉及的两个关键问题：第一，如何建立备份数据；第二，如何利用这些备份数据实施数据库恢复。建立备份数据最常用的技术是数据转储和登录日志文件。

1．数据转储

数据转储是数据库恢复中采用的基本技术。数据转储就是数据库管理员 DBA 定期地将整个数据库复制到磁带或另一个磁盘上保存起来的过程。这些备用的数据文本称为后备副本或后援副本。当数据库遭到破坏后可以将后备副本重新装入，并重新运行自转储以后的所有更新事务。

数据转储是十分耗费时间和资源的，不能频繁进行。数据库管理员 DBA 应该根据数据库使用情况确定一个适当的转储周期。数据转储有以下几类。

（1）静态转储和动态转储

根据转储时系统状态的不同，转储可分为静态转储和动态转储。

1）静态转储。在进行的转储操作过程中，系统不运行其他事务，专门进行数据转储工作。在静态转储操作开始时，数据库处于一致状态，而在转储期间不允许其他事务对数据库进行任何存取、修改操作，数据库仍处于一致状态。

静态转储虽然简单，并且能够得到一个数据一致性的副本，但是转储必须等待正运行的用户事务结束才能进行，新的事务也必须等待转储结束才能执行，这样就降低了数据库的可用性。

2）动态转储。在转储期间，允许其他事务对数据库进行存取或修改操作。也就是说，转储和用户事务并发执行。动态转储有效地克服了静态转储的缺点，它不用等待正在运行的用户事务结束，也不会影响新事务的运行。动态转储的主要缺点是后援副本上的数据并不能保证正确有效。

由于动态转储是在动态地进行的，这样后备副本上存储的就可能是过时的数据，就有必要把转储期间各事务对数据库的修改活动登记下来，建立日志文件（Log File），使得后援副本加上日志文件能够把数据库恢复到某一时刻的正确状态。

（2）海量转储和增量转储

转储根据转储数据量的不同还可以分为海量转储和增量转储两种方式。

1）海量转储。每次转储全部数据库。由于海量转储能够得到后备副本，利用其后备副本能够比较方便地进行数据恢复工作，但对于数据量大和更新频率高的数据库，不适合频繁地进行海量转储。

2）增量转储。每次只转储上一次更新过的数据。增量转储适用于数据库较大，但是事务处理又十分频繁的数据库系统。

由于数据转储可在动态和静态两种状态下进行，因此数据转储方法可以分为 4 类：动态海量转储、动态增量转储、静态海量转储和静态增量转储。

2．登记日志文件（Logging）

（1）日志文件的格式和内容

日志文件是用来记录对数据库进行更新操作的文件。不同的数据库系统采用的日志文件格式并不完全相同。概括起来日志文件主要有两种格式：一种是以记录为单位的日志文件；另一种是以数据块为单位的日志文件。

以记录为单位的日志文件中需要登记的内容包括：各个事务的开始（BEGIN TRANSACTION）标记；各个事务的结束（COMMIT 或 ROLLBACK）标记；各个事务的所有更新操作。其中事务的开始标记、事务的结束标记和每个更新操作均作为日志文件中的一个日记录（Log Record）。对于更新操作的日志记录，其内容主要包括：事务标识（表明是哪个事务）、操作的类型（插入、删除或修改）、操作对象（记录内部标识）、更新前数据的旧值（插入操作，该项为空）及更新后数据的新值（删除操作，该项为空）。

以数据块为单位的日志文件的内容包括事务标识和更新的数据块。由于更新前的整个块和更新后的整个块都放入了日志文件中，所以操作的类型和操作对象等信息就不必放入日志记录中。

（2）日志文件的作用

日志文件主要用于数据库恢复，用来进行事务故障恢复、系统故障恢复工作，并能够协助后备副本进行介质故障恢复工作。当数据库文件毁坏后，可重新装入后援副本把数据库恢复到转储结束时刻的正确状态，再利用建立的日志文件，把已完成的事务进行重做处理，而对于故障发生时尚未完成的事务则进行撤销处理，这样不必重新运行那些已完成的事务程序就可以把数据库恢复到故障前某一时刻的正确状态。

（3）登记日志文件（Logging）

为保证数据库的可恢复性，登记日志文件时必须遵循两条原则：一条是登记的次序严格按并发事务执行的时间次序；另一条是必须先写日志文件，后写数据库。

把对数据的修改写到数据库中和把表示这个修改的日志记录写到日志文件中是两个不同的操作。许多时候，在这两个操作之间可能会发生故障，即这两个写操作只完成了一个。如果先写了数据库修改，而在运行记录中没有登记这个修改，则以后就无法恢复这个修改了。如果先写日志，但没有修改数据库，按日志文件恢复时只不过是多执行一次不必要的 UNDO 操作，并不会影响数据库的正确性。所以为了安全，一定要先写日志文件，然后进行数据库的更新操作。

8.4.3 数据库恢复策略

当系统运行过程中发生了故障，利用数据库后备副本和日志文件就可以将数据库恢复到故障前的某个一致性状态。不同故障其恢复策略和方法也不一样。

1. 事务故障的恢复

事务故障是指事务在未运行到正常终止点前被终止的情况。当事务发生故障时，恢复子系统应利用日志文件撤销（UNDO）此事务已对数据库进行的修改。事务故障的恢复通常是由系统自动完成的，对用户是不透明的（用户并不知道系统是如何进行事务恢复的）。

系统的恢复步骤如下。

1）反向扫描文件日志（即从最后向前扫描日志文件），查找该事务的更新操作。

2）对该事务的更新操作执行逆操作。即将日志记录中"更新前的值"写入数据库。如果记录中是插入操作，则相当于做删除操作（因此，此时"更新前的值"为空）；若记录中是删除操作，则做插入操作；若是修改操作，则相当于用修改前的值代替修改后的值。

3）重复执行 1）和 2），恢复该事务的其他更新操作，直至读到该事务的开始标记，事务故障恢复就完成了。

2. 系统故障的恢复

前面已讲过，系统故障造成数据库不一致状态的原因有两个：一个是未完成事务对数据库的更新可能已写入数据库；另一个是已提交事务对数据库的更新可能还留在缓冲区没来得及写入数据库。因此恢复操作就是要撤销故障发生时未完成的事务，重做已完成的事务。系统故障的恢复是由系统在重新启动时自动完成的，不需要用户干预。

系统的恢复步骤如下。

1）正向扫描日志文件（即从头扫描日志文件），找出在故障发生前已经提交的事务，将其事务标记记入重做队列。同时找出故障发生时尚未完成的事务，将其事务标记记入撤销（UNDO）队列。

2）对撤销队列中的各个事务进行撤销（UNDO）处理。反向扫描日志文件，对每个事务的更新操作执行逆操作，即将日志记录中"更新前的值"写入数据库。

3）对重做队列中的各个事务进行重做（REDO）处理。正向扫描日志文件，对每个重做事务重新执行日志文件登记的操作，即将日志记录中"更新后的值"写入数据库。

3. 介质故障的恢复

介质故障会破坏磁盘上的物理数据库和日志文件，这是最严重的一种故障。恢复方法是重装数据库后备副本，然后重做已完成的事务。具体恢复步骤如下。

1）装入最新的数据库后备副本，使数据库恢复到最近一次转储时的一致性状态。对于动态转储的数据库副本，还需要同时装入转储开始时刻的日志文件副本。利用恢复系统故障的方法，才能将数据库恢复到一致性状态。

2）装入相应的日志文件副本，重做已完成的事务。即首先扫描日志文件，找出故障发生时已提交事务的标识，将其记入重做队列。然后正向扫描日志文件，对重做队列中的所有事务进行重做处理。

利用日志技术进行数据库恢复时，恢复子系统必须搜索所有的日志，确定哪些事务需要重做。一般来说，需要检查所有的日志记录。这样做会产生两个问题：一个是搜索整个日志将耗费大量的时间；另一个是很多需要重做处理的事务实际上已经将它们的更新操作结果写到数据库中了，然而恢复子系统又重新执行了这些操作，浪费了大量时间。为解决这些问题，又发展了具有检查点的恢复技术。

8.4.4　具有检查点的数据恢复技术

具有检查点的技术在日志文件中增加了"检查点记录"和一个"重新开始"文件，并让子系统在登录日志文件期间动态地维护日志。

1. 检查点记录和重新开始文件

检查点记录的内容为：建立检查点时刻所有正在执行的事务清单；这些事务是最近一个日志记录的地址。重新开始文件用来记录各个检查点记录在日志文件中的地址。

图 8-38 说明了建立检查点 C_i 时对应的日志文件和重新开始文件。

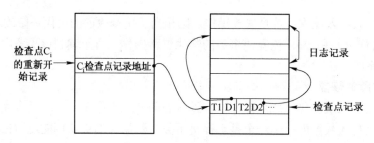

图 8-38 具有检查点的日志文件和重新开始文件

2. 动态维护日志文件的方法

动态维护日志文件的方法是周期性地执行建立检查点、保存数据库状态的操作，具体步骤如下。

1）将当前日志缓冲中的所有日志记录写入日志文件中。

2）在日志文件中写入一个检查点记录。

3）将当前数据缓冲的所有数据记录写入数据库中。

4）把检查点记录在日志文件中的地址写入一个重新开始文件中。

3. 使用检查点进行数据恢复的策略

数据恢复子系统可以定期或不定期地通过建立检查点保存数据库状态。检查点可以按照预定的一个时间间隔建立，如每隔一小时建立一个检查点；也可以按照某种规则建立检查点，如日志文件已写满一半建立一个检查点。

使用检查点方法可以改善恢复效率。当事务 T 在一个检查点之前提交，T 对数据库所做的修改一定都已写入数据库，写入时间是在这个检查点建立之前或在这个检查点建立之时。这样，在进行恢复处理时，没有必要对事务 T 执行重作操作。

当系统出现故障时，数据恢复子系统可以根据事务的状态采取相应的恢复策略，如图 8-39 所示。

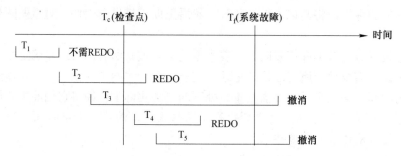

图 8-39 恢复子系统采取的不同策略

根据图 8-39，还需作如下说明。

T_1：在检查点之前提交。

T_2：在检查点之前开始执行，在检查点之后故障点之前提交。

T_3：在检查点之前开始执行，在故障点时还未完成。

T_4：在检查点之后开始执行，在故障点之前提交。

T_5：在检查点之后开始执行，在故障点时还未完成。

T_3 和 T_5 在故障发生时还未完成，所以予以撤销；T_2 和 T_4 在检查点之后提交，它们对数据库所做的修改在故障发生时可能还在缓冲区中，尚未写入数据库，所以要重作；T_1 在检查点之前已提交，所以不必执行重作操作。

4. 使用检查点进行数据恢复的步骤

1）从重新开始文件中找到最后一个检查点记录在日志文件中的地址，由该地址在日志文件中找到最后一个检查点记录。

2）由该检查点记录得到检查点，建立所有事务清单（ACTIVE-LIST）。这里建立两个事务队列：要执行撤销事务的清单（UNDO-LIST），即需要执行 UNDO 操作的事务集合；要重作的事务清单（REDO-LIST），即需要执行 REDO 操作的事务集合。把所有事务清单（ACTIVE-LIST）暂时放入撤销事务的清单（UNDO-LIST）队列，重作的事务清单（REDO-LIST）暂为空。

3）从检查点开始正向扫描日志文件。如有新开始的事务 T_i，暂时把 T_i 放入要执行撤销事务的清单（UNDO-LIST）中；如有提交的事务 T_j，把 T_j 从要执行撤销事务的清单（UNDO-LIST）中移到要重作的事务清单（REDO-LIST）中；直到日志文件结束。

4）对要执行撤销事务的清单（UNDO-LIST）中的每个事务执行撤销操作，对要重作的事务清单（REDO-LIST）中的每个事务执行重作操作。

8.4.5 SQL Server 的数据备份和数据恢复机制

SQL Server 是一种高效的网络数据库管理系统，它具有比较强大的数据备份和恢复功能。SQL Server 具有海量备份和增量备份、静态备份和动态备份等多种数据备份机制，并具有日志和检查点两种数据恢复技术。用户可以使用 Transact-SQL 语句，也可以通过 SQL Server 的 SQL Server Management Studio 进行数据备份和数据恢复。

1. SQL Server 的数据备份形式和操作方式

（1）SQL Server 的 3 种数据备份形式

1）完全备份。即海量备份，将数据库完全复制到备份文件中。

2）事务日志备份。将备份发生在数据库上的事务。

3）增量备份。备份最近一次完全备份以后数据库发生变化的数据。

（2）数据库进行备份和恢复操作的方式

根据对 SQL 服务器的占用方式，数据库的备份和恢复操作可分为两种方式。

1）静态的备份和恢复方式。在进行数据备份或恢复操作时，SQL 服务器不接受任何应用程序的访问请求，只执行备份或恢复操作。

2）动态的备份和恢复方式。在进行数据备份或恢复操作时，SQL 服务器同时接受应用程序的访问请求。

2. SQL Server 的数据备份或恢复策略

SQL Server 支持 3 种数据备份和恢复策略，系统管理员 SA 可从中选择合适的方法。

（1）使用完全备份的策略

使用完全备份的最大优点是恢复数据库的操作简便，它只需要将最近一次的备份恢复。完全备份所占的存储空间很大且备份的时间较长，只能在一个较长的时间间隔上进行完全备份。这种策略的缺点是当根据最近的完全备份进行数据恢复时，完全备份之后对数据所做的任何修改都将无法恢复。当数据库较小、数据不是很重要或数据操作频率较低时，可采用完全备份的策略进行数据备份和恢复。

（2）在完全备份基础上使用事务日志备份步骤

事务日志备份必须与数据库的完全备份联合使用，才能实现数据备份和恢复功能。将完全备份和事务日志备份联用进行数据备份和恢复时，备份步骤如下。

1）定期进行完全备份，如一天一次或两天一次。

2）更频繁地进行事务日志备份，如一小时一次或两小时一次等。

（3）在完全备份基础上实现数据库恢复步骤

当需要数据库恢复时，按下述步骤进行。

1）用最近一次完全备份恢复数据库。

2）用最近一次完全备份之后创建的所有事务日志备份，按顺序恢复完全备份之后发生在数据库上的所有操作。

完全备份和事务日志备份相结合的方法，能够完成许多数据库的恢复工作。但它对那些不在事务日志中留下记录的操作，就无法恢复数据。

（4）使用 3 种备份的步骤

在同时使用数据库完全备份和事务日志备份的基础上，再以增量备份作为补充，可以在发生数据丢失时将损失减到最小。同时使用 3 种备份的策略时，要求数据备份操作按以下顺序进行。

1）定期执行完全备份，如一天一次或两天一次等。

2）进行增量备份，如 4 小时一次或 6 小时一次等。

3）进行事务日志备份，如一小时一次或两小时一次等。

（5）使用 3 种备份的恢复数据库步骤

在发生数据丢失或操作失败时，按下列顺序恢复数据库。

1）用最近一次的完全备份恢复数据库。

2）用最近一次的增量备份恢复数据库。

3）用在最近一次的完全备份之后创建的所有事务日志备份，按顺序恢复最近一次完全备份之后发生在数据库上的所有操作。

3．SQL Server 的数据备份方法

SQL Server 的数据备份可以通过执行 Transact-SQL 语句、系统存储过程，或者使用 SQL Server 的 SQL Server Management Studio 实现。下面介绍使用 SQL Server Management Studio 进行数据备份和数据恢复的方法。

数据库的备份和恢复工作不仅对用户数据库是重要的，对于 master、msdb、model、tempdb 四个系统数据库来说，备份和恢复工作也是重要的。因为系统数据库中存储着系统运行时的有关信息，它一旦遭到破坏，系统也不能正常工作。所以，系统管理员要考虑用户数据库备份和恢复问题，同时也要考虑系统数据库的备份和恢复问题。

（1）备份设备的管理

备份设备亦称永久性的备份文件，它应在数据库备份操作前预先创建。下面介绍备份设备的创建、查看和删除操作步骤。

1）创建备份设备。

在 SQL Server Management Studio 中，扩展要操作的 SQL 服务器，在服务器对象文件夹中找到备份设备文件夹。右击该文件夹，在弹出的快捷菜单中选择"新建备份设备"选项，如图 8-40 所示。随后会出现如图 8-41 所示的"备份设备"对话框。

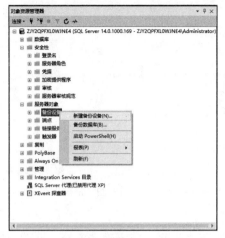

图 8-40　备份文件夹的快捷菜单

图 8-41　"备份设备"对话框

在"备份设备"对话框中，执行下列操作。

- 输入备份设备的逻辑名字。
- 在确定备份设备的存储路径时，需要单击"文件"文本框右侧的"…"按键，并在弹出的"文件名"对话框中确定或改变备份设备的默认存储路径。
- 然后单击"确定"按钮。

2）查看备份设备的相关信息。

查看备份设备的相关信息时，需要执行的操作如下。

- 在 SQL Server Management Studio 中扩展服务器，在服务器对象文件夹中找到备份设备文件夹，在细节窗口中找到要查看的备份设备。
- 右击该备份设备，在弹出的快捷菜单中选择"属性"选项，弹出与图 8-41 相似的"备份设备"对话框。

3）删除备份设备。

如果要删除一个不需要的备份设备，需要执行以下操作。

- 在 SQL Server Management Studio 中选中该备份设备，并右击。
- 在弹出的快捷菜单中选择"删除"选项。
- 在"确认删除"对话框中，单击"确认"按钮。

（2）备份数据库

1）进入"备份数据库"对话框。

在 SQL Server 的 SSMS 中，右击要备份的数据库，在弹出的快捷菜单中选择"任务"
→"备份"选项，如图 8-42 所示。弹出的"备份数据库"对话框中有常规、介质选项和备份选项 3 个选项卡，"常规"选项卡的界面如图 8-43 所示。

2）在"常规"选项卡中，完成以下操作。

- 在"数据库"下拉列表框中选择要备份的数据库。
- 选择"备份类型"，可选择完整备份、差异备份或事务日志。

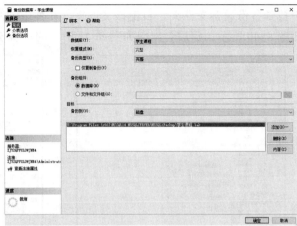

图 8-42　数据库任务菜单　　　　　　图 8-43　"备份数据库"对话框的"常规"选项卡

- 选择备份组件,可选择数据库、文件或文件组。
- 选择备份地址,通过列表右侧的"添加"按钮或"删除"按钮确定备份文件的存储位置。

3)进入"介质选项"选项卡,如图 8-44 所示,完成以下操作。

- 选择是否追加或覆盖现有的备份集,通过设置"检查介质集名称和备份集到期时间"复选框来决定是否检查备份设备上原有内容的失效日期。
- 设置备份可靠性,包括设置完成后验证备份、写入介质前检查校验和出错时继续等复选框等。

4)进入"备份选项"选项卡,如图 8-45 所示,完成以下操作。

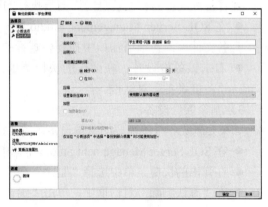

图 8-44　"备份数据库"对话框的"介质选项"选项卡　　图 8-45　"备份数据库"对话框的"备份选项"选项卡

- 输入备份集名称及备份说明。
- 输入备份集过期时间;设置备份压缩。
- 完成后,单击"确定"按钮。

4．SQL Server 的数据恢复方法

(1)调出"还原数据库"对话框

在 SQL Server 2017 的 SQL Server Management Studio 中,右击要进行数据恢复的数据库,在弹出的快捷菜单中选择"任务"→"还原"→"数据库"选项,如图 8-46 所示;打开"还原数据库"对话框,该对话框中有3个选项卡:常规、文件和选项,如图8-47所示。

图 8-46 选择还原数据库功能

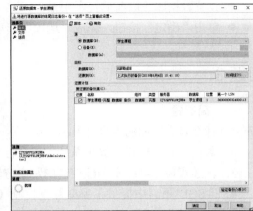

图 8-47 "还原数据库"对话框的"常规"选项卡

(2)设置"常规"选项卡

1)设置数据源,指明恢复的数据库或数据库设备。

2)设置数据目标,指明数据库目标和还原的时间。

3)设置还原计划,选择要还原的备份集。

(3)设置"文件"选项卡

"还原数据库"对话框的"文件"选项卡如图 8-48 所示。在选项卡中设置还原后的文件夹位置,包括数据库文件和日志文件。

(4)设置"选项"选项卡

"还原数据库"的"选项"选项卡如图 8-49 所示,操作如下。

图 8-48 "还原数据库"对话框的"文件"选项卡

图 8-49 "还原数据库"对话框的"选项"选项卡

- 设置还原选项:"覆盖现有数据库"选项,用于设置是否使备份文件直接覆盖数据库;"保留复制设置"选项,将已发布的数据库还原到创建该数据库的服务器之外的服务器时,保留复制设置;"限制访问还原的数据库"选项,使还原的数据库仅供 db_owner、dbcreator 或 sysadmin 的成员使用。
- 设置结尾日志备份:选择还原前是否进行结尾日志备份;设置备份文件。

- 设置服务器连接，确定数据库恢复时是否要关闭现有数据库与服务器的连接。
- 设置数据库还原前的提示用语。
- 单击"确定"按钮，完成"选项"选项卡的设置。

习题 8

一、简答题

1．什么是数据库的安全性？

2．数据库安全性和计算机系统的安全性有什么关系？

3．试述实现数据库安全性控制的常用方法和技术。

4．T-SQL 语言中提供了哪些数据控制（自主存取控制）的语句？试举例说明它们的使用方法。

5．什么是数据库的完整性？

6．数据库的完整性概念与数据库的安全性概念有什么区别和联系？

7．什么是数据库的完整性约束条件？可分为哪几类？

8．DBMS 的完整性控制应具有哪些功能？

9．RDBMS 在实现参照完整性时需要考虑哪些方面？

10．在数据库中为什么要并发控制？

11．并发操作可能会产生哪几类数据不一致？用什么方法能避免这些不一致的情况？

12．什么是封锁？

13．基本的封锁类型有几种？试述它们的含义。

14．如何用封锁机制保证数据的一致性？

15．什么是封锁协议？不同级别的封锁协议的主要区别是什么？

16．不同封锁协议与系统一致性级别的关系是什么？

17．什么是活锁？什么是死锁？

18．试述活锁的产生原因和解决方法。

19．请给出预防死锁的若干方法。

20．请给出检测死锁发生的一种方法，当发生死锁后如何解除死锁？

21．什么样的并发调度是正确的调度？

22．试述两段锁协议的概念。

23．为什么要引进意向锁？意向锁的含义是什么？

24．理解并解释下列术语的含义：封锁、活锁、死锁、排它锁、共享锁、并发事务的调度、可串行化的调度、两段锁协议。

25．说明数据不一致性中读"脏"数据的含义。

26．事务中的提交和回滚是什么意思？

27．为什么要进行数据库转储？比较各种数据转储方法。

28．并发控制可能会产生哪几类数据不一致？用什么方法能避免各种不一致的情况？

29．试解释"并发调度可串行化"这个概念。

30．数据库的并发控制与数据库的恢复之间，有什么联系？

31．今有两个关系模式：

> 职工（职工号，姓名，年龄，职务，工资，部门号）
> 部门（部门号，名称，经理名，地址，电话）

请用 T-SQL 的 GRANT 和 REVOKE 语句（加上视图机制），完成以下功能。

1）用户王明对两个表有 SELECT 权力。

2）用户李勇对两个表有 INSERT 和 DELETE 权力。

3）用户刘星对职工表有 SELECT 权力，对工资字段具有更新权力。

4）用户张新具有修改这两个表的结构的权力。

5）用户周平具有对两个表的所有权力（读、插、改、删数据），并具有给其他用户授权的权力。

32．把习题 31 中 1）～5）的每个用户所授予的权力予以撤销。

33．假设有下面两个关系模式：

> 职工（职工号，姓名，年龄，职务，工资，部门号），其中职工号为主码
> 部门（部门号，名称，经理名，电话），其中部门号为主码

用 T-SQL 语言定义这两个关系模式，要求在模式中完成以下完整性约束条件的定义。

1）定义每个模式的主码。

2）定义参照完整性。

3）定义职工年龄不得超过 60 岁。

二、选择题

1．数据的正确、有效和相容称之为数据的_____。

    A．安全性　　　　　B．一致性　　　　　C．独立性　　　　　D．完整性

2．设有两个事务 T1、T2，其并发操作见下表，以下评价正确的是_____。

    A．该操作不存在问题　　　　　　　B．该操作丢失修改

    C．不能重复读　　　　　　　　　　D．该操作读"脏"数据

T1	T2
①读 A=10，B=5	
	②读 A=10 A=A*2 写回
③读 A=20，B=5 求和 25 验证错	

3．_____是 DBMS 的基本单位，它是用户定义的一组逻辑一致的程序序列。

    A．程序　　　　　　B．命令　　　　　　C．事务　　　　　　D．文件

4．设有两个事务 T1、T2，其并发操作见下表，以下评价正确的是_____。

    A．该操作不存在问题　　　　　　　B．该操作丢失修改

    C．该操作不能重复读　　　　　　　D．该操作读"脏"数据

T1	T2
①读 A=10	
	②读 A=10
③A=A-5 写回	
	④A=A-8 写回

5. 授权编译系统和合法性检查机制一起组成了_____子系统。

    A．安全性   B．完整性   C．并发控制   D．恢复

6. 设有两个事务 T1、T2，其并发操作下表，以下评价正确的是_____。

    A．该操作不存在问题   B．该操作丢失修改

    C．该操作不能重复读   D．该操作读"脏"数据

T1	T2
①读 A=100 　A＝A*2 写回	
	②读 A=200
③ROLLBACK 　恢复 A=100	

7. 在数据库中，产生数据不一致的根本原因是_____。

    A．数据存储量太大   B．没有严格保护数据

    C．未对数据进行完整性控制   D．数据冗余

8. 事务是数据库进行的基本工作单位。如果一个事务执行成功，则全部更新提交；如果一个事务执行失败，则已做过的更新被恢复原状，好像整个事务从未有过这些更新，这样保持了数据库处于_____状态。

    A．安全性   B．一致性   C．完整性   D．可靠性

9. 设有两个事务 T1、T2，A、B 的初始值分别为 10 和 5，其并发操作见下表，以下评价正确的是_____。

    A．该调度不存在并发问题   B．该调度是可串行化的

    C．该调度存在冲突操作   D．该调度不存在冲突操作

T1	T2
① read(A) 　read(B) 　sum=A+B	
	② read(A) 　A＝A*2 　write(A)
③ read(A) 　read(B) 　sum=A+B 　write(A+B)	

10. 数据库管理系统通常提供授权功能来控制不同用户访问数据的权限，这主要是为了实现数据库的_____。

    A．可靠性   B．一致性   C．完整性   D．安全性

11. 若事务 T 对数据对象 A 加上 S 锁，则_____。

    A．事务 T 可以读 A 和修改 A，其他事务只能再对 A 加 S 锁，而不能加 X 锁

    B．事务 T 可以读 A 但不能修改 A，其他事务能对 A 加 S 锁和 X 锁

    C．事务 T 可以读 A 但不能修改 A，其他事务只能再对 A 加 S 锁，而不能加 X 锁

    D．事务 T 可以读 A 和修改 A，其他事务能对 A 加 S 锁和 X 锁

12. 事务的原子性是指_____。

    A．事务中包的所有操作要么都做，要么都不做

B. 事务一旦提交，对数据库的改变是永久的

C. 一个事务内部的操作及使用的数据对并发的其他事务是隔离的

D. 事务使数据库从一个一致性状态变到另一个一致性状态

13. 数据库中的封锁机制（locks）是_____的主要方法。

    A. 完整性   B. 安全性   C. 并发控制   D. 恢复

14. 对并发操作若不加以控制，可能会带来数据的_____问题。

    A. 不安全   B. 死锁   C. 死机   D. 不一致

15. DBMS 的恢复子系统，保证了事务_____的实现。

    A. 原子性   B. 一致性   C. 隔离性   D. 持久性

16. 数据库的完整性是指数据的_____。

    A. 正确性和相容性   B. 合法性和不被恶意破坏

    C. 正确性和不被非法存取   D. 合法性和相容性

17. 并发操作会带来_____数据不一致性。

    A. 丢失修改、不可重复读、读脏数据、死锁

    B. 不可重复读、读脏数据、死锁

    C. 丢失修改、读脏数据、死锁

    D. 丢失修改、不可重复读、读脏数据

18. 若事务 T 对数据对象 A 加上 X 锁，则_____。

    A. 只允许 T 修改 A，其他任何事务都不能再对 A 加任何类型的锁

    B. 只允许 T 读取 A，其他任何事务都不能再对 A 加任何类型的锁

    C. 只允许 T 读取和修改 A，其他任何事务都不能再对 A 加任何类型的锁

    D. 只允许 T 修改 A，其他任何事务都不能再对 A 加 X 锁

19. 数据库恢复的基础是利用转储的冗余数据。这些转储的冗余数据包指_____。

    A. 数据字典、应用程序、审计档案、数据库后备副本

    B. 数据字典、应用程序、日志文件、审计档案

    C. 日志文件、数据库后备副本

    D. 数据字典、应用程序、数据库后备副本

20. 以下_____封锁违反两段锁协议。

    A. Slock A···Slock B···Xlock C···Unlock A···Unlock B···Unlock C

    B. Slock A···Slock B···Xlock C···Unlock C···Unlock B···Unlock A

    C. Slock A···Slock B···Xlock C···Unlock B···Unlock C···Unlock A

    D. Slock A···Unlock A···Slock B···Xlock C···Unlock B···Unlock C

*第 9 章　新型数据库系统及数据库技术的发展

数据库技术自从 20 世纪 60 年中期产生到今天，虽然只有仅仅几十年的历史，但其发展速度之快、使用范围之广是其他技术所望尘莫及的。在此几十年期间，无论在理论还是应用方面，数据库技术一直是计算机领域的热门话题。数据库技术已经成为计算机科学的一个重要分支，数据库系统也在不断地更替、发展和完善。

数据库技术发展可以分为 3 个阶段：20 世纪 70 年代广泛流行的网状、层次数据库系统称为第一代数据库系统；在 20 世纪 80 年代广泛使用的关系数据库系统称为第二代数据库系统；现在使用的以面向对象模型为主要特征的数据库系统称为第三代数据库系统。数据库技术与网络通信技术、人工智能技术、面向对象程序设计技术、并行计算技术等相互渗透，相互结合，成为当前数据库技术发展的主要特征。

本章将介绍几种新型数据库系统，即分布式数据库系统、面向对象的数据库系统、数据仓库及其他新型的数据库系统。其中，一些数据库技术已经比较成熟，使用也比较广泛，例如分布式数据库系统和数据仓库。本章最后将论述数据库系统的发展过程、目前数据库技术研究的热点与发展趋势。

9.1　分布式数据库系统

分布式数据库系统的研制开始于 20 世纪 70 年代后期，美国计算机公司于 1976 年至 1978 年设计出了 DDMS 的第一代原型 SDD-1，并于 1979 年在 DEC-10 和 DEC-20 计算机上实现该系统。以后陆续出现了 System R、分布式 INGRES、POREL 等分布式数据库的实验系统。80 年代分布式数据库系统获得了空前的发展，在这个时期出现了局部地区的网络和微型计算机，之后又出现了超级微型机和超级小型机，这些都大大推动了分布式系统的研制。到 80 年代中期，对同构型分布式数据库的理论研究已趋成熟。到了 90 年代，分布式数据库更以其在分布性和开放性方面的优势重新获得了青睐，其应用领域已不再局限于联机事务处理（OLTP），从分布式计算、Internet 应用、数据仓库到高效的数据复制都可以看到分布式数据库系统的影子。

9.1.1　分布式数据库技术概述

20 世纪 70 年代，由于计算机网络通信的迅速发展，以及地理上分散的公司、团体和组织对数据库更为广泛应用的需求，在集中式数据库系统成熟的基础上产生和发展了分布式数据库系统。分布式数据库系统是数据库技术和网络技术两者相互结合的结果。经过 20 多年的发展，分布式数据库已经发展得相当成熟，推出了很多实用化系统，SQL Server 2017 和 Visual C++均支持分布式数据库系统。

1．分布式数据库系统的定义

什么是分布式数据库系统（Distributed Database System，DDBS）呢？一个粗略的定义是将分散在各处的数据库系统通过网络通信技术连接起来形成的系统称为分布式数据库系统。分布式数据库系统由多台计算机组成，每台计算机上都配有各自的本地数据库，各计算机之间由通信网络连接。在分布式数据库系统中，大多数处理任务由本地计算机访问本地数据库来完成。对于少量本地计算机不能胜任的处理任务通过数据通信网络与其他计算机相联系，并获得其他数据库中的数据。

分布式数据库的示意如图 9-1 所示。分布式数据库系统具有体系结构灵活、能适应分布式的管理和控制机构、经济性能好、可靠性高、可用性好、在一定条件下响应速度快及可扩充性好等优点。但是分布式也有着自身的缺点，如系统开销较大、存取结构复杂、数据的安全性和保密性难处理等。

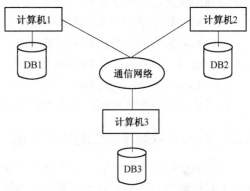

图 9-1　在计算机网络上的分布式数据库系统

2．分布式数据库的特点

分布式数据库有下列特点。

（1）数据的物理分布性

分布式数据库系统的数据分别存储在不同的计算机上，系统中的每个计算机成为一个数据结点（场地）。

（2）数据的逻辑相关性

数据库虽然分布在不同的计算机上，但是这些数据并不是互不相关的，各结点的数据库数据，在逻辑上是一个统一的数据库。

（3）区域自治性

分布式数据库系统的每个场地又是一个独立的数据库系统，除了拥有自己的硬件系统（CPU、内存和硬盘等）外，还拥有自己的数据库和客户，运行自己的 DBMS，执行局部应用，具有高度的自治性。

（4）数据结点之间通过通信网络进行联系

在分布式数据库系统中，各结点（场地）间一般通过局域网或广域网互连，各个计算机之间的联系通过通信网络进行。

3．分布式数据库的分布透明性

分布式数据库系统的主要目标之一就是要提供系统的各种透明性，包括位置透明性和复制透明性等。通过分布透明性，系统为用户提供了一个逻辑上的集中式系统。

（1）位置透明性

位置透明性使得用户和应用程序不必知道它所使用的数据在什么场地，不管数据在本地数据库中还是在外地的数据库中。

（2）复制透明性

复制透明性指的是为了提高分布式系统的性能和实用性，系统中的有些数据并不是只存放在一个场地，很可能同时重复地存放在不同的场地。这样，在本地数据库中不但包含本地的数据，而且也包含外地的数据。当应用程序执行的时候，就可在本地数据库的基础上运行，尽量不借助通信网络去与外地数据库联系，这样就加快了应用程序的运行速度，而用户还以为在使用外地数据库的数据。

4．分布式数据库系统的种类

分布式数据库系统分成以下 3 种类型。

（1）同构同质型的分布式数据库系统

在同构同质型的分布式数据库系统中，不但各个场地的数据模型是同一类型的，而且数据库管理系统也是同种型号的。

（2）同构异质型的分布式数据库系统

在同构异质型的分布式数据库系统中，各个场地的数据模型是同一类型的，但数据库管理系统不是同一型号的（如 INGRES、ORACLE 等）。

（3）异构型的分布式数据库系统

在异构型的分布式数据库系统中，各个场地的数据模型不是同一类型的。

9.1.2 分布式数据库系统的体系结构

分布式数据库系统比集中数据库系统要复杂得多。分布式数据库系统是数据库技术和网络技术有机结合的结果。分布式数据库系统可使数据合理地分布在网络的不同结点上，以提高数据查询效率、降低系统维护费用并提高系统的安全可靠性。

1．数据分布策略

在分布式数据库中，数据分布（Data Distribution）是指数据以一定的策略分布在计算机网络的各场地上。数据分布的策略有 4 种。

（1）集中式策略

集中式系统将所有数据均安排在一个场地上。

（2）分割式策略

分割式策略即所有数据只有一份，它们被安置在若干个场地上。这种策略把数据库分割成若干个不同的子集（也称为逻辑片），每个子集被分配到一个特殊的场地。

（3）复制式策略

复制式策略是使数据有多个副本，在每个场地上安置一个完整的数据库副本。

（4）混合式策略

混合式策略是将数据库分为若干个子集，各个子集之间可能有相同的部分，每个子集分配到不同的场地，但任何场地都没有保存全部数据。

2．数据分片方式

分布式数据库系统中的数据可以被分割和复制在网络上各个物理数据库中。在各个数据库中存储的不是关系，而是关系的片段（Fragment）。片段是关系的一部分。数据分片（Data Fragmentation）有助于用户按照需要合理地组织数据的分布，也有利于控制数据的冗余度。数据分片是通过关系代数的基本运算来实现的。数据分片的方式主要有 3 种。

（1）水平分片方式

水平分片方式按一定条件通过选择运算把全局关系的所有元组分成若干不相交的子集，每个子集是关系的一个片段。

（2）垂直分片方式

垂直分片通过投影运算来实现，即先把一个全局关系的属性集分成若干子集，然后在这些子集上作投影运算，得到的结果即为垂直分片。

（3）混合型分片方式

混合型分片方式按照上面两种方式的一种先进行分片，然后对分片的结果用另外一种方式再分片，这种方式称为混合型分片。

3. 数据分片条件

在分片时必须遵守以下 3 个条件。

（1）完备性条件

完备性条件是指全部关系的所有数据必须映射到各个片段中，不允许出现某些数据属于全局关系但不属于任何片段的情况。

（2）重构条件

重构条件是指划分所采用的方法必须确保能够由各个片段来重建全局关系。

（3）不相交条件

不相交条件要求一个全局关系被划分后得到的各个数据片段必须是相互不重叠的。这样要求是为了在数据分配时易于控制数据的复制。

4. 分布式数据库系统的体系结构

分布式数据库的体系结构从整体上可以分为两大部分：集中式数据库原有的体系结构和分布式数据库增加的结构。集中式数据库原有的体系结构代表了各个场地上局部数据库系统的基本结构，分布式数据库增加的结构又可以分成 4 级。

（1）全局外模式

全局外模式是全局应用的用户视图，是全局概念模式的子集。

（2）全局概念模式

全部概念模式定义了分布式数据库中所有数据的逻辑结构，它的定义方法与传统的集中式数据库所采用的方法相同。从用户和用户应用程序角度来看，分布式数据库和集中式数据库没有什么不同。

（3）分片模式

分片模式定义了片段及全局关系与片段之间的映像。这种映像是一对多的，即一个片段来自一个全局关系，一个全局关系可对应多个片段。

（4）分布模式

片段是全局关系的逻辑部分。一个片段在物理上可以分配到网络的不同场地上。分布模式根据数据分布策略的选择定义片段的存储场地。

分布式数据库的体系结构如图 9-2 所示。

5. 分布透明性

集中式数据库中的数据独立性包括逻辑独立性和物理独立性，分布式数据库中的数据独立性除了逻辑独立性和物理独立性外，还包括分布独立性。分布独立性也称分布透明性（Distribution Transparency）。分布透明性是指用户不必关心数据的逻辑分片，不必关心数据物理位置的分布细节及局部场地上数据库的数据模型。分布透明性包括 3 个层次：分片透明性、位置透明性和局部数据模型透明性。

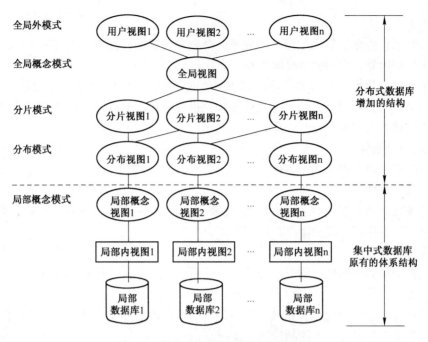

图 9-2   分布式数据库系统的体系结构

（1）分片透明性

分片透明性是指用户或应用程序只对全局关系进行操作而不必考虑数据的分片，分片模式改变时，只需改变全局模式到分片模式的映像，而不影响全局模式和应用程序。

（2）位置透明性

位置透明性是指用户或应用程序要了解分片情况，但不必了解片段的存储场地。当存储场地发生变化时，只需改变分片模式到分布模式的映像，而不影响分片视图、全局视图和应用程序。

（3）局部数据模型透明性

局部数据模型透明性是指用户或应用程序要了解分片及各片段存储场地，但不必了解局部场地上使用的是哪一种数据模型。模型的转换及查询语言的转换由分布视图到局部概念视图的映像来完成。

9.1.3   分布式数据库系统的组成和功能

分布式数据库系统主要目的在于实现各个场地自治和数据的全局透明共享，而不要求利用网络中的各个结点来提高系统的整体性能。

1．分布式数据库系统的组成

分布式数据库系统由数据库（DB）、数据库管理系统（DBMS）、数据库管理员（DBA）、分布式数据库管理系统（DDBMS）、网络数据字典（NDD）和网络存取进程（NAP）6 部分组成。其中，网络数据字典为 DDBMS 提供需要的数据单元位置信息；网络存取进程为 DDBMS 提供进程和通信子系统之间的接口。

2．分布式数据库管理系统的主要功能

分布式数据库管理系统的主要功能如下。

1）接收用户的请求，并判定把它送到哪里，或要访问哪些计算机才能满足该请求。

2）访问网络数据字典。

3）如果数据存储在系统的多台计算机上，须进行并行处理。

4）通信接口功能。充当用户、局部 DBMS 和其他计算机 DBMS 之间的接口。

5）如果系统为异构型的，还需要提供数据和进程移植的支持。

9.2 面向对象的数据库系统

面向对象的数据库系统（Object Oriented Database System，OODBS）是数据库技术与面向对象程序设计方法结合的产物。它既是一个 DBMS，又是一个面向对象系统，因而既具有 DBMS 的特性，如持久性、存储管理、数据共享（并发性）、数据可靠性（事务管理和恢复）、查询处理和模式修改等，又具有面向对象的特征，如类型 / 类、封装性 / 数据抽象、继承性、重载 / 滞后联编、计算机完备性、对象标识、复合对象和可扩充等特性。在第 2 章中，已经介绍过面向对象数据模型的结构特点，本章要介绍面向对象数据库的操作语言和完整性约束要求。

9.2.1 面向对象程序设计方法特点

面向对象的程序设计（Object Oriented Programming，OOP）是 20 世纪 80 年代计算机界的热门话题，它是组织大型软件的研制、开发、维护及管理的有效方法。OOP 方法在计算机的各个领域，包括程序设计语言、人工智能、软件工程、信息系统设计及计算机硬件设计等领域都产生了深远的影响，同样也给遇到困难的数据库技术带来了机会和希望。人们发现，面向对象的程序设计方法和数据库技术相结合能够有效地支持新一代数据库应用。于是，大量的数据库工作者投身于面向对象数据库系统研究领域中，并取得了大量的研究成果，开发出了很多面向对象的数据库管理系统，包括实验系统和产品。

面向对象是一种新的程序设计方法学。Simula-67 被认为是第一个面向对象语言，随后又开发出了 Smalltalk 面向对象语言。有的面向对象语言则是扩充了传统的语言，例如，Flavors 和 LOOPS 是扩充了 LISP、Objective C 和 C++ 是 C 语言的扩充。

与传统的程序设计方法相比，面向对象的程序设计方法具有深层的系统抽象机制。由于这些抽象机制更符合事物本来的自然规律，因而它很容易被用户理解和描述，进而平滑地转化为计算机模型。面向对象的系统抽象机制是对象、消息、类和继承性。

面向对象程序设计方法支持模块化设计和软件重用方法。它把程序设计的主要活动集中在对象和对象之间的通信上，一个面向对象的程序就是相互联系（或通信）的对象的集合。

面向对象程序设计的基本思想是封装和可扩展性。传统的程序设计为"数据结构+算法"，而面向对象的程序设计是把数据结构和它的操作运算封装在一个对象之中，一个对象就是某种数据结构和其运算的结合体。对象之间的通信通过信息传递来实现。用户并不直接操纵对象，而是发一个消息给一个对象，由对象本身来决定用哪个方法实现，这就保证了对象的界面独立于对象的内部表达。对象操作的实现（通常称为"方法"，method）以及对象和结构都是不可见的。

面向对象程序设计的可扩展性体现在继承性和行为扩展两个方面。一个对象属于一个类，每个类都有特殊的操作方法用来产生新的对象，同一个类的对象具有公共的数据结构和方法。类具有层次关系，每个类可以有一个子类，子类可以继承超类（父类）的数据结构和操作。另一方面，对象可以有子对象（实例），子对象还可以增加新的数据结构和新的方法，子对象新增加的部分就是子对象对父对象发展的部分。面向对象程序设计的行为扩展是指可以方便地增加程序代码来扩展对象的行为，这种扩展不影响该对象上的其他操作。

9.2.2 面向对象数据库语言

如同关系数据库的标准查询语言 SQL 一样，面向对象数据库也需要自己的语言。由于面向对象数据库中包括类、对象和方法 3 种要素，所以面向对象数据库语言可以分为类的定义和操纵语言、对象的定义和操纵语言、方法的定义和操纵语言 3 类。

1．类的定义与操纵语言

类的定义与操纵语言包括定义、生成、存取、修改和撤销类的功能。类的定义包括定义类的属性、操作特征、继承性与约束性等。

2．对象的定义和操纵语言

对象的定义和操纵语言用于描述对象和实例的结构，并实现对对象和实例的生成、存取、修改及删除操作。

3．方法的定义和操纵语言

方法的定义和操纵语言用于定义并实现对象（类）的操作方法。方法的定义和操纵语言可用于描述操作对象的局部数据结构、操作过程和引用条件。由于对象模型具有封装性，因而对象的操作方法允许由不同的程序设计语言来实现。

9.2.3 面向对象数据模式的完整性约束

面向对象数据模式是类的集合。模式为适应需求而随时间的变化称为模式演进。模式演进主要包括创建新的类、删除旧的类、修改类的属性和操作等。面向对象的数据库模式应当提供相应的操作以支持这些模式演进。

1．模式的一致性约束

在进行模式演进的过程中必须保持模式的一致性。所谓模式的一致性指的是模式自身内部不能出现矛盾和错误。模式一致性主要由模式一致性约束来刻画。模式的一致性约束可分为唯一性约束、存在性约束和子类性约束，如果模式能满足这些一致性约束则称它是一致的。

（1）唯一性约束

唯一性约束包括两方面的内容。

1）在同一个模式中，所有类的名字必须是唯一的。

2）类中的属性和方法名字必须是唯一的，包括从超类中继承的属性和方法。但模式中不同种类的成分可以同名，同一个类中的属性和方法不能有相同的名字。

（2）存在性约束

存在性约束是指显式引用的某些成分必须存在。例如，每一个被引用的类必须在模式中定义；某操作代码中调用的操作必须给出说明；每个定义的操作必须存在一个实现的程序等。

（3）子类性约束

1）子类和超类的联系不能形成环。

2）如果子类是从通过多继承形成的，则这种多继承不得造成冲突。

3）如果模式只支持单继承，则必须标明子类的超类。

2．面向对象模式演进的实现

在实现模式演进的过程中很难保证模式一致性，如何保证模式一致性的问题是实现模式演进的关键问题。面向对象中类集的改变比关系数据库中关系模式的改变要复杂得多。例如，增加一个新类时不能违背类名唯一性约束；如果增加的类不是类层次中的叶结点，则新增加类的子类需要继承新类的属性和方法，要避免存在继承冲突的问题。又如在删除一个类时，对于单继承的子类，可以直接删除其子类；对于存在着多重继承性的子类，需要检查所有子类继承的属性和方法，撤销从被删除类继承的属性和方法；对于类的对象，要进行删除对象或其他处理。因此，在面向对象数据库模式演进的实现中，必须具有模式一致性验证的功能。

数据库模式修改操作不但要修改有关类的定义，而且要修改相关类的所有对象，使之与修改后的类定义一致。在面向对象数据库中，采用转换方法来修改对象。所谓转换方法就是指在面向对象数据库中，将已有的对象根据新的模式结构进行转换，以适应新的模式。例如，给某类增加一个属性时，可以将这个类的所有实例都增加这个属性。又如删除某类中的一个属性，就将这个类的所有实例的这个属性都删除。

根据发生时间的不同，模式转换方式分为两种。

1）立即转换方式，即一旦模式发生变化后立即执行所有变换。

2）延迟转换方式，即模式发生变化后并不立即进行转换，等到低层数据库载入时，或该对象被存取时才执行转换。

立即转换方式的缺点是系统为了执行转换操作要占用一些时间；延迟转换方式的缺点是在以后应用程序存取一个对象时，要把它的结构与其所属类的定义比较，完成必须的修改，这样就会影响到程序运行的效率。

9.3　数据仓库及数据挖掘技术

数据仓库（Data Warehouse）是近年来信息领域中迅速发展起来的数据库新技术。数据仓库的建立能充分利用已有的数据资源，把数据转换为信息，从中挖掘出所需的知识，再利用这些挖掘出来的知识创造出许多想象不到的信息，最终创造出效益。数据仓库应用所带来的好处已经被越来越多的企业认识到，也推动着数据仓库及数据挖掘技术的迅猛发展。

9.3.1　数据仓库

传统的数据库技术是单一的数据资源，它以数据库为中心，进行从事务处理、批处理到决策分析等各种类型的数据处理工作。然而，不同类型的数据处理有着不同的处理特点，以单一的数据组织方式进行组织的数据库并不能反映这种差别，满足不了数据处理多样化的要求。随着对数据处理认识的逐步加深，人们认识到计算机系统的数据处理应当分为两类，以操作为主要内容的操作性处理和以分析决策为主要内容的分析型处理。

操作型处理也称为事务处理，它是指对数据库联机的日常操作，通常是对记录的查寻、修改、插入和删除等操作。分析型处理主要用于决策分析，为管理人员提供决策信息，例如，决策支持系统（DSS）和多维分析等。分析型处理与事务型处理不同，不但要访问现有的数据，而且要访问大量历史数据，甚至需要提供企业外部、竞争对手的相关数据。

显然传统数据库技术不能反映这种差异，它满足不了数据处理多样化的要求。事务型处理与分析型处理的分离，划清了数据处理的分析型环境和操作型环境之间的界限，从而由原来的单一数据库为中心的数据环境（即事务处理环境）发展为一种新环境——体系化环境。体系化环境由操作型环境和分析型环境（包括全局级数据仓库、部门级数据仓库、个人级数据仓库）构成。数据仓库是体系化环境的核心，它是建立决策支持系统（DSS）的基础。

1. 事务处理环境不适合运行分析型的应用系统

传统的决策支持系统（DSS）一般是建立在事务处理环境上的。虽然数据库技术在事务处理方面的应用是成功的，但它对分析处理的支持一直不能令人满意。特别是当以事务处理为主的联机事务处理（OLTP）应用与以分析处理为主的 DSS 应用共存于同一个数据库系统中时，这两种类型的处理就发生了明显的冲突。其原因在于事务处理和分析处理具有极不相同的性质，直接使用事务处理环境来支持 DSS 是不合适的。下列原因说明了为什么事务处理环境不适宜 DSS 应用。

（1）事务处理和分析处理的性能特性不同

在一般情况下，在事务处理环境中用户的行为主要是数据的存取及维护操作，其特点是操作频率高且处理时间短，系统允许多个用户同时使用系统资源。由于采用了分时方式，用户操作的响应时间是比较短的。而在分析处理环境中，一个 DSS 应用程序往往会连续运行几个小时甚至更长的时间，占用大量的系统资源。具有如此不同处理性能的两种应用放在同一个环境中运行显然是不合适的。

（2）数据集成问题

决策支持系统需要集成全面而正确的数据，这些数据是进行有效分析和决策的首要前提，相关数据收集得越完整，得到的结果就越可靠。DDS 不仅需要企业内部各部门的相关数据，还需要企业外部甚至竞争对手的相关数据。而事务处理一般只需要与本部门业务有关的当前数据，对于整个企业范围内的集成应用考虑很少。绝大多数企业内数据的真正状况是分散而不是集成的，虽然每个单独的事务处理应用可能是高效的，但这些数据却不能成为一个统一的整体。

决策支持系统必须在自己的应用程序中对这些纷杂的数据进行集成。数据集成是一件非常繁杂的工作，如果由应用程序来完成无疑会大大增加程序员的工作量，而且每一次分析都需要一次集成，会使得处理效率极低。DSS 对数据集成的迫切需要也许是数据仓库技术出现的最主要的原因。

（3）数据的动态集成问题

如果每次分析都对数据进行集成，这样无疑会使得开销太大。一些应用仅在开始对所需的数据进行集成，以后就一直以这部分集成的数据作为分析的基础，不再与数据源发生联系，这种方式的集成称为静态集成。静态集成的缺点是非常明显的，当数据源中的数据发生了变化，而数据集成一直保持不变，决策者就不能得到更新的数据。虽然决策者并不要求随时准确掌握数据的任何变化，但也不希望所分析的数据是很久以前的。因此，集成系统必须以一定的周期（如几天或一周）进行刷新，这种方式称为动态集成。很显然，事务处理系统是不能进行动态集成的。

（4）历史数据问题

事务处理一般只需要当前的数据，数据库中一般也只存储短期的数据，即使存储的历史数据也不经常用到。但对于决策分析来说，历史数据是非常重要的，许多分析方法还必须以大量的历史数据为依据来进行分析，分析历史数据对于把握企业的发展方向是很重要的。事务处理难以满足上述要求。

（5）数据的综合问题

事务处理系统中积累了大量的细节数据，这些细节往往需要综合后才能被决策支持系统所利用，而事务处理系统是不具备这种综合能力的。

以上种种问题表明，在事务型环境中直接构造分析型应用是不合适的。建立在事务处理环境上的分析系统并不能有效地进行决策分析。要提高分析和决策的效率，就必须将分析型处理及其数据与操作型处理及其数据分离开来，必须把分析数据从事务处理环境中提取出来，按照处理的需要重新组织数据，建立单独的分析处理环境。数据仓库技术正是为了构造这种分析处理环境而产生的一种数据存储和数据组织技术。

2．数据仓库的定义及特点

什么是数据仓库？数据仓库是面向主题的、集成的、不可更新的、随时间不断变化的数据的集合，数据仓库用来支持企业或组织的决策分析处理。数据仓库的定义实际上包含了数据仓库的以下 4 个特点。

（1）数据仓库是面向主题的

主题是一个抽象的概念，是在较高层次上将信息系统中的数据综合、归类，并进行分析利用的抽象。较高层次是相对面向应用的数据组织而言的。按照主题进行数据组织的方式具有更高的数据抽象级别，主题对应企业或组织中某一宏观分析领域所涉及的分析对象。

传统的数据组织方式是面向处理具体的应用的，对于数据内容的划分并不适合分析的需要。例如，一个企业应用的主题包括零件、供应商、产品和顾客等，它们往往被划分为各自独立的领域，每个领域有着自己的逻辑内涵。

"主题"在数据仓库中是由一系列表实现的。基于一个主题的所有表都含有一个称为公共码键的属性，该属性作为主码的一部分。公共码键将一个主题的各个表联系起来，主题下面的表可以按数据的综合内容或数据所属时间进行划分。由于数据仓库中的数据都是同某一时刻联系在一起的，所以每个表除了公共码键之外，在其主码键中还应包括时间成分。

（2）数据仓库是集成的

由于操作型数据与分析型数据存在着很大的差别，而数据仓库的数据又来自于分散的操作型数据，因此必须先将所需数据从原来的数据库中抽取出来，进行加工与集成、统一与综合之后才能进入数据仓库。原始数据中会有许多矛盾之处，如字段的同名异义、异名同义、单位不一致、长度不一致等，入库的第一步就是要统一这些矛盾的数据。另外，原始的数据结构主要是面向应用的，要使它们成为面向主题的数据结构，则还需要进行数据综合和计算。数据仓库中的数据综合工作可以在抽取数据时生成，也可以在进入数据仓库以后再进行综合生成。

（3）数据仓库是不可更新的

数据仓库主要是为决策分析提供数据，所涉及的操作主要是数据的查询，一般情况下并不需要对数据进行修改操作。历史数据在数据仓库中是必不可少的，数据仓库存储的是相当一段长时间内的历史数据，是不同时间点数据库的结合，以及基于这些数据进行统计、综合和重组导出的数据，不是联机处理的数据。因而，数据在进入数据仓库以后一般是不更新的，是稳定的。

（4）数据仓库是随时间而变化的

虽然数据仓库中的数据一般是不更新的，但是数据仓库的整个生存周期中的数据集合却是会随着时间的变化而变化的。主要表现在 3 个方面：首先，数据仓库随着时间的变化会不断增加新的数据内容。数据仓库系统必须不断捕捉联机处理数据库中新的数据，追加到数据仓库中去，但新增加的变化数据不会覆盖原有的数据。其次，数据仓库随着时间的变化要不断删去旧的数据内容。数据仓库中的数据也有存储期限，一旦超过了这一期限，过期的数据就要被删除。数据仓库中的数据并不是永远保存的，只是保存时间更长而已。最后，数据仓库中包含大量的综合数据，这些综合数据很多与时间有关，如数据按照某一时间段进行综合，或每隔一定时间片进行抽样等，这些数据会随着时间的不断变化而不断地重新综合。

9.3.2 数据挖掘技术

数据仓库如同一座巨大的矿藏，有了矿藏而没有高效的开采工具是不能把矿藏充分开采出来的。数据仓库需要高效的数据分析工具来对它进行挖掘。20 世纪 80 年代，数据库技术得到了长足的发展，出现了一整套以数据库管理系统为核心的数据库开发工具，如FORMS、REPORTS、MENUS、GRAPHICS 等，这些工具有效地帮助数据库应用程序开发人员开发出了一些优秀的数据库应用系统，使数据库技术得到了广泛的应用和普及。人们认识到，仅有引擎（DBMS）是不够的，工具同样重要，近年来发展起来的数据挖掘技术及其产品已经成为数据仓库矿藏开采的有效工具。

数据挖掘（Data Mining，DM）是从超大型数据库或数据仓库中发现并提取隐藏在内部的信息的一种新技术，其目的是帮助决策者寻找数据间潜在的关联，发现被经营者忽略的要素，而这些要素对预测趋势、决策行为可能是非常有用的信息。数据挖掘技术涉及数据库技术、人工智能技术、机器学习和统计分析等多种技术，它使决策支持系统跨入了一个新的阶段。传统的决策支持系统通常是在某个假设的前提下，通过数据查询和分析来验证或否定这个假设。而数据挖掘技术则能够自动分析数据，进行归纳性推理，从中发掘出数据间潜在的模式，数据挖掘技术可以产生联想，建立新的业务模型帮助决策者调整市场策略，找到正确的决策。

有关数据挖掘技术的研究尽管时间不长，但已经从理论走向了产品开发，其发展速度是十分惊人的。在国外，尽管数据挖掘工具产品并不成熟，但其市场份额却在增加，越来越多的大中型企业利用数据挖掘工具来分析公司的数据。能够首先使用数据挖掘工具已经成为能否在市场竞争中获胜的关键所在。

总之，数据仓库系统是多种技术的综合体，它由数据仓库、数据仓库管理系统和数据仓库工具 3 部分组成。在整个系统中，数据仓库居于核心地位，是信息挖掘的基础；数据仓库管理系统是整个系统的引擎，负责管理整个系统的运转；而数据仓库工具则是整个系统发挥作用的关键，只有通过高效的工具，数据仓库才能真正发挥出数据宝库的作用。

9.4 其他新型的数据库系统

除了前面介绍的面向对象数据库、并行数据库、分布式数据库和数据仓库外，还有许多具有特殊功能的新型数据库系统。本节简单介绍几种著名的新型数据库系统。

9.4.1 演绎数据库系统

演绎数据库（Deductive Database，DD）是一种基于逻辑推理的数据库。1969 年，Grean 成功开发出了问题解答系统。这个系统是基于一阶谓词演算和 Robinson 归结原理的自动定理证明器，被认为是演绎数据库领域中的创始性工作。演绎数据库的发展经历了 3 个阶段。20 世纪 60 年代末到 70 年代为演绎数据库发展的第一阶段，在这一阶段诞生了关系演算查询语言和逻辑程序设计语言 PROLOG，并对演绎数据库的形成产生了重大的影响。1978 年《逻辑与数据库》一书的出版标志着演绎数据库系统的诞生。20 世纪 70 年代末到 80 年代为演绎数据库发展的第二个阶段，在这个阶段演绎数据库和逻辑程序设计语言的理论研究，以及与实现有关的基础研究都得到了全面发展与完善。1987 年，Minken 编写了《演绎数据库与逻辑程序设计》一书，它标志着演绎数据库理论已经走向成熟。20 世纪 80 年代末以来为演绎数据库发展的第三个阶段，这一阶段出现了一些实验性的系统，但还没有商品化的演绎数据库系统投入到市场，因而演绎数据库也没有得到真正的应用。

人们认识到，虽然演绎数据库系统与关系数据库系统比较起来具有许多优越性，但实现起来并不简单。人们希望演绎数据库系统能像关系数据库系统一样成为被广泛应用的系统。

1. 演绎数据库的定义

由于人们对演绎数据库研究角度的不同，因此出现了演绎数据库的多种定义。简单来说，演绎数据库系统是一种具有演绎推理能力的数据库系统。虽然在演绎数据库研究中，逻辑程序设计思想几乎占了统治地位，但并不排除用其他方法来研究演绎数据库。

2. 演绎数据库的理论研究

演绎数据库是一种新的数据库技术，其本质仍然是数据库。虽然演绎数据库的理论研究取得了很大的成就，但还需要不断完善，尽快实现商品化。

（1）建立一个较为理想的演绎数据库理论体系

虽然一阶理论为演绎数据库提供了严密的理论基础，但由于实现起来比较困难，效率低下，因此需要寻找一种相对合理的理论，以指导演绎数据库的发展。

（2）并行推理与分布式演绎数据库

关于并行逻辑程序或分布式演绎数据库的理论模型及其语义问题至今还没有彻底弄清。但是已经有人从度量空间和拓扑学角度探索，并取得某些初步成果。

（3）利用人工智能的思想与技术

演绎数据库是人工智能与数据库技术相结合而产生的一种技术。但目前的演绎数据库只用了人工智能中演绎逻辑推理的某些概念，实际上人工智能还有很多思想和技术可供演绎数据库借鉴。

（4）引入高阶逻辑

虽然一阶逻辑可以提供比较严密的理论基础，但是高阶逻辑却具有更强的表达能力，所以不妨在演绎数据库中引入高阶逻辑。

（5）特殊类型的演绎数据库

已经出现了两种非常重要的演绎数据库：一种是层叠式演绎数据库；另一种是与域无关的演绎数据库。

3．演绎数据库管理系统的实现

（1）演绎数据库管理系统的 3 种实现方法

1）用 PROLOG 方法来实现演绎数据库管理系统。

2）采用传统的 DBMS+演绎层的方法，用 PROLOG 实现对传统 DBMS 功能的扩充。

3）利用专用软件来实现。这种方法必须一切从头开始，研制周期长且工作量大，所以并不实用。

（2）演绎数据库查询算法的实现和优化的工作

1）扩大算法的适用范围。

2）提高性能，减少重复计算，缩小相关事实集的大小和对中间结果存储进行优化等措施，降低算法实现的复杂性和代价。

（3）演绎数据库用户界面的研究

一个好的系统必须有一个好的界面。研究表明，逻辑程序设计语言是实现自然语言处理的有力工具。由于演绎数据库与逻辑语言有着密切联系，因此演绎数据库在用户界面有着很大的潜力。

9.4.2　多媒体数据库

媒体是信息的载体。多媒体是指多种媒体，如数字、文本、图形、图像和声音的有机集成，而不是简单的组合。科学技术的突飞猛进使得社会的发展日新月异，人们希望计算机不仅仅能够处理简单的数据，而且能够处理多媒体信息。在办公自动化、生产管理和控制等领域，对用户界面、信息载体和存储介质也提出了越来越高的要求。人们不但要求能在计算机内以统一的模式存储图形、文字、声音、图像等多种形式的信息，而且要求提供图文并茂、有声有色的用户界面。多媒体数据管理成为现阶段计算机系统的重要特征。

数据根据格式不同分为格式化数据和非格式化数据。数字、字符等属于格式化的数据，而文本、图形、图像、声音等则属于非格式化的数据。

多媒体数据库（Multimedia Database System）实现对格式化和非格式化的多媒体数据的存储、管理和查询。多媒体数据库应当能够表示各种媒体的数据，由于非格式化的数据表示起来比较复杂，需要根据多媒体系统的特点来决定表示方法。例如，可以把非格式化的数据按一定算法映射成一张结构表，然后根据它的内部特定成分来检索。多媒体数据库应能够协调处理各种媒体数据，正确识别各种媒体之间在空间或时间上的关联。例如，多媒体对象在表达时就必须保证时间上的同步性。多媒体还应该提供比传统数据库关系更强的适合非格式化数据查询的搜索功能。例如，系统可以对图像等非格式化数据作整体和部分搜索。

多媒体数据库目前主要有 3 种结构。

1）由单独一个多媒体数据库系统来管理不同媒体的数据库及对象空间。

2）采用主 DBMS 和辅 DBMS 相结合的体系结构。每一个媒体数据库由一个辅 DBMS 管理，另外还有一个主 DBMS 来一体化所有的辅 DBMS。用户在主 DBMS 上使用多媒体数据库，对象空间也由主 DBMS 管理。

3）协作 DBMS 体系结构。每个媒体数据库对应一个 DBMS，称为成员 DBMS，每个成员放到外部软件模型中，由外部软件模型提供通信、查询和修改界面。用户可以在任一点上使用数据库。

9.4.3　模糊数据库系统

20 世纪 80 年代人们陆续提出了模糊数据库，但含义比较简单，仅仅是允许在数据库中存储一些模糊数据和不确定数据而已。

1．模糊数据库概述

在介绍模糊数据库（Fuzzy Database）之前，首先了解"模糊"一词的概念。现实世界中对象的模糊性是不确定性，例如"明天可能有风""这所学校很大"等。这种不确定性可以分为两类：一类是随机性产生的不确定性，例如"明天可能有风"；另一类是由概念的外延本身的模糊而产生的不确定性，例如"学校很大"，这个学校到底有多大，没有明确的定义。模糊性是客观世界的一个重要属性。不但事物的静态结构方面存在着模糊性，而且事物间互相作用的动态行为也存在着模糊性。传统的数据库系统描述和处理的是精确或确定的客观事物，在处理不精确和不确定的事物时就显得无能为力。由于数据库是对客观世界的一部分的描述和表示，因而在数据库中引入不确定性描述（模糊数据）就是一种客观需要，否则就不能更精确、更合理地表示现实世界。

2．模糊数据的表示方法

（1）Zadeh 的模糊子集概念及模糊数学

对于客观世界的两种不确定性，有不同的处理方法。由随机性产生的不确定性，可用概率论处理；而由模糊性产生的不确定性，则以模糊数学为基础。模糊数学是美国自动控制专家 Zadeh 于 1965 年创建的。他用模糊子集表示模糊的概念。在一个模糊子集中，一个对象对于这个模糊子集有一个隶属程度，也就是说一个对象可以部分地隶属于某个模糊子集。

（2）模糊区间表示法

例如，在校生的年龄在 17～24 岁，这种模糊区间表示法实际上比模糊子集表示法更简单，也更节省存储空间。

（3）模糊中心数表示法

模糊区间数表示的是区间的模糊，而要表示在某一特定数左右的模糊，则可以用模糊中心数表示法，其一般形式为

$$t = (c, r, p)$$

式中，c 表示中心数；r 表示误差半径；p 表示模糊数据大约位于以 c 为中心，以 r 为半径的范围内。

（4）正态数表示法

把符合正态分布的、按概率统计方法得到的模糊数据称为正态数，在对正态数进行访问时，只需分别考虑两个正态数的参数之差，就可比较两个正态数的大小。

（5）相似关系表示法

用两个模糊数据的相似程度来表示它们之间的模糊关系。

上面列举了 5 种模糊数据表示方法，在实际应用中应当根据具体的环境来选择相应的方法。

3．模糊数据库的特征

所谓模糊数据库就是能够存储、组织、管理和操作模糊数据的数据库系统。模糊数据库除了普通数据库系统的公共特性外，还具有下列特征。

1）模糊数据库存储的是以各种形式表示的模糊数据。

2）模糊数据库中数据结构和数据之间的联系是模糊的。

3）在数据上的运算和操作也是模糊的。

4）数据的约束性是模糊的。

5）用户视图是模糊的。

6）数据的一致性和无冗余性也是模糊的。

4．模糊数据库的数据模型

模糊数据库的数据模型包括模糊数据结构、模糊数据上的模糊操作和运算的定义。目前主要的模糊模型有模糊关系模型、模糊网状模型、模糊层次模型、模糊实体联系模型和模糊面向对象数据模型等，这些数据模型大都是从相应的非模糊数据模型经过模糊化得到的。

就模糊关系模型而言，根据模糊程度不同可分为属性值模糊的模糊关系数据模型、元组模糊的模糊关系数据模型、基于加权模糊逻辑的模糊关系数据模型及综合的模糊关系数据模型。

5．模糊数据库管理系统的实现技术

由于模糊数据模型和模糊数据库语言比精确时要复杂得多，因此在实现模糊数据库管理系统时，无论在功能上和逻辑结构上，还是在物理组织和存储形式上都相应地要复杂得多。

模糊数据库的理论经过多年的研究和发展，已经取得了不少成果，但尚未达到成熟和完善，关于模糊数据库的理论和技术的研究仍处于发展阶段，还有很多问题有待进一步的研究。尽管如今模糊数据库系统还不够完善，但它已经在模式识别、过程控制、案情侦破、医疗诊断、工程设计、营养咨询、公共服务及专家系统等领域得到了较好的应用，显示了广阔的前景。

9.4.4　主动数据库系统

主动数据库（Active Database）是相对于传统数据库的被动性而言的。传统数据库在数据库的存储与检索方面获得了巨大的成功，人们希望在数据库中查询、修改、插入或删除某些数据时总可以通过一定命令来实现。但是传统数据库的所有这些功能都有一个重要特征，就是"数据库本身都是被动的"，用户给什么命令，它就做什么动作。而在许多实际的应用领域，如计算机集成制造系统、管理信息系统、办公自动化系统中希望数据库系统在紧急情况下能根据数据库的当前状态，主动适时地做出反应，执行某些操作，向用户提供有关信息。传统的数据库系统很难充分适应这些应用的主动要求，因此在传统数据库基础上，结合人工智能和面向对象技术提出了主动数据库。主动数据库除了具有一切传统数据库的被动服务功能之外，还具有主动进行服务的功能。

主动数据库的主要目标是提供对紧急情况及时反应的能力，同时提高数据管理系统的模块化程度。主动数据库通常采用的方法是在传统数据库系统中嵌入 ECA（即事件-条件-动作）规则，这相当于系统提供了一个"自动监测"机构，它主动地不时地检查着这些规则中包含的各种事件是否已经发生，一旦某事件被发现，就主动触发执行相应的动作。

实现主动数据库的关键技术在于它的条件检测技术，能否有效地对事件进行自动监督，使得各种事件一旦发生就很快被发觉，从而触发执行相应的规则。此外，如何扩充传统的数据库系统，使之能够描述、存储和管理 ECA 规则，适用于主动数据库；如何构造执行模型，也就是说 ECA 规则的处理和执行方式；如何进行事务调度；如何在传统数据库管理系统的基础上形成主动数据库的体系结构；如何提高系统的整体效率等都是主动数据库需要集中研究解决的问题。

9.4.5 联邦数据库系统

所谓联邦数据库系统是一个彼此协作却又相互独立的单元数据库系统的集合，它将单元数据库系统按不同程度进行集成。对系统提供整体控制和协调操作的软件叫作联邦数据库管理系统。人类社会在发展过程中积累了大量的数据，并且采用已有的各种 DBMS 分别进行着管理，为了充分发挥这些数据的作用，人们希望这些数据能统一起来使用。然而，由于各个数据库不尽相同且分别由不同的数据库管理系统管理着，用统一的数据库来改造它们几乎是不可能的，因此人们设想能否在已有的数据库基础上实现一定程度的联合（或综合）使用，这样联邦数据库就诞生了。

联邦数据库主要是在分布的环境下实现数据的集成。由于各个数据库的数据模型、DBMS 及计算机都有很大的差别，因此，联邦数据库实际上是结点异构型分布数据库系统的推广。联邦数据库不但要解决分布环境下的并发控制和数据一致性等问题，还要解决由于数据模型、语言和语义解释的不同，以及操作系统和异构带来的各种困难。此外，在数据共享时，还需处理各个数据库原始数据的不完全性和不一致性等问题。虽然联邦数据库实现起来是比较困难的，但人们在这方面的努力还是取得了一定的进展。

9.5 数据库技术的研究与发展

从 20 世纪 80 年代以来，数据库技术在商业领域的巨大成功刺激了其他领域对数据库技术需求的迅速增长。这些新的领域为数据库应用开辟了新的天地，另一方面在应用中提出的一些新的数据管理的需求也直接推动了数据库技术的研究与发展，尤其是面向对象数据库系统的研究与发展。

9.5.1 传统数据库系统

传统的关系数据库系统比较适合处理格式化的数据，能够较好地满足商业事务处理的需求，因此它在商业领域取得了巨大的成功。但是在新的数据库应用领域，如计算机辅助设计/管理（CAD/CAM）、计算机集成制造（CIM）、办公信息系统（OIS）、地理信息系统（GIS）、知识库系统和实时系统等，传统的关系数据库系统就显得力不从心了。

1. 传统数据库采用的是面向机器的语法数据模型

传统数据库中采用的数据模型强调数据的高度结构化，是面向机器的语法数据模型。传统数据库中只能存储离散的、有限的数据与数据之间的联系，且语法数据模型的语义表示能力差，无法表示客观世界中的复杂对象，从而限制了数据库处理文本、超文本、图形、图像、CAD 图件和声音等多种复杂对象，以及工程、地理、测绘等领域中的非格式化、非经典数据的能力。此外，传统数据模型无法揭示数据之间的深层含义和内在联系，缺乏数据抽象。

在传统应用中，数据对象具有同形结构，这样它们很容易映射到关系来表示；而工程对象拥有许多异形结构，一个复杂对象可能由许多具有不同结构的子对象组成。要比较自然地

（即对于用户来说是友好的）表示这些复杂对象，就需要有比关系模型更复杂的抽象机制。

数据抽象的 3 种主要方法如下。

1）聚合（Aggregation），也称为聚集。聚合用来抽象由子对象聚集而成的合成对象。

2）泛化（Generalization），也称为普遍化或概括。泛化是指将相似对象分类，抽象成一个一般化类型。

3）特化（Specialization），也称为特殊化。特殊化是与普遍化互补的概念，是指一个对象类型可精简化到一个只涉及更特殊属性的实例。

在关系数据库系统中，必须将在逻辑上是一个整体的复杂对象分解为好几个基本关系，其内部数据库结构与外部对象不再一一对应。对许多基本操作来说，人们更希望把所有操作的部分抽象为一个逻辑单位，而关系模型不支持这一点。于是，人们必须从关系模式的片段中构造复杂对象，其结果常常是带有许多冗余数据的不自然的复杂查询。进一步讲，重构复杂对象还带来了连接构造的视图一般不可更新的问题。

2. 传统关系数据库的数据类型简单且固定

传统的 DBMS 只能理解、存储和处理简单的数据类型，如整数、浮点数、字符串、日期和货币等。传统的关系数据库管理系统 RDBMS 只支持某一固定的类型集，不能依据某一应用所需的特定数据类型来扩展其类型集。例如，不能定义包含 3 个实数分量的数据类型 vector 来表示三维向量。在传统 DBMS 中，复杂数据类型只能由用户编写程序并借助高级语言功能用简单的数据类型来构造、描述和处理，这就加重了用户的负担，也不能保证数据的一致性。

此外，如果在客户/服务器环境下，由于应用程序在客户端，势必加大了客户与服务器之间的网络通信开销，没有充分发挥服务器的性能，从而降低了整个系统的效率。

3. 传统数据库的结构与行为分离

从应用程序员的角度来看，在某一应用领域内标识的对象应包含两个方面的内容：结构表示和行为规格说明。前者可映射到数据库模式（带着前面提到的缺陷），而后者在传统数据库中则完全失去了。

传统数据库主要关心数据的独立性及存取数据的效率，它是语法数据库，其语义表达能力差，难以抽象化地模拟行为。例如，用户在计算机辅助设计中用某些数据结构来表示的对象，对它们的操作（如成形、显示和组合等）就无法存储到数据库中，即使按记录存储进去，这些操作也会成为毫无意义的编码（或字符），对象中与应用相关的语义在数据库中无法恢复。这样，对象的行为特征在传统数据库系统中最多只能由应用程序来表示。因此在传统数据模型中，结构与行为被完全分割开了。

4. 传统数据库阻抗失配

在关系数据库系统中，数据操纵语言与通用程序设计语言之间的失配称为阻抗失配。这种不匹配主要表现在以下两个方面。

1）编程模式不同，即描述性的数据操纵语言与指令式的编程语言不同。

2）类型系统不匹配。编程语言不能直接表示数据库结构，在其界面就会丢失信息。由于是两个类型系统，自动的类型检查也成了问题。

5. 传统数据库被动响应

传统数据库关系系统只能响应和重做用户要求它们做的事情，从这种意义上说，它们是被动的。而在实际应用中，往往要求一个系统能够管理它本身的状态：发现异常能够及时通知用户；能够主动响应某些操作或外部事件，自动采取规定的行动；能够在一些预定的（或动态计算的）时间间隔中自动执行某些操作。就像在现实生活中，一个好的决策者（个人或组织）周围必定有一群人负责主动、及时地提供各种有用信息和提出建议（专家知识），决策者不需要总是向别人或机器询问信息。这就是说，要求系统更加主动、更加智能化，而传统的数据库系统显然不能适应这一要求。

6．传统数据库存储、管理的对象有限

传统的 DBMS 只存储和管理数据，缺乏知识管理和对象管理的能力。传统数据库中，主要进行的是数据的存储、管理、查询、排序和报表生成等比较简单的、离散化的信息处理工作，数据库反映的是客观世界中静态的、被动的事实。此外，传统的 DBMS 还缺乏描述和表达知识的能力，缺乏对知识的处理能力，不具有演绎和推理的功能，因而无法满足信息管理、决策支持系统、办公自动化和人工智能等领域中进行高层管理和决策的要求，从而限制了数据库技术的高级应用。

7．传统数据库事务处理能力较差

传统数据库只能支持非嵌套事务。对长事务的响应较慢，而且在长事务发生故障时恢复也比较困难。

新的应用领域通常需要数据库系统支持存储复杂对象，支持复杂的数据类型、常驻内存的对象管理、对大量对象的存取和计算，实现程序设计语言和数据库语言无缝地集成，以及支持长事务和嵌套的事务的处理等。传统的数据库所固有的局限性使其不能适应新的要求。这些缺陷决定了当前数据库的研究方向与未来的努力方向，因而也产生了新一代的数据库技术。

9.5.2 新一代的数据库技术

如何解决传统数据库在新应用中存在的种种缺陷？下一代数据库系统是什么？数据库将向何方去？数据库工作者为了给新应用建立合适的数据库系统，进行了艰苦的探索：他们一方面立足于数据库已有的成果和技术，对其加以改进和发展，例如，针对不同的应用，对传统的 DBMS 进行不同层次上的扩充，与其他学科的新技术紧密结合，丰富和发展数据库系统的概念、功能和技术；另一方面立足于新的应用需求和计算机未来的发展，研究全新的数据库系统。

新一代数据库系统的研究与发展呈现出了百花齐放的局面，其特点如下。

1．面向对象的方法和技术对数据库发展的影响最为深远

20 世纪 80 年代出现的面向对象的方法和技术对计算机各个领域，包括程序设计语言、软件工程、信息系统设计及计算机硬件设计等都产生了深远的影响，也给数据库技术带来了机会和希望。数据库研究人员借鉴和吸收了面向对象的方法和技术，提出了面向对象数据模型。该模型克服了传统数据模型的局限性，为新一代数据库系统的探索带来了希望，促进了数据库技术在一个新的技术基础上继续发展。

2．数据库技术与多学科技术的有机结合

数据库技术与多学科技术的有机结合是当前数据库技术发展的重要特征。

在计算机领域中，其他新兴技术的发展对数据库技术产生了重大的影响。传统的数据库技术和其他计算机技术的相互结合、相互渗透，使数据库中新的技术内容层出不穷。数据库的许多概念、技术内容、应用领域，甚至某些原理都有了重大的发展和变化。建立和实现了一系列新型数据库系统，如分布式数据库系统、并行数据库系统、演绎数据库系统、知识库系统、多媒体数据库系统等，它们共同构成了数据库系统的大家庭。

传统的数据库系统仅是数据库大家族的一员，它也是最成熟、应用最广泛的一员，其核心理论、应用经验、设计方法等仍然是整个数据库技术发展和应用开发的先导和基础。

3．面向应用领域的数据库技术的研究

为了适应数据库应用多元化的要求，在传统数据库基础上，结合各个应用领域的特点，研究适合该应用领域的数据库技术，如数据仓库、工程数据库、统计数据库、科学数据库、空间数据库和地理数据库等，这是当前数据库技术发展的又一重要特征。

研究和开发面向特定应用领域的数据库系统的基本方法是以传统数据库技术为基础，针对某一领域的数据对象的特点，建立特定的数据模型，它们有的是关系模型的扩展和修改，有的是具有某些面向对象特征的数据模型。

9.5.3 第三代数据库系统

新一代数据库技术的研究和发展导致了众多新型数据库系统的诞生，它们构成了当今数据库系统的大家族。这些新的数据库系统无论是基于哪种模型或体系结构，还是用于某个领域[如基于扩展关系的数据模型，面向对象的模型，分布式、客户/服务器或混合式体系结构的数据库，在对称多处理 SMP 或在大规模并行机 MPP 上运行的并行数据库系统，用于某一领域（如工程、统计、GIS）的工程数据库、统计数据库、空间数据库等]，都可以广泛地称之为新一代数据库系统。但是，在学术上讨论第三代数据库系统时，它应该和第一、第二代数据库系统一样有严格的含义。尽管众多学者认为第三代数据库系统尚未成熟，但这并不妨碍人们来讨论和研究什么样的数据库系统可称之为第三代数据库系统。

1990 年高级 DBMS 功能委员会发表了“第三代数据库系统宣言”的文章，提出了第三代 DBMS 应具有的 3 个特征（“宣言”中称为 3 条基本原则）。“宣言”从 3 个基本特征导出了 13 个具体的特征和功能。经过多年的研究和讨论，对第三代数据库管理系统的基本特征已经有了共识。

1．第三代数据库系统应支持数据管理、对象管理和知识管理

除提供传统的数据管理服务外，第三代数据库系统将支持更加丰富的对象结构和规则，应该集数据管理、对象管理和知识管理为一体。可明显看出，第三代数据库系统必须支持面向对象的数据模型。

2．第三代数据库系统必须保持或继承第二代数据库系统的技术

第三代数据库系统必须保持数据库系统的非过程化数据存取方式和数据独立性。第三代数据库系统应继承第二代数据库系统已有的技术。不仅能很好地支持对象管理和规则管理，而且能更好地支持原有的数据管理，支持多数用户需要的即席查询等。

3．第三代数据库系统必须对其他系统开放

数据库系统的开放性表现在：支持数据库语言标准；在网络上支持标准网络协议；系统具有良好的可移植性、可连接性、可扩展性和可互操作性等。

9.5.4 数据库新技术

数据库系统是个大家族，数据模型丰富多样，新技术内容层出不穷，应用领域也变得日益广泛。大致来说，数据库的发展可按数据模型、新技术和应用领域 3 个方面来阐述。

1．数据模型的发展

数据库的发展集中表现在数据模型的发展。从最初的层次、网状数据模型发展到关系数据模型，数据库技术产生了巨大的飞跃。关系模型的提出，是数据库发展史上具有划时代意义的重大事件。关系理论研究和关系数据模型成为具有统治地位的数据模型。20 世纪 80 年代，几乎所有的数据库系统都是关系的，它的应用遍布各个领域。

然而，随着数据库应用领域对数据库需求的增多，传统的关系数据模型开始暴露出许多弱点，如对复杂对象的表示能力差，语义表达能力较弱，缺乏灵活丰富的建模能力等。为了使数据库用户能够直接以他们对客观世界的认识方式来表达他们所要描述的世界，人们提出并发展了许多新的数据模型。这些尝试是沿着如下几个方向进行的。

1）对传统的关系模型进行扩充，引入了少数构造器，使它能表达比较复杂的数据模型，增强其结构建模能力，这样的数据模型称为复杂数据模型。

2）提出和发展了相比关系模型来说全新的数据构造器和数据处理原语，以表达复杂的结构和丰富的语义。这类模型比较有代表性的是函数数据模型、语义数据模型及 E-R 模型等，常常称它们为语义模型。

3）将上述语义数据模型和面向对象程序设计方法结合起来提出了面向对象的数据模型。面向对象的数据模型吸收了面向对象程序设计方法学的核心概念和基本思想。

2．数据库技术与其他相关技术相结合

数据库技术与其他学科的内容相结合，是新一代数据库技术的一个显著特征，涌现出各种新型的数据库系统。

1）数据库技术与分布处理技术相结合，出现了分布式数据库系统。

2）数据库技术与并行处理技术相结合，出现了并行数据库系统。

3）数据库技术与人工智能技术相结合，出现了知识库系统和主动数据库系统。

4）数据库技术与多面体技术相结合，出现了多面体数据库系统。

5）数据库技术与模糊多面体技术相结合，出现了模糊数据库系统等。

这些新型的数据库系统在前面已经做了详细的介绍，这里不再赘述。

3．面向应用领域的数据库新技术

数据库技术被应用到特定的领域中，出现了数据仓库、工程数据库、统计数据库、空间数据库、科学数据库等多种数据库，使数据库领域的应用范围不断扩大。面向特定领域的数据库系统还有很多，这里就不再赘述了。

这些数据库系统都明显地带有某一领域应用需求的特征。由于传统数据库系统的局限性，无法直接使用当前 DBMS 市场上销售的通用 DBMS 来管理和处理这些领域内的数据。因而广大数据库工作者针对各个领域的数据库特征，探索和研制了各种特定的数据库系统，取得了丰硕的成果。这些成果不仅为这些应用领域建立了可供使用的数据库系统，而且为新一代数据库技术的发展做出了贡献。实际上，从这些数据库系统的实现情况来分析，可以发现它们虽然采用不同的数据模型，但都带有面向对象模型的特征。具体实现时，有的是对关系数据库系统进行扩充，有的则是从头做起。

习题 9

一、简答题

1．什么是分布式数据库系统？分布式数据库系统有哪些特点？

2．分布式数据库系统由哪些主要部分组成？

3．试述分布式数据库系统的体系结构。

4．试述分布透明性的内容。

5．在分布式数据库中，什么是"数据分片"？

6．在分布式数据库系统中，试解释"适当增加数据冗余度"这个概念。为什么要适当增加数据冗余度？

7．试述数据仓库产生的背景。

8．什么是数据挖掘？

二、选择题

1．下面列出的条目中，_____是数据仓库的基本特征。

    A．数据仓库是面向主题的   B．数据仓库的数据是集成的

    C．数据仓库的数据是相对稳定的   D．数据仓库的数据是反映历史变化的

2．下列关于"分布式数据库系统"的叙述中，正确的是_____。

    A．分散在各节点的数据是不相关的

    B．用户可以对远程数据进行访问，但必须指明数据的存储节点

    C．每一个节点是一个独立的数据库系统，既能完成局部应用，也支持全局应用

    D．数据可以分散在不同节点的计算机上，但必须在同一台计算机上进行数据处理

3．DDBS 中，全局关系与其片段之间的映象是_____。

    A．一对一的   B．一对多的   C．多对一的   D．多对多的

4．DDBS 中，全局关系是指_____。

    A．全局外模式中的关系   B．分片模式中的关系

    C．全局概念模式中的关系   D．分配模式中的关系

*第10章　数据库系统的教学标准及实验方案

数据库技术是一个理论和实际应用紧密相连的技术，上机实验是教学中的必要环节。本章提出了一套可行的"数据库系统"课程的课程标准、实验标准和课程设计标准，供教学参考。本章还就如何选择实验环境、制定实验计划、组织实验教学和检查实验效果等问题，提出了实验方案。

10.1　数据库系统的课程标准

1．数据库系统课程概述

（1）课程研究对象和研究内容

数据库技术是当前计算机领域中应用最广泛、发展最迅速的技术。"数据库系统"是研究如何利用计算机进行数据管理的学科，其主要研究的内容是如何更合理地组织数据和存储数据，更方便地维护数据，更严密地控制数据和更有效地利用数据。

（2）课程在整个课程体系中的地位

"数据库系统"是计算机及相关专业的必修课。"数据库系统"的先行课是"数据结构"，它的后续课是"软件工程"。

2．课程目标

1）使学生理解数据库系统的基本概念，提高学生的理论知识和水平。这些基本的数据库理论和概念包括数据库的特点、数据库的基本概念、关系代数、数据查询方法、优化技术和关系数据库理论等。

2）使学生掌握基本的数据库技术和方法，主要包括数据库的设计方法、数据库的保护技术和关系数据库查询语言 SQL（或 T-SQL）等，并能够运用一种流行的数据库管理系统（SQL Server 2017）建立数据库和维护数据库，学会使用 SQL（或 T-SQL）表达数据库定义、数据查询及数据维护操作。

3）使学生了解数据库的发展及其趋势，培养学生的科研素质。

3．课程内容和要求

这门学科的知识与技能要求分为知道、理解、掌握和学会 4 个层次。这 4 个层次的一般含义表述如下。

知道是指对这门学科和教学现象的认知。

理解是指对这门学科涉及的概念、原理、策略与技术的说明和解释，能提示所涉及的教学现象演变过程的特征、形成原因及教学要素之间的相互关系。

掌握是指运用已理解的教学概念和原理说明、解释、类推同类教学事件和现象。

学会是指能模仿或在教师指导下独立地完成某些教学知识和技能的操作任务，或能识别

271

操作中的一般差错。

教学内容和要求如表 10-1 所示，表中的"√"号表示教学知识和技能的教学要求层次。

本标准中打"*"号的内容可作为自学，教师可根据实际情况确定要求。

表 10-1 教学内容及教学要求

教 学 内 容	知 道	理 解	掌 握	学 会
第 1 章　数据库系统概述				
1.1　数据库系统基本概念		√		
1.2　数据库系统及发展	√			
1.3　数据库系统的结构		√		
第 2 章　数据模型与概念模型				
2.1　概念模型及表示		√		
2.2　常见的数据模型			√	
第 3 章　数据库系统的设计方法				
3.1　数据库系统设计概述			√	
3.2　系统需求分析			√	
3.3　数据库概念结构的设计			√	
3.4　数据库逻辑结构的设计			√	
3.5　数据库物理结构的设计			√	
3.6　数据库的实施和维护		√		
*3.7　数据库应用系统的设计		√		
第 4 章　关系数据库				
4.1　关系模型及其三要素			√	
4.2　关系代数				√
*4.3　关系演算	√			
*4.4　域关系演算语言 QBE	√			
第 5 章　SQL Server 数据库管理系统				
5.1　SQL Server DBS 体系结构	√			
5.2　SQL Server 2017 功能简介	√			
第 6 章　数据库的建立与管理				
6.1　数据库的定义和维护				√
6.2　基本表的定义和维护				√
6.3　数据维护操作				√
6.4　数据查询操作				√
6.5　视图和关系图的建立与维护				√
6.6　触发器的创建和维护				√
第 7 章　关系数据库理论				
7.1　关系数据模式的规范化理论				√
7.2　关系模式的分解算法			√	
*7.3　关系系统及查询优化技术	√			
第 8 章　数据库保护技术				
8.1　数据库安全性及 SQL Server 的安全管理			√	
8.2　数据库完整性及 SQL Server 的完整性控制			√	
8.3　数据库并发控制及 SQL Server 并发控制机制			√	
8.4　数据库恢复技术与 SQL Server 数据恢复机制			√	
*第 9 章　新型数据库系统及数据库技术的发展				
9.1　分布式数据库系统	√			
9.2　面向对象的数据库系统	√			
9.3　数据仓库及数据挖掘技术	√			
9.4　其他新型的数据库系统	√			
9.5　数据库技术的研究与发展	√			

数据库系统是计算机及相关专业的必修课，系主干课程。在一般情况下，本课授课共安排 72 课时（其中理论课时 54，实验课时 18）。具体课时分配如表 10-2 所示。

表 10-2 课时安排及教学方法

教 学 内 容	课 时 建 议		教与学的方法建议
	理论 54 课时	实验 18 课时	
第 1 章 数据库系统概述 1.1 数据库系统基本概念 1.2 数据库系统及发展 1.3 数据库系统的结构	6 课时		讲述、演示
第 2 章 数据模型与概念模型 2.1 概念模型及表示 2.2 常见的数据模型	4 课时		讲述、演示
第 3 章 数据库系统的设计方法 3.1 数据库系统设计概述 3.2 系统需求分析 3.3 数据库概念结构的设计 3.4 数据库逻辑结构的设计 3.5 数据库物理结构的设计 3.6 数据库的实施和维护 *3.7 数据库应用系统的设计	6 课时	2 课时	讲述、演示
第 4 章 关系数据库 4.1 关系模型及其三要素 4.2 关系代数 *4.3 关系演算 *4.4 域关系演算语言 QBE	6 课时		讲述、演示
第 5 章 SQL Server 数据库管理系统 5.1 SQL Server DBS 体系结构 5.2 SQL Server 2017 功能简介	4 课时		讲述、演示
第 6 章 数据库的建立与管理 6.1 数据库的定义和维护 6.2 基本表的定义和维护 6.3 数据维护操作 6.4 数据查询操作 6.5 视图的建立与维护 6.6 触发器的创建和维护	14 课时	12 课时	讲述、演示
第 7 章 关系数据库理论 7.1 关系数据模式的规范化理论 7.2 关系模式的分解算法 *7.3 关系系统及查询优化技术	6 课时		讲述、演示
第 8 章 数据库保护技术 8.1 数据库安全性及 SQL Server 的安全管理 8.2 数据库完整性及 SQL Server 的完整性控制 8.3 数据库并发控制及 SQL Server 并发控制机制 8.4 数据恢复技术及 SQL Server 数据恢复机制	8 课时	4 课时	讲述、演示
*第 9 章 新型数据库系统及数据库技术的发展 9.1 分布式数据库系统 9.2 面向对象的数据库系统 9.3 数据仓库及数据挖掘技术 9.4 其他新型的数据库系统 9.5 数据库技术的研究与发展			自学
合计:	54 课时	18 课时	

4. 学习评价与考核

1）这门学科的评价依据是本课程标准规定的课程目标、教学内容和要求。

2）考试时间：120 分钟。

3）考试方式、分制与分数解释。

采用闭卷＋笔试的期终考试、实验考核和平时成绩（主要为作业和实验报告）相结合的方式评定学生成绩。以百分制评分，60 分为及格，满分为 100 分。其中，平时成绩为 10

分，实验考核为 20 分，期终考试卷面为 70 分。

4）题型：单选题、多选题、名词解释、简答题、论述题、综合分析题和计算题等。

① 单选题：（着重考查学生对知识的识别程度）

例：用二维表结构表示实体以及实体间联系的数据模型称为_____。

A．网状模型　　　B．层次模型　　　C．关系模型　　　　　D．面向对象模型

② 多选题：（着重考查学生对知识的识别程度）

例：在下面所列出的条目中，_____是数据库管理系统的基本功能。

A．数据库定义　　　　　　　　B．数据库的建立和维护

C．数据库存取　　　　　　　　D．数据库和网络中其他软件系统的通信

③ 简答题：（着重考查学生对知识的理解与掌握程度）

例：数据库的三级模式结构是什么？各级模式的作用是什么？

④ 论述题：（着重考查学生对知识的掌握与学会程度）

例：什么是数据的独立性？数据库系统中为什么能具有数据独立性？

⑤ 综合分析题：（着重考查学生对知识的掌握与学会程度）

例：设关系模式 R<U,F>，其中 U={A, B, C, D, E}，U 中各属性均为基本项，求 F 为下列情况时，R 服从的范式和关系的码。

　　① F={A→ABCDE}

　　② F={AB→CDE, D→C}

　　③ F={AB→CD, D→E}

　　④ F={A→CD, B→E}

10.2　数据库系统的实验标准

数据库系统的实验分为两部分：第一部分是与理论课同步进行的课程实验，是非独立开设的实验；第二部分是继理论课后开设，需要独立开设的课程设计实验。本书给出了这两种实验课的实验标准，供读者参考。

10.2.1　数据库系统的课程实验标准

1．课程简介及基本要求

上机实验是数据库课程的重要环节，它贯穿于整个"数据库系统"课程教学过程中。本课程的实验分为前期准备阶段、基本操作阶段和技术提高阶段 3 个阶段进行，其主要内容和基本要求如下。

（1）前期准备阶段

数据库课程实验的第一阶段为前期准备阶段。前期准备阶段的主要任务是理解数据库、数据模型和数据库系统的基本概念；掌握数据库的概念模型、数据模型及数据库系统的设计方法；根据这些方法自己设计一个数据库系统的实际应用项目，写出系统分析和系统设计报告，提出在系统中要解决的问题。

（2）基本操作阶段

数据库课程实验的第二阶段为基本操作阶段。基本操作阶段的主要任务是掌握数据库系

统的基本操作，包括 T-SQL 语言的应用和利用 DBMS 的工具进行数据库定义、维护、查询及掌握数据安全性、数据完整性和并发控制技术等基本操作，并能够针对实际问题提出解决方法，得出正确的实验结果。

（3）技术提高阶段

数据库课程实验的第 3 个阶段为技术提高阶段。技术提高阶段的实验要求学生不仅把数据库课本上的内容掌握好，同时还需要自学一些相关的知识，例如，软件工程、计算机网络技术及 SQL Server 2017 的深入技术。技术提高阶段的主要任务是要掌握有关数据库备份和恢复技术、数据转换、复制、传送技术、分布式数据库技术、数据仓库及数据库系统的编程技术等。

2．课程实验目的要求

数据库课程上机实验的主要目标如下。

1）通过上机操作，加深对数据库系统理论知识的理解。

2）通过使用具体的 DBMS，了解一种实际的数据库管理系统并掌握其操作技术。

3）通过实际题目的上机实验，提高动手能力，提高分析问题和解决问题的能力。

3．主要实验环境

操作系统为 Microsoft Windows XP。

数据库管理系统为 Microsoft SQL Server 2017 个人版。

4．实验方式与基本要求

1）第一次实验前，任课教师需要向学生讲清对实验的整体要求及实现的目标任务，讲清实验安排和进度、平时考核内容、期末考试办法、实验守则及实验室安全制度，讲清上机操作的基本方法。

2）"数据库系统"课程是以理论课为主、实验为辅的课程。每次实验前，教师需要向学生讲清实验目的和基本要求，讲清实验对应的理论内容；学生应当先弄清相关的理论知识，再预习实验内容、方法和步骤，避免盲目上机的行为出现。

3）实验 1 人 1 组，在规定的时间内，由学生独立完成，出现问题，教师要引导学生独立分析、解决，不得包办代替。

4）该课程实验是一个整体，需要有延续性。机房应有安全措施，避免前面的实验数据、程序和环境被清除、改动或盗用的事件发生。

5）任课教师要认真上好每一堂课，实验前清点学生人数，实验中按要求做好学生实验情况及结果记录，实验后认真填写实验开出记录。

6）学生最好能自备计算机，课下能多做练习，以便能够熟悉和精通实验方法。如果能结合实际课题进行训练，会达到更好的效果。

5．考核与报告

"数据库系统"课程采用理论课和上机实验课综合评定成绩的方法计分，其中理论课占 70%，实验占 30%。上机实验采用平时实验和最后考核结合方法评定成绩，其中平时实验占 60%，期末考核占 40%。

实验报告要求采用统一印制的实验报告纸。撰写实验报告要按制定的规范进行，实验报告中应附有实验原始记录。指导教师对每个学生的实验报告要认真批改、评分、签字。

6．实验项目设置与内容

表 10-3 中，列出了"数据库系统"课程具体的实验项目和内容。

表 10-3 "数据库系统"课程实验项目和内容

序 号	实验名称	内容要求	实验学时	实验属性	开出要求
1	数据库的定义实验	创建数据库和基本表、建立索引和修改基本表结构	2	基础	必做
2	数据库的建立和维护实验	在数据库的基本表中正确输入数据；在数据库的基本表中插入、删除和修改数据；浏览数据库中基本表中的数据	2	基础	必做
3	数据库的简单查询和连接查询实验	用 SQL 表达简单查询操作和连接查询操作，包括投影、选择条件表达、数据排序、连接，通过 SQL Server 查询分析器输入，并显示正确结果	2	基础	必做
4	数据库的嵌套查询实验	用 Transact-SQL 表达嵌套查询操作，包括使用 IN、比较符、ANY 或 ALL 和 EXISTS 等操作符，通过 SQL Server 查询分析器输入、分析并显示正确结果	2	基础	必做
5	数据库的组合查询和统计查询实验	用 Transact-SQL 表达分组、统计、计算和组合的操作，通过 SQL Server 查询分析器输入、分析并显示正确结果	2	基础	必做
6	视图和图表的定义及使用实验	用 Transact-SQL 描述视图，在 SQL Server 企业管理器中创建视图和图表，查看视图和图表属性	2	基础	必做
7	数据完整性和数据安全性实验	理解数据完整性和数据安全性控制机制，掌握 SQL Server 数据完整性和数据安全性控制技术和方法，并进行测试	2	基础	必做
8	数据库备份和恢复实验	理解数据恢复机制，掌握 SQL Server 数据库备份和恢复方法，并进行测试	2	基础	必做
9	综合知识实验	利用 SQL Server 2017 进行建库、数据维护和数据查询等操作	2	综合	选做

7. 说明

由于数据库技术发展很快，在课程实验时，要求根据计算机发展的情况，选择比较流行的 DBMS 软件及版本，本书选择 SQL Server 2017 DBMS。

10.2.2 数据库系统的课程设计实验标准

1. 课程简介及基本要求

"数据库系统课程设计"是数据库系统、软件工程及程序设计课程的后续实验课，是一门独立开设的实验课程，约 36 学时。"数据库系统课程设计"对于巩固数据库知识，加强学生的实际动手能力和提高学生综合素质十分必要。本课程分为系统分析与数据库设计、应用程序设计和系统集成调试 3 个阶段进行，其主要内容和基本要求如下。

（1）系统分析与数据库设计阶段

1）通过社会调查，选择一个实际应用数据库系统的课题。

2）进行系统需求分析和系统设计，写出系统分析和系统设计报告，其中包括系统设计方法、数据流程图、数据字典和 E-R 图等。

3）设计数据模型并进行优化，确定数据库结构、功能结构、系统体系结构，设计系统安全性和完整性措施。

（2）应用程序设计阶段

1）完成数据库定义工作，实现系统数据的数据处理和数据录入。

2）实现应用程序的设计、编程、优化功能，实现数据安全性、数据完整性和并发控制技术等功能，并针对具体课题问题提出解决方法。

（3）系统集成调试阶段

对数据库应用系统的各个应用程序模块进行集成和调试，进一步优化系统性能，改善系统用户界面。

2．课程实验目的要求

数据库课程上机实验的主要目标如下。

1）加深对数据库系统、软件工程、程序设计语言的理论知识的理解，并提高应用水平。

2）通过设计实际的数据库系统应用课题，进一步熟悉数据库管理系统操作技术，提高动手能力，提高分析问题和解决问题的能力。

3．主要实验环境

操作系统为 Microsoft Windows 10。

数据库管理系统为 Microsoft SQL Server 2017 个人版、标准版或企业版。

数据库应用系统开发语言为 VC、VB 或 C#等。

4．实验方式与基本要求

1）第一次实验前，任课教师需要向学生讲清对实验的整体要求及实现的目标任务，讲清实验安排和进度、平时考核内容、期末考试办法、实验守则及实验室安全制度，讲清上机操作的基本方法。实验内容和进度由学生自行选择和安排，实验教师负责检查、辅导和督促。

2）实验 1 人 1 组，在规定的时间内，由学生独立完成，出现问题，教师要引导学生独立分析、解决，不得包办代替。

3）该课程实验是一个整体，需要有延续性。机房应有安全措施，避免前面的实验数据、程序和环境被清除、改动或盗用的事件发生。

4）学生最好能自备计算机，主要实验任务在课下完成，会达到更好的效果。

5．考核与报告

课程设计报告要求有系统需求分析与系统设计、系统数据模型和数据库结构、系统功能结构、系统的数据库设计方法和程序设计方法、源程序代码等内容。其课程设计应用系统程序应独立完成，程序功能完整、设计方法合理、用户界面较好、系统运行正常。

采用课程设计报告和课程设计应用系统程序综合评定成绩，其中课程设计报告占50%，课程设计应用系统程序占 50%。成绩计分按优、良、中、差 4 级评定。

6．实验项目设置与内容

表 10-4 中列出了"数据库系统课程设计"的实验项目和内容。

表 10-4 "数据库系统课程设计"实验项目和内容

序号	实验名称	内容要求	实验学时	每组人数	实验属性	开出要求
1	系统需求分析和系统设计	用软件工程的方法进行系统需求分析和系统设计，得出系统的数据流程图、数据字典和信息模型	6	1	设计	必做
2	数据库设计	按数据库设计方法和规范化理论，得出符合 3NF 的逻辑模型、外模型和物理模型	4	1	设计	必做
3	数据库定义和数据安全性、完整性定义	在服务器端定义 SQL Server 2017 的基本表、视图、图表和安全性、完整性要求	6	1	设计	必做
4	应用程序设计和程序调试	在客户机端设计并编写数据库的输入/输出、查询/统计、数据维护等功能模块的应用程序	12	1	综合	必做
5	系统集成和优化	对系统的各个功能模块进行集成、总调试和优化工作，优化用户界面，撰写设计报告	8	1	综合	必做

7．说明

由于数据库技术发展很快，在课程设计时，要求根据计算机发展的情况，选择比较流行的 DBMS 软件版本和高级程序设计软件版本。

10.3　前期阶段的实验方案

前期准备阶段的实验围绕数据库系统设计进行，要求学生设计一个自选的实际数据库应用系统，并完成相应的设计报告。

10.3.1　系统需求分析

本实验要求学生掌握系统需求分析的基本技术，熟悉系统需求分析的每个步骤中的任务和实施方法，加深对系统需求分析概念和特点的理解。该实验要求学生根据周围的实际情况，自选一个数据库应用项目，并进行系统分析和设计。例如，选择学籍管理系统、图书管理系统、材料管理系统或仓库管理系统等。要求写出如下 3 个设计报告。

1．系统需求分析报告

在系统需求分析报告中包括采用的设计方法、数据流程图和数据字典。

2．数据库信息要求报告

在数据库信息要求报告中对数据库中要存储的信息及语义进行详细描述，对数据约束和数据之间的关联进行详细描述。

3．数据库的操作和应用要求报告

在数据库的操作和应用要求报告中，详细描述数据库的数据操作要求、处理方法和处理流程，画出系统功能模块图。

10.3.2　关系数据库的设计

本实验的实验目的是通过该实验学会数据抽象的方法，熟练掌握数据概念模型的表示方法及概念模型向关系数据模型转换的规则，并加深对关系模型的特点及相关概念的理解。

该实验要求学生对自选的数据库应用项目进行信息模型和数据模型的设计，并完成相应的数据库设计报告。在数据库设计报告中包括以下内容。

1．系统概念模型

使用 E-R 图表示对系统的数据抽象情况，表示系统中的实体情况，实体与实体之间的联系情况。使用数据字典对 E-R 图的实体和联系进行详细说明。

2．系统的关系数据模型

详细描述系统需要的基本表及属性、视图和索引，对基本表的主码、候选码、外码及被参照表进行说明，对基本表中数据的约束条件进行说明。并用关系数据库理论对自己设计的数据模型进行评价，指出合理和不足之处。

10.4　数据库操作实验方案

SQL Server 数据库操作实验是利用 SQL Server 2017 DBMS 管理平台 SSMS（SQL Server Management Studio）进行有关数据库定义、数据查询、数据维护和数据控制操作，它要求学生结合 T-SQL 编程知识和 SSMS 操作方法完成。

10.4.1　数据库的定义实验

本实验的实验目的是要求学生熟练掌握和使用 Transact-SQL、SQL Server 2017 管理平台（SQL Server Management Studio，SSMS）创建数据库、表、索引和修改表结构，并学会用 T-SQL 语句表达数据定义和结果分析。

本实验的内容是使用 SQL Server Management Studio 实现的。

1）创建数据库并查看数据库属性。

2）在数据库中定义基本表及结构，定义表的主码和基本约束条件，并为主码建索引。

3）查看基本表结构，并修改表结构直到正确。

具体实验任务如下。

1．建立数据库

1）使用 SQL Server Management Studio 建立学生课程数据库和图书读者数据库。数据库属性参数如表 10-5 所示。

表 10-5　数据库属性表

数据库名	文件名	物理文件位置	初始大小	文件组
图书读者	图书读者_Data	D:\SQLLX\图书读者_Data.MDF	4MB	PRIMARY
	图书读者_Log	D:\SQLLX\图书读者_Log.LDF	2MB	
学生课程	学生课程_Data	D:\SQLLX\学生课程_Data.MDF	4MB	PRIMARY
	学生课程_Log	D:\SQLLX\学生课程_Log.LDF	2MB	

2）在 SQL Server Management Studio 中，查看图书读者数据库和学生课程数据库的属性，并进行完善修改，使之符合要求。

2．建立基本表

1）通过 SQL Server Management Studio，在建好的图书借阅数据库中建立图书、读者和借阅 3 个表，其结构如表 10-6 所示。

表 10-6　图书读者库基本表结构和约束

基本表名	属性名	数据类型	长度	列级约束	表级约束
图书	书号	CHAR	10	不能空，唯一值	书号为主码
	类别	VARCHAR	12	不能空	
	出版社	VARCHAR	30		
	作者	VARCHAR	20		
	书名	VARCHAR	50	不能空	
	定价	MONEY	8		
读者	编号	CHAR	8	不能空，唯一值	编号为主码
	姓名	VARCHAR	8	不能空	
	单位	VARCHAR	30		
	性别	CHAR	2	'男' 或 '女'	
	电话	CHAR	10		
借阅	书号	CHAR	10	不能空	书号和读者编号为主码；读者编号为外码；书号为外码
	读者编号	CHAR	8	不能空	
	借阅日期	DATETIME		不能空	

要求：定义属性、主码和外码约束，以及列级数据约束。

2）通过 SQL Server Management Studio，在建好的学生课程数据库中建立学生、课程和选课 3 个表，其结构如表 10-7 所示。

表 10-7　学生课程库基本表结构和约束

基本表名	属性名	数据类型	长度	列级约束	表级约束
学生	学号	CHAR	5	不能空，唯一值	学号为主码
	姓名	VARCHAR	8	不能空	
	年龄	SMALLINT		默认 20	
	性别	CHAR	2	'男'或'女'	
	所在系	VARCHAR	20		
课程	课程号	CHAR	5	不能空，唯一值	课程号为主码
	课程名	VARCHAR	20	不能空	
	先行课	CHAR	5		
选课	学号	CHAR	5	不能空	学号和课程号为主码；学号为外码；课程号为外码
	课程号	CHAR	5	不能空	
	成绩	SMALLINT		0～100	

要求：定义属性、主码和外码约束，以及列级数据约束。

10.4.2　数据库的建立和维护实验

本实验的目的是要求学生熟练掌握使用 Transact-SQL 和 SQL Server Management Studio 向数据库输入数据、修改数据和删除数据的操作。

1．基本操作实验

1）通过 SQL Server Management Studio，向图书读者库中的图书、读者和借阅 3 个表输入记录。数据记录内容如表 10-8～表 10-10 所示（序号项是为了查看方便，实际数据不含序号项）。

表 10-8　图书表的数据记录

序号	书号	类别	出版社	作者	书名	定价
1	1000000001	计算机	机械工业出版社	李明	计算机引论	18.00
2	1000000002	计算机	机械工业出版社	王小红	数据结构	22.00
3	1000000003	计算机	机械工业出版社	李和明	C 语言编程	25.50
4	1000000004	计算机	电子工业出版社	刘宏亮	操作系统	49.80
5	1000000006	计算机	机械工业出版社	刘宏亮	数据结构	21.60
6	1000000005	计算机	电子工业出版社	王小红	计算机文化	20.00
7	2000000007	数学	机械工业出版社	吴非	高等数学	18.00
8	2000000008	数学	机械工业出版社	丁玉应	概率统计	22.30
9	2000000009	数学	电子工业出版社	赵名	线性代数	15.00
10	3000000010	物理	电子工业出版社	张共可	力学	19.80

表 10-9 读者表的数据记录

序号	编号	姓名	单位	性别	电话
1	10000001	李小明	计算机系	男	13826388323
2	10000002	王红	计算机系	男	13826388378
3	10000003	李和平	计算机系	女	13826385523
4	10000004	刘宏亮	计算机系	男	13826387623
5	10000006	刘宏亮	计算机系	男	13826356323
6	10000005	王小红	数学系	女	13826381223
7	10000007	吴小	数学系	男	13826366323
8	10000008	丁玉应	数学系	男	13826898323
9	10000009	赵名	数学系	女	13826348323
10	10000010	张共可	计算机系	男	13826384523

表 10-10 借阅表的实验数据

序号	书号	读者编号	借阅日期
1	1000000001	10000001	1998-11-25
2	1000000002	10000002	1998-12-20
3	1000000003	10000003	1999-6-5
4	1000000004	10000004	2006-11-25
5	1000000006	10000001	2006-11-25
6	1000000005	10000001	2006-11-25
7	2000000007	10000001	2006-11-25
8	2000000008	10000003	2006-11-25
9	2000000009	10000004	2006-11-25
10	3000000010	10000001	2006-11-25

要求：① 先检查并表结构，使其符合表 10-6 图书读者库基本表结构和约束。

② 数据输入后进行检查，并进行增删改操作，保证数据正确。

2）通过 SQL Server Management Studio，向学生课程库中的学生、课程和选课 3 个表输入记录。数据记录内容如表 10-11～表 10-13 所示（序号项是为了查看方便，实际数据不含序号项）。

表 10-11 学生表的数据记录

序号	学号	姓名	年龄	性别	所在系
1	S1	李明	21	男	计算机
2	S2	张小红	21	男	计算机
3	S3	李和明	22	女	计算机
4	S4	张三	21	男	计算机
5	S5	刘宏	23	男	计算机
6	S6	王红应	20	女	计算机
7	S7	吴非	19	男	数学
8	S8	丁玉	21	男	数学
9	S9	赵名	21	女	数学
10	S12	张共可	22	男	物理

表 10-12 课程表的数据记录

序号	课程号	课程名	先行课
1	C1	计算机引论	
2	C2	数据结构	C3
3	C3	C 语言编程	C1
4	C4	软件工程	C6
5	C6	数据库	C2
6	C5	计算机文化	
7	C7	高等数学	
8	C8	概率统计	C9
9	C9	线性代数	C7
10	C10	力学	

表 10-13 选课表的实验数据

序号	学号	课程号	成绩
1	S1	C1	60
2	S2	C1	93
3	S3	C1	
4	S4	C1	89
5	S1	C2	79
6	S2	C2	
7	S3	C2	80
8	S4	C3	90
9	S1	C3	92
10	S2	C3	81
11	S1	C7	85
12	S4	C7	75

要求：① 先检查并表结构，使其符合表 10-7 学生课程库基本表结构和约束。

② 数据输入后进行检查，并进行增删改操作，保证数据正确。

2．选择操作实验

读懂以下 T-SQL 的数据插入、删除和修改语句，在 SSMS 的查询分析器中正确输入每条语句，执行后检查结果。

（1）数据插入操作

```
USE  图书读者
INSET INTO  图书
VALUES ('10000000001', '计算机', '机械工业出版社', '李明', '计算机引论', 25.00)
GO
```

（2）数据删除操作

```
DELETE  图书
```

```
WHERE  书号='10000000001'
GO
```

（3）数据修改操作

```
UPDATE 图书  SET 定价=26.5
WHERE  书号='10000000001'
GO
```

10.4.3　数据库的简单查询和连接查询实验

本实验的目的是使学生掌握 SQL Server Management Studio 的使用方法，加深对 Transact-SQL 语言查询语句的理解。熟练掌握简单表的数据查询、数据排序和数据连接查询的操作方法。

本实验的主要内容如下。

1）简单查询操作。该实验包括投影、选择条件表达、数据排序、使用临时表等。

2）连接查询操作。该实验包括等值连接、自然连接、求笛卡儿积、一般连接、外连接、内连接、左连接、右连接和自连接等。

1．实验题目和要求

检查并修改学生课程库的数据，使之与表 10-11～表 10-13 的数据一致；将下列查询要求用 T-SQL 语句表示；在 SSMS 的查询分析器中输入相应的 T-SQL 语句，执行并在结果区中查看内容；结果不正确时要对 T-SQL 语句修改，直到正确为止。

（1）简单查询实验

在学生课程数据库中，进行以下操作。

1）求数学系学生的学号和姓名。

2）求选修了课程的学生学号。

3）求选修 C1 课程的学生学号和成绩，并要求对查询结果按成绩的降序排列，如果成绩相同则按学号的升序排列。

4）求选修课程 C1 且成绩在 80～90 的学生学号和成绩，将成绩乘以系数 0.8 输出。

5）求数学系或计算机系姓张的学生的信息。

6）求缺少了成绩的学生的学号和课程号。

（2）连接查询实验

在学生课程数据库中，进行以下操作。

1）查询每个学生的情况以及他（她）所选修的课程。

2）求学生的学号、姓名、选修的课程名及成绩。

3）求选修 C1 课程且成绩为 90 分以上的学生学号、姓名及成绩。

4）查询每一门课的间接先行课（即先行课的先行课）。

2．实验参考 T-SQL 和查询结果

下面给出本次实验的 T-SQL 和查询结果数据，供在实验中参考。

（1）简单查询实验

1）求数学系学生的学号和姓名。

● T-SQL 语句：

```
SELECT 学号，姓名   FROM 学生   WHERE 所在系='数学'
```

- 查询结果：S7 吴非，S8 丁玉，S9   赵名
2）求选修了课程的学生学号。
- T-SQL 语句：

```
SELECT DISTINCT 学号   FROM 选课
```

- 查询结果：S1，S2，S3，S4
3）求选修 C1 课程的学生学号和成绩，并要求对查询结果按成绩的降序排列，如果成绩相同则按学号的升序排列。
- T-SQL 语句：

```
SELECT 学号，成绩   FROM 选课 WHERE 课程号='C1'
ORDER BY 成绩 DESC, 学号 ASC
```

- 查询结果：S2 93, S4 89, S1 60, S3
4）求选修课程 C1 且成绩在 80～90 的学生学号和成绩，将成绩乘以系数 0.8 输出。
- T-SQL 语句：

```
SELECT 学号，成绩*0.8 FROM 选课
WHERE 课程号 = 'C1' AND 成绩 BETWEEN 80 AND 90
```

- 查询结果：S2   74.4 , S4   71.2
5）求数学系或计算机系姓张的学生的信息。
- T-SQL 语句：

```
SELECT *   FROM 学生
WHERE 所在系 IN('数学', '计算机') AND 姓名 LIKE '张％'
```

- 查询结果：本例查询结果如表 10-14 所示。

表 10-14   查询结果

学号	姓名	年龄	性别	所在系
S7	吴非	19	男	数学
S8	丁玉	21	男	数学
S9	赵名	21	女	数学
S2	张小红	21	男	计算机
S4	张三	21	男	计算机

6）求缺少了成绩的学生的学号和课程号。
- Transact-SQL 语句：

```
SELECT 学号, 课程号 FROM 选课
WHERE 成绩 IS NULL
```

- 查询结果：S3 C1, S2 C2
（2）连接查询实验
1）查询每个学生的情况以及他（她）所选修的课程。

- Transact-SQL 语句：

    SELECT 学生.*, 选课.* FROM 学生, 选课
    WHERE 学生.学号=选课.学号

- 查询结果：本例查询结果如表 10-15 所示。

表 10-15 查询结果

学生.学号	姓名	年龄	性别	所在系	选课.学号	课程号	成绩
S1	李明	21	男	计算机	S1	C1	60
S1	李明	21	男	计算机	S1	C2	79
S1	李明	21	男	计算机	S1	C3	92
S1	李明	21	男	计算机	S1	C7	85
S2	张小红	21	男	计算机	S2	C1	93
S2	张小红	21	男	计算机	S2	C2	
S2	张小红	21	男	计算机	S2	C3	81
S3	李和明	22	女	计算机	S3	C1	
S3	李和明	22	女	计算机	S3	C2	80
S4	张三	21	男	计算机	S4	C1	89
S4	张三	21	男	计算机	S4	C3	90
S4	张三	21	男	计算机	S4	C7	75

2）求学生的学号、姓名、选修的课程名及成绩。

- T-SQL 语句：

    SELECT 学生.学号, 姓名, 课程名, 成绩
    FROM 学生, 课程, 选课
    WHERE 学生.学号=选课.学号 AND 课程.课程号=选课.课程号

- 查询结果：本例查询结果如表 10-16 所示。

表 10-16 查询结果

学生.学号	姓名	课程名	成绩
S1	李明	计算机引论	60
S1	李明	数据结构	79
S1	李明	C 语言编程	92
S1	李明	高等数学	85
S2	张小红	计算机引论	93
S2	张小红	数据结构	
S2	张小红	C 语言编程	81
S3	李和明	计算机引论	
S3	李和明	数据结构	80
S4	张三	计算机引论	89
S4	张三	C 语言编程	90
S4	张三	高等数学	75

3）求选修 C1 课程且成绩为 90 分以上的学生学号、姓名及成绩。
- T-SQL 语句：

    SELECT 学生.学号, 姓名, 成绩 FROM 学生, 选课
    WHERE 学生.学号=选课.学号 AND 课程号= 'C1' AND 成绩>90

- 查询结果：S2, 张小红, 93

4）查询每一门课的间接先行课（即先行课的先行课）。
- T-SQL 语句：

    SELECT A.课程号, A.课程名, B.先行课 FROM 课程 A, 课程 B
    WHERE A.先行课=B.课程号

- 查询结果：本例查询结果如表 10-17 所示。

表 10-17　查询结果

课程号	课程名	间接先行课
C2	数据结构	C1
C4	软件工程	C2
C6	数据库	C3
C8	概率统计	C7

10.4.4　数据库的嵌套查询实验

本实验的目的是使学生进一步掌握 SQL Server Management Studio 的使用方法，加深 Transact-SQL 语言的嵌套查询语句的理解。

本实验的主要内容是：在 SSMS 的查询分析器中，使用 IN、比较符、ANY 或 ALL 和 EXISTS 操作符进行嵌套查询操作。

实验方法：将查询需求用 Transact-SQL 语言表示；在 SSMS 中查询分析器的输入区中输入 Transact-SQL 查询语句；设置查询分析器的结果区为网格方式；发布执行命令，并在结果区中查看查询结果；如果结果不正确，则要进行修改，直到正确为止。

1．实验题目和要求

（1）准备测试数据

检查并修改学生课程库的数据，使之学生表与表 10-11 的数据一致，选课表与表 10-13 的数据一致；课程表与表 10-18 的数据一致（修改课程数据为只有 C1、C2、C3 和 C7 课程）。

表 10-18　修改后课程表的数据

序号	课程号	课程名	先行课
1	C1	计算机引论	
2	C2	数据结构	C3
3	C3	C 语言编程	C1
4	C7	高等数学	

（2）将下列查询要求用 T-SQL 语句表示

在 SSMS 的查询分析器中输入相应的 T-SQL 语句，执行并在结果区中查看内容；结果

不正确时要对 T-SQL 语句修改，直到正确为止。

1）求选修了高等数学的学生学号和姓名。

2）求 C1 课程的成绩高于张三的学生学号和成绩。

3）求其他系中比计算机系某一学生年龄小的学生。

4）求其他系中比计算机系学生年龄都小的学生。

5）求选修了 C2 课程的学生姓名。

6）求没有选修 C2 课程的学生姓名。

7）查询选修了全部课程的学生的姓名。

8）求至少选修了学号为"S2"的学生所选修的全部课程的学生学号和姓名。

2．实验参考 T-SQL 和查询结果

下面给出本次实验的 T-SQL 和查询结果数据，供在实验中参考。

1）求选修了高等数学的学生学号和姓名。

● Transact-SQL 语句：

```
SELECT 学号, 姓名  FROM 学生
WHERE 学号 IN(SELECT 学号  FROM 选课
        WHERE 课程号 IN(SELECT 课程号 FROM 课程
            WHERE 课程名='高等数学'))
```

● 查询结果：S1 李明, S4 张三

2）求 C1 课程的成绩高于张三的学生学号和成绩。

● Transact-SQL 语句：

```
SELECT 学号，成绩  FROM 选课
  WHERE 课程号='C1' AND 成绩>(SELECT 成绩 FROM 选课
        WHERE 课程号='C1' AND 学号=(SELECT 学号 FROM 学生
            WHERE 姓名='张三'))
```

● 查询结果：S2 93

3）求其他系中比计算机系某一学生年龄小的学生。

● T-SQL 语句：

```
SELECT *  FROM 学生
  WHERE 年龄 <ANY(SELECT 年龄  FROM 学生
        WHERE 所在系='计算机系') AND 所在系<>'计算机系'
```

● 查询结果：本例查询结果如表 10-19 所示。

表 10-19 查询结果

学号	姓名	年龄	性别	所在系
S7	吴非	19	男	数学
S8	丁玉	21	男	数学
S9	赵名	21	女	数学
S12	张共可	22	男	物理

4）求其他系中比计算机系学生年龄都小的学生。

- T-SQL 语句：

```
SELECT *  FROM 学生
WHERE 年龄 <ALL(SELECT 年龄  FROM 学生
        WHERE 所在系='计算机系') AND 所在系<>'计算机系'
```

- 查询结果：S7 吴非 19 男 数学

5）求选修了 C2 课程的学生姓名。

- Transact-SQL 语句：

```
SELECT 姓名  FROM 学生
WHERE   EXISTS (SELECT *  FROM 选课
        WHERE 学生.学号=学号  AND 课程号='C2')
```

- 查询结果：李明，张小红，李和明

6）求没有选修 C2 课程的学生姓名。

- Transact-SQL 语句：

```
SELECT 姓名  FROM 学生
WHERE NOT EXISTS (SELECT *  FROM 选课
        WHERE 学生.学号=学号  AND 课程号='C2')
```

- 查询结果：张三，刘宏，王红应，吴非，丁玉，赵名，张共可

7）查询选修了全部课程的学生的姓名。

- T-SQL 语句：

```
SELECT 姓名  FROM 学生
WHERE NOT EXISTS (SELECT *  FROM 课程
        WHERE NOT EXISTS (SELECT *  FROM 选课
            WHERE 学生.学号=学号  AND 课程.课程号=课程号))
```

- 查询结果：李明

8）求至少选修了学号为"S2"的学生所选修的全部课程的学生学号和姓名。

- T-SQL 语句：

```
SELECT 学号，姓名  FROM 学生
WHERE NOT EXISTS (SELECT *   FROM 选课 选课1
        WHERE 选课1.学号='S2' AND NOT EXISTS
        (SELECT *  FROM 选课 选课2
            WHERE 学生.学号=选课2.学号  AND
                选课2.课程号=选课1.课程号))
```

- 查询结果：S1 李明

10.4.5 数据库的组合查询和统计查询实验

本实验的目的是使学生熟练掌握 SQL Server 查询分析器的使用方法，加深对 SQL 和

Transact-SQL 语言查询语句的理解。熟练掌握数据查询中的分组、统计、计算和组合的操作方法。

本实验的主要内容如下。

1）分组查询实验。该实验包括分组条件表达、选择组条件的表达方法。

2）使用函数查询的实验。该实验包括统计函数和分组统计函数的使用方法。

3）组合查询实验。

4）计算和分组计算查询的实验。

实验方法：将查询需求用 Transact-SQL 语言表示；在 SQL Server 查询分析器的输入区中输入 Transact-SQL 查询语句；设置查询分析器的结果区为网格执行方式；发布执行命令，并在结果区中查看查询结果；如果结果不正确，则要进行修改，直到正确为止。

1. 实验题目和要求

检查并修改图书读者库的数据，使之与表 10-8～表 10-10 的数据一致；检查并修改学生课程库的数据，使之与表 10-11～表 10-13 的数据一致；将下列查询要求用 T-SQL 语句表示；在 SSMS 的查询分析器中输入相应的 T-SQL 语句，执行并在结果区中查看内容；结果不正确时要对 T-SQL 语句修改，直到正确为止。

（1）按下列要求在图书读者数据库中查询

1）查找图书类别，要求类别中最高图书定价不低于全部按类别分组的平均定价的 2 倍。

2）求机械工业出版社出版的各类图书的平均定价，用 GROUP BY 表示。

3）列出计算机类图书的书号、名称及价格，最后求出册数和总价格

4）列出计算机类图书的书号、名称及价格，并求出各出版社这类书的总价格，最后求出全部册数和总价格。

5）查询计算机类和机械工业出版社出版的图书。

（2）按下列要求在学生-课程库中查询

1）求学生的总人数。

2）求选修了课程的学生人数。

3）求课程和选修该课程的人数。

4）求选修课超过 3 门课的学生学号。

2. 实验参考 T-SQL 和查询结果

下面给出本次实验的 T-SQL 和查询结果数据，供在实验中参考。

（1）按下列要求在图书读者数据库中查询

1）查找图书类别，要求类别中最高图书定价不低于全部按类别分组的平均定价的 2 倍。

● Transact-SQL 语句：

```
SELECT A.*  FROM 图书 A
GROUP BY A.类别  HAVING MAX(A.定价)>=ALL
    (SELECT 2*AVG(B.定价) FROM 图书 B
        GROUP BY B.类别)
```

● 查询结果：本例查询结果如表 10-20 所示。

表 10-20　查询结果

书号	类别	出版社	作者	书名	定价
1000000001	计算机	机械工业出版社	李明	计算机引论	18.00
1000000002	计算机	机械工业出版社	王小红	数据结构	22.00
1000000003	计算机	机械工业出版社	李和明	C 语言编程	25.50
1000000004	计算机	电子工业出版社	刘宏亮	操作系统	49.80
1000000006	计算机	机械工业出版社	刘宏亮	数据结构	21.60
1000000005	计算机	电子工业出版社	王小红	计算机文化	20.00

　2）求机械工业出版社出版的各类图书的平均定价，用 GROUP BY 表示。

● Transact-SQL 语句：

SELECT 类别, AVG(定价) 平均价 FROM 图书
WHERE 出版社='机械工业出版社'
GROUP BY 类别　ORDER BY 类别 ASC

● 查询结果：计算机 21.78，数学 20.15

　3）列出计算机类图书的书号、名称及价格，最后求出册数和总价格。

● Transact-SQL 语句：

SELECT 书号, 书名, 定价　FROM 图书
WHERE 类别='计算机' ORDER BY 书号 ASC
COMPUTE COUNT(*), SUM(定价)

● 查询结果：本例查询结果如表 10-21 所示。

表 10-21　查询结果

1000000001	计算机引论	18.00
1000000002	数据结构	22.00
1000000003	C 语言编程	25.50
1000000004	操作系统	49.80
1000000006	数据结构	21.60
1000000005	计算机文化	20.00
6	156.90	

　4）列出计算机类图书的书号、名称及价格，并求出各出版社这类书的总价格，最后求出全部册数和总价格。

● Transact-SQL 语句：

SELECT 书号, 书名, 定价　FROM 图书
WHERE 类别='计算机类'　ORDER BY 出版社
COMPUTE COUNT(*), SUM(定价) BY 出版社
COMPUTE COUNT(*), SUM(定价)

● 查询结果：本例查询结果如表 10-22 所示。

表 10-22　查询结果

1000000004	操作系统	49.80
1000000005	计算机文化	20.00
1000000001	计算机引论	18.00
1000000002	数据结构	22.00
1000000003	C 语言编程	25.50
1000000006	数据结构	21.60
2	69.80	
4	87.10	

5）查询计算机类和机械工业出版社出版的图书。

● T-SQL 语句：

```
SELECT *  FROM 图书  WHERE 类别='计算机类'
UNION ALL
SELECT *  FROM 图书  WHERE 出版社='机械工业出版社'
```

● 查询结果：本例查询结果如表 10-23 所示。

表 10-23　查询结果

书号	类别	出版社	作者	书名	定价
1000000001	计算机	机械工业出版社	李明	计算机引论	18.00
1000000002	计算机	机械工业出版社	王小红	数据结构	22.00
1000000003	计算机	机械工业出版社	李和明	C 语言编程	25.50
1000000004	计算机	电子工业出版社	刘宏亮	操作系统	49.80
1000000006	计算机	机械工业出版社	刘宏亮	数据结构	21.60
1000000005	计算机	电子工业出版社	王小红	计算机文化	20.00
1000000001	计算机	机械工业出版社	李明	计算机引论	18.00
1000000002	计算机	机械工业出版社	王小红	数据结构	22.00
1000000003	计算机	机械工业出版社	李和明	C 语言编程	25.50
1000000006	计算机	机械工业出版社	刘宏亮	数据结构	21.60
2000000007	数学	机械工业出版社	吴非	高等数学	18.00
2000000008	数学	机械工业出版社	丁玉应	概率统计	22.30

（2）按下列要求在学生课程数据库中查询

1）求学生的总人数。

● Transact-SQL 语句：

```
SELECT COUNT(*) FROM 学生
```

● 查询结果：10

2）求选修了课程的学生人数。

● Transact-SQL 语句：

```
SELECT COUNT(DISTINCT 学号) FROM 选课
```

- 查询结果：4

3）求课程和选修该课程的人数。

- Transact-SQL 语句：

```
SELECT 课程号，COUNT(学号)
FROM 选课 GROUP BY 课程号
```

- 查询结果：C1 4，C2 3，C3 3，C7 2

4）求选修课超过 3 门课的学生学号。

- Transact-SQL 语句：

```
SELECT 学号 FROM 选课
GROUP BY 学号 HAVING COUNT(*)>3
```

- 查询结果：S1

10.4.6　数据库的视图和关系图的定义及使用实验

本实验的目的是使学生掌握 SQL Server 中的视图创建工具和数据库关系图创建工具的使用方法，加深对视图和关系图的理解。

本实验的主要内容如下。

1）创建、查看、修改和删除视图。

2）创建、编辑和删除数据库关系图。

本实验的实验方法参看第 6 章的 6.5.2（用 SSMS 定义和维护视图）和 6.5.3（数据库关系图的创建和维护）内容。

1．创建视图实验

1）在 SQL Server Management Studio 中，选中图书读者数据库下的视图对象，调出创建视图工具，在图书读者库中按下列 Transact-SQL 描述创建读者视图。

```
CREATE VIEW 读者_VIEW
AS SELECT 图书.*，借阅.*
    FROM 图书,借阅,读者
    WHERE 图书.书号=借阅.书号 AND 借阅.读者编号=读者.编号
```

2）在 SQL Server Management Studio 中，选中图书读者数据库下的视图对象，调出创建视图工具，按下列 Transact-SQL 描述的视图定义，创建借阅_计算机图书视图。

```
CREATE VIEW 借阅_计算机图书
AS SELECT 图书.*，借阅.*
    FROM 图书,借阅
    WHERE 图书.书号=借阅.书号 AND 图书.类别='计算机'
```

2．创建数据库关系图实验

在 SQL Server Management Studio 中，选中图书读者数据库下的数据库关系图对象，调出创建关系图工具，完成在图书读者数据库中建立一个图书_借阅关系图操作。要求该关系图包括图书和借阅两个表，并符合表达式"图书.书号=借阅.书号"的外码约束。

10.4.7 数据完整性和数据安全性实验

本实验的目的是通过实验使学生加深对数据安全性和完整性的理解，并掌握 SQL Server 中有关用户、角色及操作权限的管理方法，学会创建和使用触发器。

本实验的实验内容如下。

1）数据库的安全性实验。在 SQL Server Management Studio 中，设置 SQL Server 的安全认证模式，实现对 SQL Server 的用户和角色管理，设置和管理数据操作权限。

2）数据库的完整性实验。使用 Transact-SQL 设计触发器，通过 SQL Server Management Studio 定义它们。

本实验的实验方法参考：数据库安全性实验参看本书第 8 章的 8.1.3（SQL Server 的用户和角色管理）和 8.1.4（SQL Server 的权限管理）；数据库完整性实验参看本书第 6 章 6.6（触发器的创建和维护）。

1．数据库安全性实验

（1）设置服务器安全认证模式

在 SQL Server Management Studio 中，为正在使用的 SQL 服务器设置 Windows 安全认证模式。

（2）建立用户和角色

1）为正在使用的 SQL 服务建立新登录名（名为 "login1"），使用 SQL Server 身份验证。

2）在学生课程库中，新建数据库用户名为 "user1"（登录名为 "login1"），新建学生课程数据库角色名为 "rose1"。

3）在图书读者库中，新建数据库用户名为 "user2"（登录名为 "login1"），新建数据库角色名为 "rose2"。

（3）设置权限

1）使新登录 "login1" 加入到 System Administrators 服务器角色中，可访问学生课程库和图书读者库。

2）在学生课程库中，将 "user1" 加入 "rose1" 和 db-owner，通过选择角色对 "rose1" 授权。

3）在图书读者库中，将 "user2" 加入 "rose2" 和 db-owner，通过对象（选择图书、读者和借阅表）对 "rose2" 授权。

4）使 "rose2" 和 "rose1" 都有创建表、创建视图和备份数据库的权限。

2．数据库完整性实验

建立学生选课库中选课表的插入数据型触发器，保证学生选课库中选课表的参照完整性，以维护其外码与参照表中的主码一致。该实验的 T-SQL 参考代码如下。

```
CREATE TRIGGER SC_insert   ON 选课
FOR INSERT
AS   IF(SELECT COUNT(*)
        FROM 学生, inserted, 课程
        WHERE 学生.学号=inserted.学号  AND 课程.课程号=inserted.课程号)=0
ROLLBACK TRANSACTION
```

参 考 文 献

[1] 萨师煊，王珊. 数据库系统概论 [M]. 4 版. 北京：高等教育出版社，2011.

[2] 雷景生，叶文珺，李永斌. 数据库原理及应用 [M]. 北京：清华大学出版社，2012.

[3] 明日科技. SQL Server 从入门到精通：SQL Server 2008 [M]. 北京：清华大学出版社， 2012.

[4] 赵玉刚. SQL Server 数据库系统应用设计 [M]. 北京：清华大学出版社，2012.

[5] 吴思远. Oracle 数据库实用教程[M]. 北京：人民邮电出版社，2012.

[6] 郑阿奇. SQL Server 实用教材 [M]. 4 版. 北京：电子工业出版社，2015.

[7] John G.Hughes. DataBase Technology [M]. New York: Prentice Hall，1981.

[8] 王英英. SQL Server 2016 从入门到精通 [M]. 北京：清华大学出版社，2018.

[9] 王颖. 新编数据库技术及应用——上机实践指导与习题 [M]. 北京：清华大学出版社，2012.

[10] 张凤荔，文军，牛新征. 数据库新技术及其应用 [M]. 北京：清华大学出版社，2012

[11] 姚卿达. 数据库设计 [M]. 北京：高等教育出版社，1987.

[12] P A Bernstein. Concurrency Control and Recovery In Database system [M]. New Jersey: Addison Wesley，1986.

[13] 王能斌. 数据库系统 [M]. 北京：电子工业出版社，1995.

[14] 曾建华，梁雪平. SQL Server 2014 数据库设计开发及应用 [M]. 北京：电子工业出版社，2016.

[15] 俞盘祥，沈金发. 数据库系统原理 [M]. 北京：清华大学出版社，1988.

[16] 蔡希尧，陈平. 面向对象技术 [M]. 西安：西安电子科技大学出版社，1993.

[17] DeWitt D J，Gray J. Parallel Database Systems：The Future of High Performance Database Systems [C]. Communications of The ACM，1992.